高等职业教育计算机类专业系列教材

（人工智能技术应用专业）

MySQL数据库应用

主　编　刘洪军　邵菲菲
副主编　伦萍萍　王金川　姚永慧　杨茂祥

重庆大学出版社

内容提要

本书共7个模块,包括25份工作手册,主要内容涵盖MySQL获取与使用、数据库设计与开发、数据迁移与整理、数据查询与使用、MySQL数据库编程、MySQL日常管理、MySQL数据库应用开发。同时,本书配有微课、课件、教学示例、习题等课程教学资源,可供读者进行在线学习。

本书可作为高等职业院校计算机、大数据、人工智能等相关专业教学用书,也可供数据库初学者、软件开发人员以及对MySQL数据库应用感兴趣的人员学习参考。

图书在版编目(CIP)数据

MySQL 数据库应用 / 刘洪军, 邵菲菲主编 . -- 重庆 :
重庆大学出版社, 2025. 1. -- (高等职业教育人工智能技术应用专业系列教
材). -- ISBN 978-7-5689-5017-6

Ⅰ. TP311.132.3

中国国家版本馆CIP数据核字第20247BF867号

MySQL 数据库应用

主　编　刘洪军　邵菲菲
副主编　伦萍萍　王金川　姚永慧　杨茂祥
责任编辑:秦旖旎　　版式设计:秦旖旎
责任校对:邹　忌　　责任印制:张　策

＊

重庆大学出版社出版发行
出版人:陈晓阳
社址:重庆市沙坪坝区大学城西路 21 号
邮编:401331
电话:(023)88617190　88617185(中小学)
传真:(023)88617186　88617166
网址:http://www.cqup.com.cn
邮箱:fxk@cqup.com.cn(营销中心)
全国新华书店经销
重庆新荟雅科技有限公司印刷

＊

开本:787mm×1092mm　1/16　印张:19.5　字数:486 千
2025 年 1 月第 1 版　2025 年 1 月第 1 次印刷
ISBN 978-7-5689-5017-6　定价:49.80 元

前言
Foreword

中国共产党第二十届中央委员会第三次全体会议通过的《中共中央关于进一步全面深化改革、推进中国式现代化的决定》指出："建设和运营国家数据基础设施，促进数据共享。加快建立数据产权归属认定、市场交易、权益分配、利益保护制度，提升数据安全治理监管能力，建立高效便利安全的数据跨境流动机制。"

人类社会进入数据资产时代，数据的管理和使用已深深融入人们的生活和工作之中。数据库技术是信息技术的基础技术，数据库技术不仅关乎数据的存储和管理，更直接影响着信息的高效利用和决策的科学性。MySQL是最流行的关系型数据库管理系统之一，因其开源、易用、成本低、支持多平台等特点，广泛应用于各类信息系统开发。随着云计算技术的发展，许多云计算厂家基于MySQL研发云数据库产品，让用户能够在云中更轻松地设置、操作和扩展关系数据库。

本书以全面、系统且实用为编写宗旨，对接数据库管理员、程序员等工作岗位，依据信息系统项目开发中数据库开发的过程，以MySQL数据库为依托，涵盖了从产品选项到应用开发等共计7个模块，包括25份工作手册，从基础概念到高级应用，从理论知识到实践操作，力求以"核心概念、学习目标、基础知识、能力训练、学习评价、课后作业"等内容组成的工作手册，为读者提供全面的学习资源和工作过程指导，帮助读者掌握MySQL数据库的各项关键技术，养成数据库管理员数据模型理念、数据安全意识、数据分析思维和数据展示能力等基本职业素养，提升数据库管理与应用开发的能力。在每一份工作手册中，设计"与AI聊一聊"和"拓展阅读"等两部分内容，引导学习者使用人工智能大语言模型工具学习数据库技术，并了解更多科技历史、行业知识、技术前沿和开发规范，为将来从事数据库管理、软件开发等工作打下良好的专业基础。

模块1-MySQL获取与使用：详细地介绍了数据库产品选型的重要考量因素，以及在不同环境下MySQL的安装与部署方法，无论是Windows 11系统还是华为云平台，都有详尽的操作指南，同时还深入讲解了通过Workbench等工具对数据库进行操作的实用技巧，为读者开启MySQL学习之旅奠定了坚实的基础。

模块2-数据库设计与开发：深入到数据库设计与创建的核心环节，包括关系型数据库的设计理念与原则，以及在MySQL中如何精准地创建数据库和数据表，使读者能够依据实际需求构建出结构合理、高效稳定的数据库架构。

模块3-数据迁移与整理：数据的处理与操作是数据库应用的基础所在，介绍了如何向MySQL 8.0装载数据，以及整理数据表中的数据记录。

模块4-数据查询与使用：阐述了数据查询、统计分析等操作方法，以及视图、索引等高级特性的运用，让读者能够熟练地对数据进行全方位的管理与运用，从海量数据中迅速提取出有价值的信息，为决策提供有力的数据支持。

模块5-MySQL数据库编程:探讨MySQL的编程与自动化任务处理机制,从基础的编程语法到存储函数、存储过程、触发器、事件机制以及事务处理等高级编程概念,通过丰富的实例和详细的讲解,帮助读者掌握MySQL编程的精髓,实现数据处理的自动化与智能化,提升系统的性能。

模块6-MySQL日常管理:涵盖了用户权限管理、数据备份与恢复、日志管理与分析以及性能监控与优化等重要内容,为保障数据库的安全稳定运行提供了全面的指导,使读者能够及时发现并解决数据库运行过程中可能出现的各种问题,确保数据的完整性与可用性。

模块7-MySQL数据库应用开发:介绍了JDBC和Python编程操作MySQL数据库的方法,使读者能够将MySQL与主流的开发语言和技术框架相结合,构建出功能强大、性能卓越的应用系统。

本书配套的微课、课件、教学示例、习题等课程教学资源,在智慧树课程平台临沂职业学院"MySQL数据库应用"课程上传并及时更新,学习者可以加入课程在线学习,扫描每个小节开始的二维码,也可以获取对应的配套资源。

本书适用于数据库初学者、软件开发人员以及对MySQL数据库应用感兴趣的各类读者群体。无论是作为高校相关专业的教材,还是供个人自学提升的参考书籍,都具有极高的价值与实用性。

在编写过程中,我们力求语言简洁明了、逻辑严谨清晰、实例丰富翔实,让读者能够轻松理解并快速掌握MySQL数据库应用的核心知识与技能。希望本书能够成为读者在MySQL数据库学习与应用道路上的得力伙伴,助力读者在数据库领域取得优异的成绩,为推动数据技术的发展与创新贡献一份力量。

在本书的编写过程中,我们得到了许多专家和同行的宝贵意见和建议,在此表示衷心的感谢。同时,我们也期待广大读者的反馈,以便我们不断改进和完善教材内容。

希望本书能够成为读者学习MySQL数据库的良师益友,助力大家在数据库领域取得更大的成就。

由于编者水平有限,书中难免有疏漏和不足之处,希望读者予以谅解和指正。

编　者
2024 年 11 月

目录
Contents

模块1

MySQL 获取与使用

工作手册1.1 数据库产品选型

数据库产品选型

1.1.1 核心概念

数据库是指一个长期存储在计算机硬件系统中的、有组织的、可共享的数据集合。数据库的设计目标是满足特定的信息管理和处理需求,它支持数据的高效存取、数据共享以及数据的一致性和安全性。

数据库技术指的是管理和处理数据的方法和技术,是信息技术领域的核心技术。随着信息技术的发展,数据库技术也在不断进步。现代数据库技术还包括分布式数据库、云计算中的数据库服务、NoSQL数据库等新型技术和解决方案。

数据库产品是指由商业软件公司或开源社区提供的用于创建和管理数据库的应用程序或服务。数据库产品实现了数据库技术,提供了一系列工具和功能来支持数据库的设计、开发、维护和使用。常见的数据库产品包括MySQL、Oracle Database、Microsoft SQL Server、IBM Db2、PostgreSQL、达梦数据库等。

数据库产品选型是指一个项目或企业,权衡各种因素,从众多数据库产品中选定数据库产品方案的过程。在数字经济时代,数据是核心资产,数据库作为信息系统的核心组件,支撑着各种各样的业务应用。在选择数据库产品时,需要根据业务需求、数据量级、性能要求、预算成本等因素进行综合考虑。

1.1.2 学习目标

①能够使用互联网检索数据库产品资料,分析总结产品特点。
②能够根据不同业务应用场景选择合适的数据库产品。
③能够制作幻灯片和文档讲解数据库产品选型的结论和原因。

1.1.3 基础知识

人类社会进入数据资产时代,数据的管理和使用已深深融入人们的生活和工作之中。数据库技术是现代信息系统的核心和基础,数据库产品是数据库技术的实现。我们经常使用的教务系统和在线学习网站,还有面向全社会的购物网站等,都需要数据库产品来存储和处理数据资源。

1)数据库产品选型需要考虑的因素

(1)业务需求

不同的业务场景对数据库的需求不同,数据库产品必须能够满足业务的核心需求。例如，某些业务可能需要处理大量的事务操作，对数据库的并发性能要求较高；而另一些业务可能更侧重于数据分析，对数据库的查询性能和数据处理能力有较高要求。

（2）技术要求

技术要求也是数据库产品选型的重要因素之一。例如，某些业务可能需要使用特定的技术或协议，另一些业务可能更注重数据库的稳定性和可靠性。

（3）成本考虑

不同的数据库产品有不同的成本结构，包括购买成本、维护成本、升级成本等。在进行数据库产品选型时，需要根据企业的预算要求，选择成本合理的数据库产品。

（4）市场趋势

随着技术的发展和市场的变化，数据库产品的市场格局也在不断变化。在进行数据库产品选型时，需要关注市场趋势，选择具有发展潜力和市场支持的数据库产品。

（5）兼容性和集成性

如果企业已经使用了某种特定的技术或平台，那么所选的数据库产品应该能够与这些技术或平台良好地集成和兼容。

（6）安全性和合规性

对于涉及敏感数据或需要满足特定法规要求的企业来说，数据库的安全性和合规性也是非常重要的考虑因素。数据库产品能够提供的安全特性包括数据加密、访问控制等，并能够满足相关的法规要求。

2）主流的数据库技术及其相关产品

数据库技术是信息技术领域的核心组成部分，不同的数据库技术适用于不同的业务场景和需求。以下是几种主流的数据库技术及其相关产品。

（1）关系型数据库（Relational Database）

关系型数据库是最常见、使用最广泛的一种数据库技术，提供了一套完整的SQL语言来进行数据操作和管理。当前市场上主要的关系型数据库产品如下：

- Oracle Database：甲骨文公司的旗舰产品，适用于各种规模的企业。
- MySQL：开源的关系型数据库管理系统，由瑞典 MySQL AB 公司开发，后被甲骨文公司收购。
- Microsoft SQL Server：微软公司开发的关系型数据库管理系统，广泛用于企业级应用。
- PostgreSQL：开源的关系型数据库，以其强大的功能和灵活性受到欢迎。
- 达梦数据库：中国自主研发的关系型数据库管理系统，广泛应用于金融、电信、能源等多个行业。

（2）非关系型数据库（NoSQL Database）

非关系型数据库是为了解决关系型数据库在某些场景下的局限性而诞生的，通常不需要固定的数据结构，支持高并发、高可扩展性。当前市场上主要的非关系型产品如下：

- MongoDB：文档型数据库，适用于需要灵活数据模型的应用。
- Cassandra：列式数据库，适用于需要高可扩展性和高可用性的应用。
- Redis：键值对存储数据库，常用于缓存和消息队列。
- TBase：腾讯基于 PostgreSQL 开发的分布式 NoSQL 数据库系统，主要用于海量数据的存储和处理。

（3）分布式数据库（Distributed Database）

分布式数据库将数据分散存储在多个独立的数据库节点上，以提高数据的可扩展性和可用性。当前市场上主要的分布式数据库产品如下：

- CockroachDB：全球分布式SQL数据库，提供强一致性、高可用性和弹性扩展。
- TiDB：PingCAP公司开发的分布式数据库，兼容MySQL协议。
- GBase 8a：南大通用推出的分布式并行数据库系统，具有大规模并行处理能力。

（4）实时数据库（Real-Time Database）

实时数据库专门用于处理实时数据，要求能够快速响应。当前市场上主要的实时数据库产品如下：

- InfluxDB：时间序列数据库，适用于存储和分析时间序列数据。
- Apache Kafka：流处理平台，用于构建实时数据管道和流式应用。
- 天穹：阿里云自研的一站式大数据平台，支持实时流计算。

（5）图数据库（Graph Database）

图数据库用于存储和查询图结构数据，用于处理复杂的关系和链接。当前市场上主要的图数据库产品如下：

- Neo4j：图数据库的代表产品，提供了强大的图查询语言和工具。
- HugeGraph：开源的图数据库，支持属性图数据模型，适用于社交网络、推荐系统等应用场景。

（6）内存数据库（Memory Database）

内存数据库将所有数据存储在内存中，以实现极高的性能和吞吐量。当前市场上主要的内存产品如下：

- Redis：虽然主要用于键值存储，但也支持多种数据结构，并在内存中存储数据。
- Memcached：纯内存缓存系统，用于加速动态数据库驱动的Web应用。
- Tair：阿里云国产自研的云原生内存数据库，在完全兼容Redis的基础上，提供了丰富的数据模型和企业级能力来帮助客户构建实时在线场景。

1.1.4 能力训练

1）操作条件

在进行数据库产品选型之前，要与客户确定业务系统的功能、性能、安全和审计等需求，以及预算投入、后续维护更新等计划。如下初步给出相关信息，可参照开展后续工作。

（1）初步的需求分析

"毕业生就业跟踪系统"是一个专注于学校与毕业生之间沟通联系及就业状况跟踪管理的平台。该系统通过整合毕业生的基本信息、学业数据、就业意向、就业状态以及职业发展情况等多维度数据，为学校提供监测毕业生就业动态的工具。该系统具备以下主要功能：

①学生信息管理：记录和管理学生的个人信息，包括姓名、性别、联系方式和专业方向等。这些信息将作为学生档案的一部分，方便学校进行后续的跟踪和管理。

②成绩录入与查询:提供成绩录入功能,允许教师或管理员输入学生的成绩数据。同时,系统还支持成绩查询功能,使学校能够随时查看学生的学习情况,并进行统计分析。

③教师信息管理:管理教师的基本信息,包括教师的个人信息和教授的课程等。

④课程信息管理:管理课程信息,包括课程名称、授课教师和学分等。

⑤班级信息管理:管理班级信息,包括班级名称、所属专业和班级学生名单等。这些信息将有助于学校对班级进行有效地组织和管理,统计分析各班级的学业和就业情况。

⑥用人单位信息管理:记录用人单位的基本信息,如单位名称、单位性质、单位地址,以及用人单位内部的不同部门信息。这些信息将有助于学校了解毕业生的就业环境和工作情况。

⑦毕业生工作信息管理:记录毕业生在用人单位的工作信息,包括职位名称、入职时间和所在部门等。通过该系统,学校可以了解毕业生的就业情况,并进行相应的跟踪和管理。

⑧就业状态跟踪:跟踪毕业生的就业状态,有助于学校评估毕业生的就业质量和就业率,并为学校的教育改革提供参考依据。

(2)数据规模预估

学校成立于2008年,为全日制高等职业学校,开设大专学历教育,学制三年,每年招生1万人左右。

(3)性能要求

要求系统能够接受1万人同时访问,响应时间不超过2秒。

(4)安全性和合规性

参考数据保护法规和标准,确保学生、教师、企业和学校的数据安全和隐私。

(5)成本预算

整个系统的设计开发和维护工作预算20万元,要求系统稳定运行5年以上。

(6)其他方面

学校信息中心技术团队熟悉Oracle Database、Microsoft SQL Server等数据库的使用和运维。毕业生就业跟踪系统数据要实现周期备份,具备灾难恢复能力。

2)注意事项

①使用互联网检索查找不少于5款数据库产品,通过官方网站和典型社区阅读数据库产品的文档资料,熟悉了解产品特点和使用场景并记录关键信息。

②数据库产品的关键特征包括产品成熟度、社区和文档、许可和成本、多环境支持、数据迁移、高可用性和故障转移、性能监控、版本升级、法律和合规性、长期支持等方面,结合业务系统需求,选择关注的特征项,并设置权重。

③充分发挥团队智慧,小组成员分工协作,共同完成工作。

3)工作过程

按表1.1.1步骤完成操作,完成某项步骤后在对应的方块中打"√",并完成表1.1.2。

表 1.1.1　数据库产品选型操作步骤

序号	步骤	操作及说明	标准和要求	操作记录
1	□ 检索产品	检索主流的数据库产品	查找不少于5款数据库产品	
2	□ 记录特性	记录各数据库产品的特点和适用场景	每个数据库产品不少于3个特性	
3	□ 拟定权重	依据毕业生就业跟踪管理系统的需求,拟定最重要的5个产品特点及其评分权重	3到4个选择特征和对应权重	
4	□ 评分推荐	权重评分,根据评分给出两款数据库产品选型建议,制作汇报PPT	计算评分,绘制比较表格,得出推荐结论	
5	□ 咨询讨论	向企业工程师、任课教师等专家汇报展示数据库产品选型建议,得出选型结论	格式规范,数据翔实,结论明确	
6	□ 编制报告	整理毕业生就业跟踪系统数据库产品选型工作报告	格式规范,逻辑清晰,结论明确	

表 1.1.2　数据库产品特征和权重登记表

序号	产品名称	特征1:_____ 权重:____%	特征2:_____ 权重:____%	特征3:_____ 权重:____%	特征4:_____ 权重:____%	特征5:_____ 权重:____%	加权评分
1							
2							
3							
4							

4)问题情境

【问题情境1】在数据库产品选型过程中,数据库管理员小李觉得毕业生管理系统适合使用 SQL Server 数据库,他的理由是微软的 Windows Server 服务器运维简单,与 SQL Server 数据库产品兼容性好。他的想法对吗?

小李的观点有一定合理性,但在最终决定之前,还应该综合考虑项目的具体需求、现有技术栈、预算限制等因素。小李应当与客户、项目经理、开发人员等关键相关人员进行深入沟通,确保对需求的理解一致,特别是对于数据库管理系统(DBMS)的具体要求,如安全性、可用性、性能、扩展性等。

【问题情境2】数据库管理员小李对一些数据库方面的新技术名词有些陌生,查阅资料时没有什么头绪。小李该怎样解决当前的问题?

在学习和工作过程中,有问题记得问一下大语言模型。阅读"附录4人工智能大语言模型工具",至少选择一款 AI 工具,尝试问一个技术问题,比如"选择数据库产品时应当注意什么""什么是加权评分"或者"数据库管理员都需要做哪些工作"。但是也要注意,我们向 AI 提问的内容会被记录和分析,因此使用 AI 时要注意信息安全,不要发送隐私信息。

1.1.5　学习评价

序号	评价内容	评价标准	评价结果（是/否）
1	数据库管理系统产品及其特性	能够说出3种产品,每种产品说出3方面以上特性	
2	结合毕业生管理系统数据存储和处理需求,给出数据库产品选型建议	能够推荐数据库产品并给出推荐理由	
3	制作PPT并作汇报展示	能够制作格式规范的PPT,并进行5分钟展示汇报	
4	编制数据库产品选型工作报告	能够编制内容简明扼要、格式规范的选型工作报告	

▶ **拓展阅读**

达梦数据库的故事

1978年,武钢集团花巨资从日本引进热轧钢材自动化生产线,日本技术方在完成施工准备撤离时,就地销毁了包括数据库在内的三卡车的项目资料,这一幕深深刺痛了当时在武钢学习的冯裕才,他下定决心要研发出属于中国人自己的数据库。

与此同时,改革开放的春风吹向了各行各业,也将创新的思维带给了在华中理工大学(现华中科技大学)工作的冯裕才。同期,他开始了对数据库的探索之路。当时,美国的数据库管理系统已经商用,而国内的数据库领域仍一片空白。要想自主研发,先要学习前人的经验。

万事开头难,做研究光靠匠心还不够,还要有一颗恒心。没有一点英文基础的冯裕才,通过逐字逐句翻字典,终于在1982年"啃"完了朋友从美国寄回来的300多篇英文原版论文,逐渐熟悉了数据库系统的工作原理及使用方法。此后,他着手准备数据库管理系统的研发工作,并成立了研发小组,开创了国内国产数据库研发的先河。

历时6年,经过3次集中攻关,我国第一个拥有自主版权的国产数据库管理系统原型CRDS在1988年终获成功,驳倒了"中国没有能力开发国产数据库管理系统"的谬论,给了包括冯裕才在内的"国产数据库追梦者"极大的信心!

初次试水的成功让冯裕才的团队获得了当时国防科学技术工业委员会的60万元研究经费。1992年,华中理工大学达梦数据库研究所成立,随后承担起众多国家级、部级重大项目。2000年,我国第一家数据库公司——武汉华工达梦数据库有限公司成立,达梦数据库正式通过市场运作进入高速发展的阶段。冯裕才带领公司将产品推向市场,公司产品也连续多年在国家相关测试中排行首位。历经艰难的起步之路,达梦至此步入快速发展的轨道。

历史的车轮滚滚向前,新生事物层出不穷,科学技术也日新月异。人工智能、云计算、大数据的兴起给行业带来了新的挑战和机遇。面对新时代的变革,达梦正在抓紧时间"修炼内功"。无论是新推出的DM8系列产品、透明分布式数据库,还是正在瞄准的图数据库,每一次突破,都让达梦距美好明天更进一步。

1.1.6 课后作业

1.会计金融学院的小李同学想学数据库技术,想知道应该使用什么数据库,又该如何学习。根据本手册中所学知识,试着给小李同学提一些可行的建议。

2.上网检索中国数据库的发展历程,检索为中国数据库技术发展作出杰出贡献的人物。

3.选择至少3家中国本土的数据库产品作为调研对象,通过查阅产品官方文档、用户手册、技术博客等资源,调研产品名称、所属公司、产品发布时间等基本情况,产品支持的数据模型、性能表现等技术特点,产品适用的业务场景、行业案例。

工作手册 1.2　在 Windows11 系统上安装和使用 MySQL 8.0

1.2.1　核心概念

数据库管理系统(Database Management System,DBMS)在数据组织、存储、访问、查询、完整性、并发控制、事务管理、安全性、权限管理、备份和恢复等方面发挥着重要的作用,使用户能够高效地管理和操作数据库。

安装程序是用于在计算机上安装软件的应用程序。对于 Windows 操作系统,安装程序通常是一个可执行文件(.exe 或 .msi),文件运行之后可以引导用户完成安装过程。安装程序负责复制文件到硬盘、创建快捷方式、设置系统服务等。

安装目录是软件安装到计算机上的文件夹位置。在安装 MySQL 8.0 时,用户可以选择一个目录来存放 MySQL 的所有文件,包括数据库文件、配置文件、日志文件等。在 Windows 系统中安装 MySQL 8.0 时,默认安装目录是 C:\Program Files\MySQL\MySQL Server 8.0。

命令行(Command Line)是一个文本界面,允许用户通过输入文本命令来与计算机交互。命令行界面(CLI,Command Line Interface)与图形用户界面(GUI,Graphical User Interface)相比,提供了更直接的控制方式和更强大的功能,更加简洁高效,特别适合高级用户和专业技术人员。常见的命令行界面有 Unix/Linux Shell、Windows 命令提示符(CMD)、PowerShell 等。

1.2.2　学习目标

①能够在 Windows 系统上访问 MySQL 官方网站并下载 MySQL 8.0 社区版。

②能够在 Windows 系统中安装 MySQL 8.0,包括选择安装类型、安装组件,以及配置 MySQL 服务(如服务类型、连接参数、认证方式、管理员账号和密码、服务名称、自动启动选项、权限等)。

③能够配置 Windows 系统的环境变量,以便在命令行中使用 MySQL 命令。

④能够启动和停止 MySQL 8.0 服务,使用 MySQL 命令访问 MySQL 服务。

1.2.3　基础知识

MySQL 允许在多种平台上运行,但平台不同,安装方法也不同。在 Windows 操作系统下,MySQL 数据库管理系统的安装包分为图形化界面安装和免安装这两种安装包。

1)环境变量

环境变量是操作系统用于存储有关系统行为或软件运行的信息。在安装 MySQL 时,需要设置或修改环境变量,以确保系统能够找到 MySQL 的可执行文件和库文件。

2)MySQL 常见版本

MySQL 提供多种类型的服务版本,以满足不同用户和应用场景的需求。

- MySQL 社区版(MySQL Community Edition)是一个免费开源版本,基于 GPL(GNU 通用公共许可证)协议发布,可以被自由地用来开发和运行应用程序而无须支付许可费用。社区版提供了核心的数据库功能并具备构建高性能数据库应用所需的事务处理、存储过程、触发器等特性,同时拥有广泛的社区支持,适合开发者进行学习、测试和开发工作。在 Web 开发领域中,MySQL 社区版常常作为 LAMP(Linux, Apache, MySQL, PHP/Perl/Python)或 MAMP(Mac, Apache, MySQL, PHP)栈的一部分被使用。
- MySQL 企业版(Enterprise Edition)是一个付费版本,提供了一系列企业级功能,如高级安全选项、热备份工具、企业级支持服务等。企业版通常还包括性能监视工具和其他高级特性。
- MySQL 集群(Cluster)提供了一个高可用性的解决方案,支持数据分区和复制,可以在多个服务器之间分布数据,从而提高性能和可靠性。
- MySQL 集群 CGE(Carrier Grade Edition)是一个付费的高级集群版本,专门设计用于电信行业的高可用性和高负载环境。
- MySQL HeatWave 是一个结合了 MySQL 数据库与 Oracle 的高性能计算技术的服务,提供更快的查询响应时间和更高的吞吐量,尤其适用于联机事务处理和联机分析处理混合工作负载。

3)MySQL 安装类型

在安装 MySQL 社区版时,可以根据不同的应用场景和需求选择合适的安装类型,以便获得更好的系统的性能和资源消耗。

- Developer Default(开发者默认):MySQL 安装程序推荐的标准配置,它会安装数据库服务器以及开发所需的工具,方便开发者进行数据库的设计、开发和测试。
- Server Only(仅服务器):适用于那些将被用作数据库服务器的计算机。只安装运行数据库服务器所必需的组件,不包含任何客户端工具或其他不必要的组件,减少系统资源占用,提高服务器性能。
- Client Only(仅客户端):仅仅作为连接到远程 MySQL 服务器的客户端,只安装用于连接、查询数据库的客户端工具和库文件。
- Full(完全安装):包含了 MySQL 提供的服务器、客户端工具、示例数据库、文档等所有组件。如果不确定需要哪些组件,或者需要所有的功能,可以选择完全安装。
- Custom(自定义安装):允许用户手动选择想要安装的组件,对于有特殊需求的用户,可以根据实际需要精确控制安装哪些部分,既节省空间又避免不必要的安装。

4)服务器类型

安装 MySQL 过程中,需要选择服务器类型,主要包括以下 3 种:

- Development Computer(开发机):MySQL 服务运行在开发机器上,在 3 种类型中占用的内存最少。
- Server(服务器):MySQL 服务运行在服务器上,占用的内存在 3 种类型中居中。
- Dedicated(专用服务器):MySQL 服务运行在专用数据库服务器上。

5)Window 服务

Windows 操作系统中,服务(Service)是一种后台进程,可以在没有用户交互的情况下运行,用于执行特定的任务或提供某些功能。

可以通过服务管理控制台、命令行工具、程序和服务等几种方式管理 Window 服务。

6)MySQL Workbench

MySQL Workbench 是 一 个 官 方 提 供 的 集 成 开 发 环 境(Integrated Development Environment,IDE),专门用于 MySQL 数据库的开发和管理,为数据库开发人员和数据库管理员(Database Administrator,DBA)提供了一个图形用户界面,使得管理和操作 MySQL 数据库变得更加直观和便捷。

7)在命令行使用mysql命令访问 MySQL 服务

在命令行使用mysql命令访问 MySQL 服务的命令的完整形式如下:

```
mysql -h <服务器主机名或 IP 地址>  -P <端口号>  -u <用户名>  -p<密码>
```

登录 MySQL 数据库服务器的命令可以写成以下形式:

```
mysql -h localhost -u root -p123456
mysql -h 127.0.0.1 -u root -p123456
```

在以上命令中,参数的解释如下:

①mysql 是位于 MySQL 安装目录的 bin 目录下的可执行程序。

②-h 指定要访问的 MySQL 服务的服务器主机名或 IP 地址,默认是当前计算机。如果 MySQL 服务运行在本地计算机上,主机名可以写成 localhost、127.0.0.1,也可以省略-h 参数。

③-P 指定 MySQL 服务的端口号,注意这里是大写字母,字母与端口号之间有空格。

④-u 指定用于设置登录 MySQL 数据库服务器的用户名。

⑤-p 指定-u 对应用户名的密码,注意这里是小写字母。如果要接密码,-p 与密码之间没有空格;如果-p 后面不接密码,按回车键后系统会提示输入密码。

1.2.4 　 能力训练

1)操作条件

①安装 MySQL 8.0 社区版的计算机硬件要求:

- 处理器:双核或多核处理器,主频越高越好。
- 内存:至少4GB内存,但对于生产环境建议至少8GB。
- 磁盘空间:至少需要3.5GB的可用磁盘空间用于安装 MySQL Server。此外,还需要额外的空间来存储数据库文件,这取决于实际业务情况。

②安装 MySQL8.0 社区版的计算机软件要求:

- 已经安装了 Windows 11 64位操作系统。
- 计算机连接互联网,能够使用浏览器访问互联网下载资源。
- MySQL 8.0 Server 需要 Microsoft Visual C++ 2019 Redistributable Package 才能在 Windows平台上运行。如未安装,应当先从 Microsoft 下载中心获得相应软件安装包并安装在机器上。

③确保计算机可以访问互联网,以便下载 MySQL 安装程序和其他必要文件。

2)注意事项

①从官方渠道下载 MySQL 安装程序,避免下载恶意软件。

②明确机器的操作系统版本,确保下载的 MySQL 版本与 Windows 11 系统架构相匹配。

③如果之前安装过 MySQL 的其他版本,要注意避免潜在的冲突;如果卸载,务必备份好数据库。

④记录 MySQL 的安装目录,用于配置环境变量,以及在需要时访问数据库文件和配置文件。

⑤以管理员权限运行安装程序,确保安装过程中有足够权限创建文件、目录和系统服务。

⑥在安装过程中设置一个强密码给 MySQL 的 root 用户,注意遵循强密码策略(字母、数字和特殊符号组合),并妥善记住密码。

⑦在配置 MySQL 服务启动类型时,建议不勾选自动启动选项,仅在需要时手动开启,避免占用过多的机器资源。

⑧在安装后检查 Windows 防火墙设置,确保 MySQL 使用的端口(默认为3306)没有被阻止。

3)工作过程

【工作任务1】下载安装程序。

①在浏览器中输入 MySQL 的官方网址,访问下载页面。在 Select Version 中选择 MySQL 8.0版本(本书以版本8.0.35为例)。在 Select Operating System 中选择"Microsoft Windows",在推荐下载中出现了 Windows 系统下的 MySQL 安装程序,单击"Go to Download Page",进入下载页面,如图1.2.1所示。

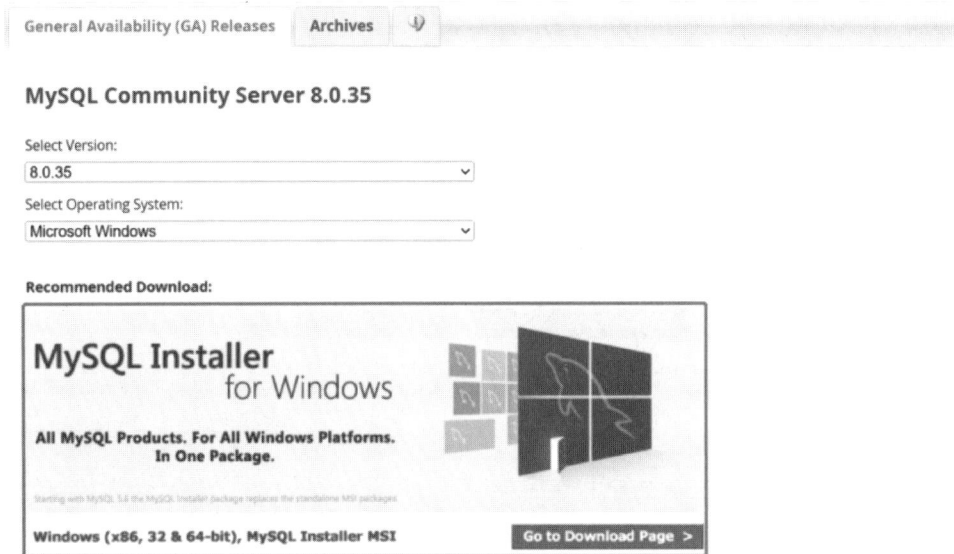

图 1.2.1 Windows 的 MySQL 安装程序

②在下载页面里有两种安装程序,一种是文件比较小的在线安装程序,在安装过程中需要联网下载安装文件。选择另一个比较大的离线安装程序,单击对应的"Download"按钮,进入下载页面(图 1.2.2)。

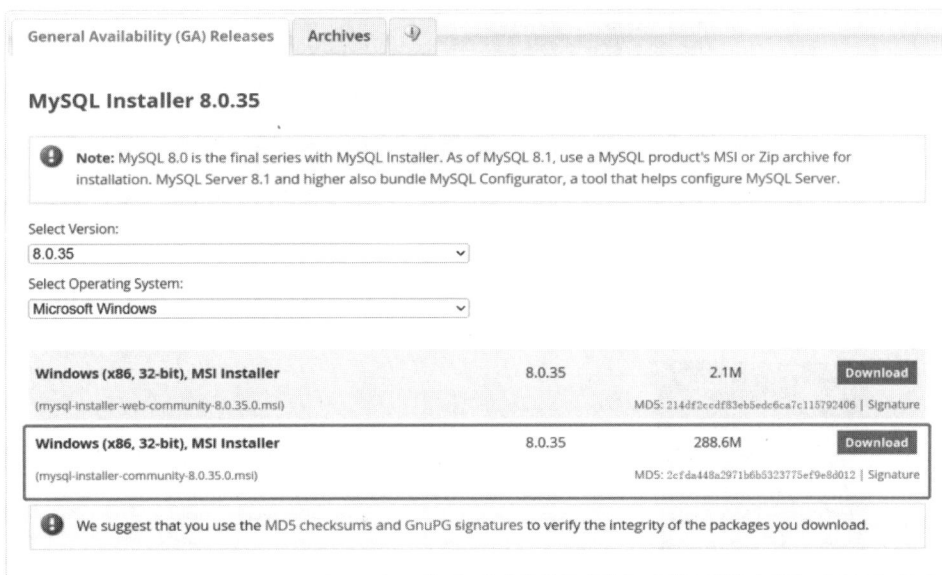

图 1.2.2 安装程序下载页面

③可登录或者注册 Oracle 账号然后下载,也可单击"No thanks,just start my download."直接下载安装文件(图 1.2.3)。

图 1.2.3　下载安装文件

【工作任务2】安装MySQL服务。

①双击程序文件开始安装。安装过程中会有一个安全警告,要选择允许以便安装程序修改操作系统的目录结构,创建MySQL自己的目录结构,如图1.2.4所示。

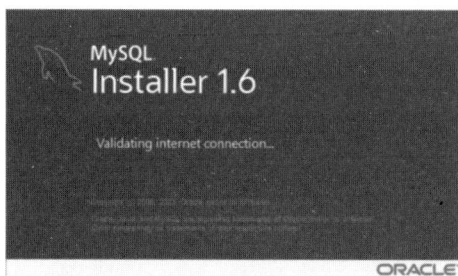

图 1.2.4　启动MySQL安装程序

②进入安装界面后,选择安装类型"Custom"定制安装,单击"Next"继续,如图1.2.5所示。

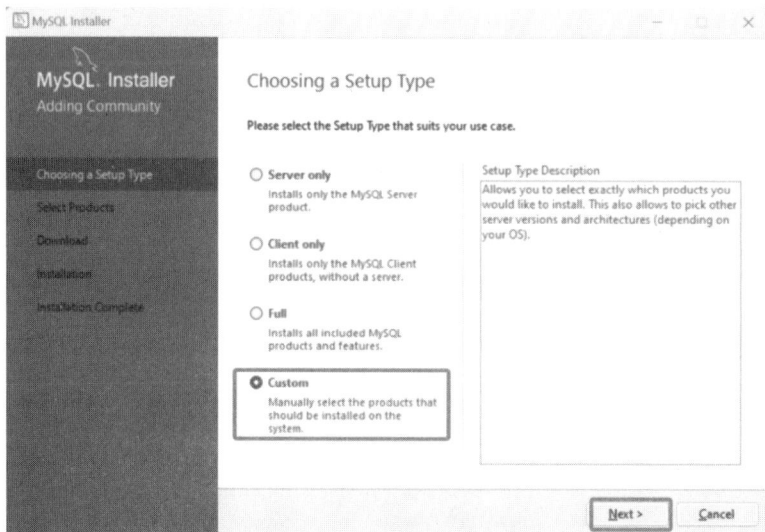

图 1.2.5　选择安装类型

③在定制安装时,选择 MySQL Server、MySQL Workbench 和 MySQL Document 等 3 个组件,分别是服务程序、图形化管理工具和帮助文档。单击"Next"继续,如图 1.2.6 所示。

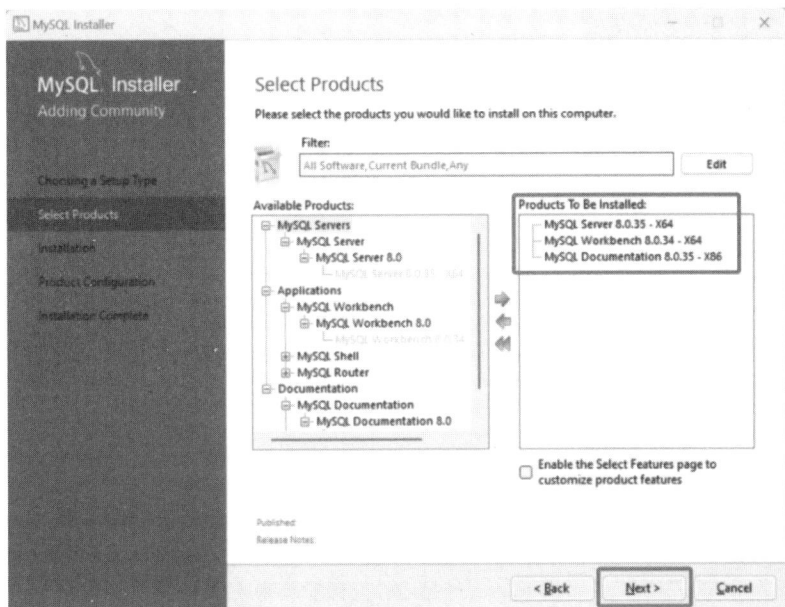

图 1.2.6　选择计划安装的产品组件

④选择的组件已经准备好进行安装了,单击"Execute"执行(图 1.2.7)。

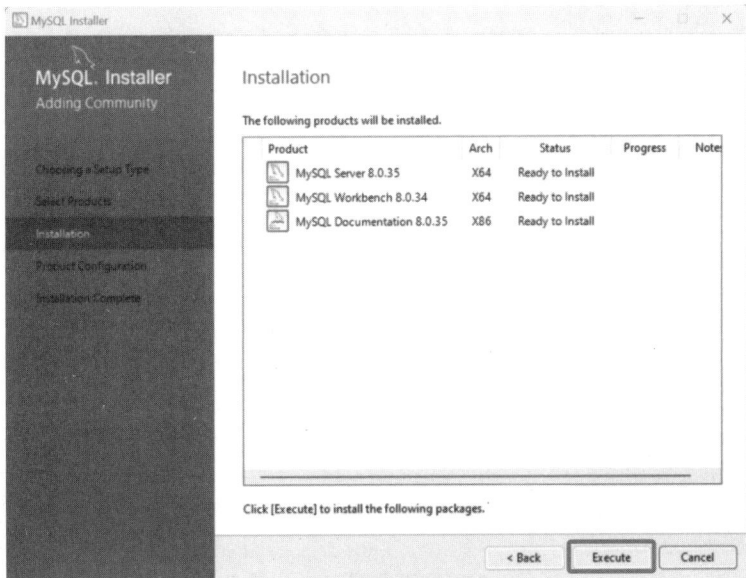

图 1.2.7　即将安装的产品组件列表

⑤当状态(Status)都显示完成(Complete),表示安装完成,单击"Next"继续配置 MySQL 服务,如图 1.2.8、图 1.2.9 所示。

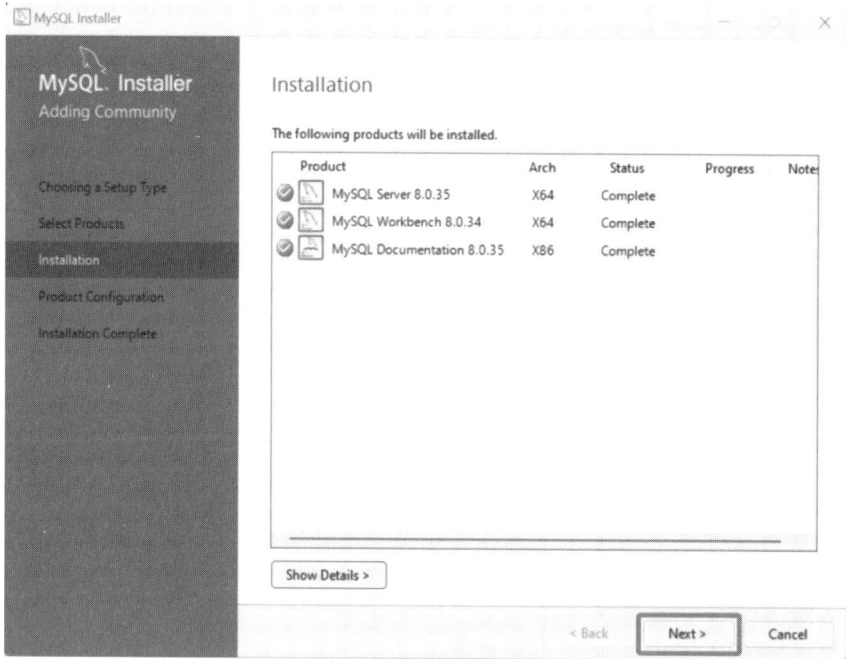

图1.2.8　产品组件全部安装完成

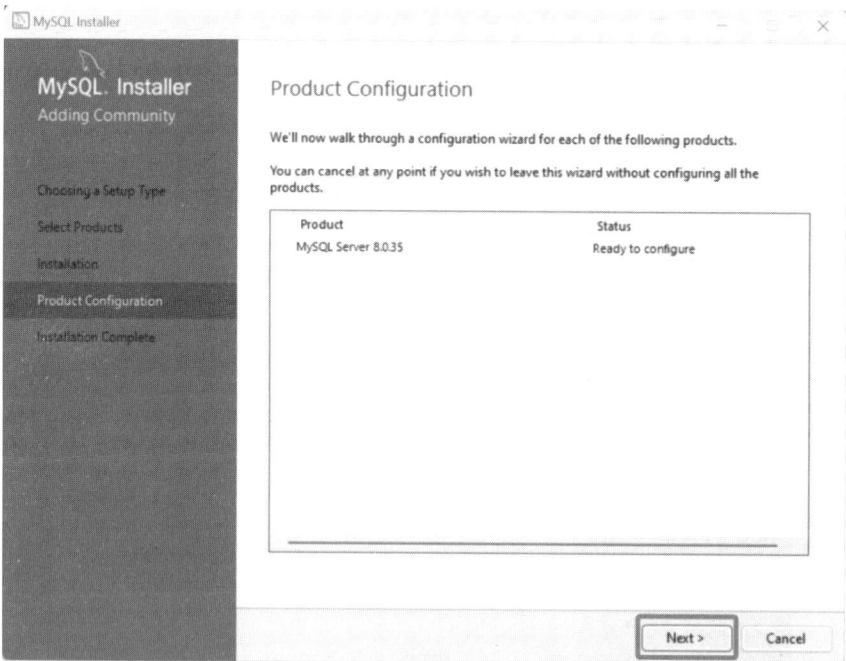

图1.2.9　继续配置MySQL服务

⑥在服务配置部分,有3项内容,分别表示配置类型、连接参数和高级配置。在配置类型方面,依据机器的作用,选择"Development Computer"开发机器。在连接参数方面,MySQL默认是TCP/IP协议、3306端口,勾选打开防火墙放行端口,其他保持默认。单击"Next"继续,如图1.2.10所示。

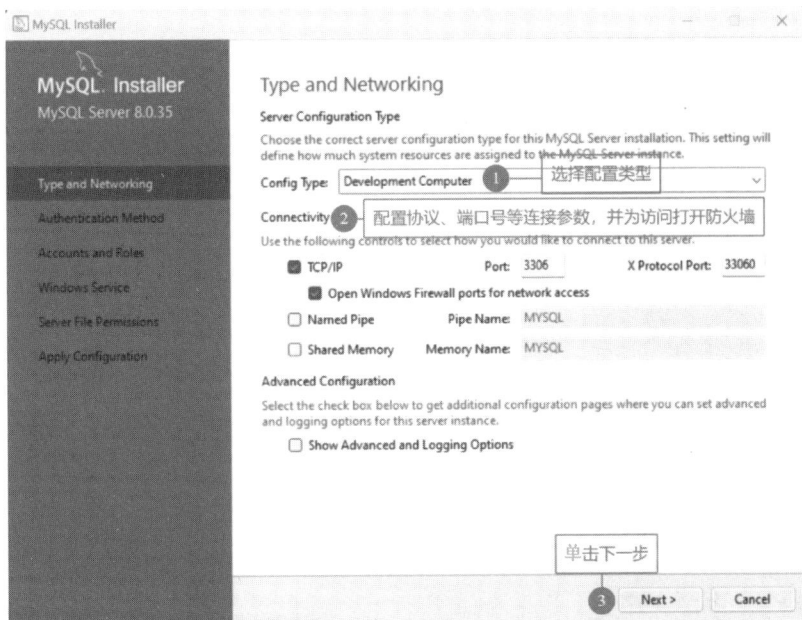

图1.2.10 服务器类型和网络配置

⑦设置数据库账号等认证方法，保持默认使用强密码认证策略，单击"Next"继续（图1.2.11）。

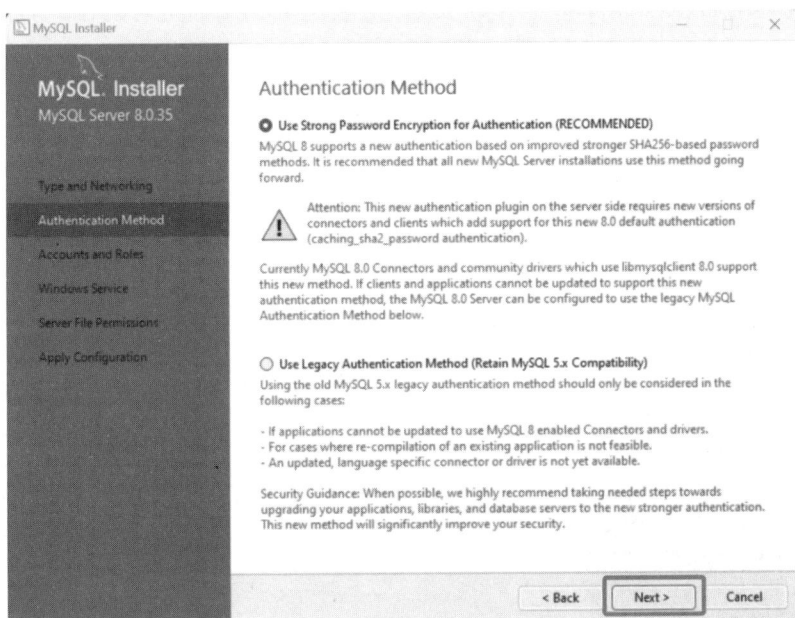

图1.2.11 认证方式配置

⑧配置超级管理员root的密码，注意密码策略，建议设为字母、数字和特殊符号的组合。务必记住该密码以便配置完成后使用MySQL服务。单击"Next"继续进行MySQL服务的配置，如图1.2.12所示。

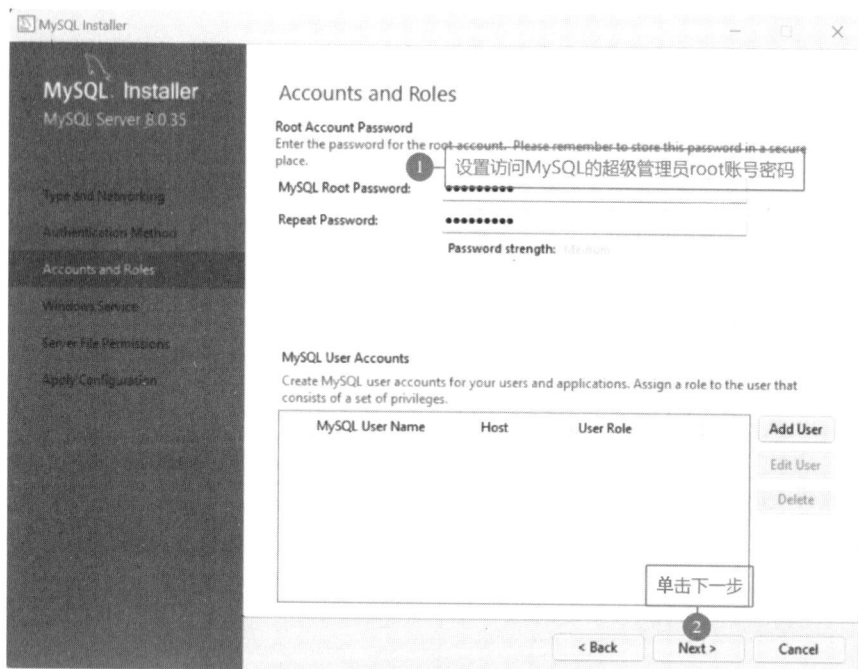

图1.2.12　管理员账号和密码配置

⑨MySQL 8.0默认的服务名称是MySQL80,无特殊需要不建议修改。建议不要勾选"Start the MySQL Server at System Startup"复选框,避免MySQL随机启动,在不必要的时候占用机器资源。单击"Next"继续,如图1.2.13所示。

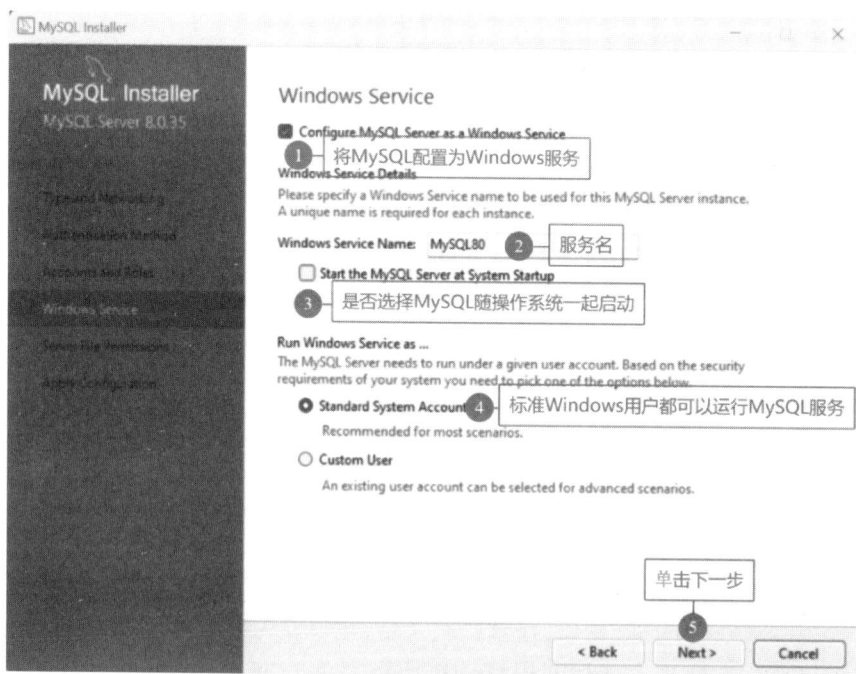

图1.2.13　实例名称和自动运行配置

⑩设置MySQL数据文件的访问权限,这里我们选择第一项,让运行MySQL服务的用户

能够完全访问MySQL服务的数据文件。单击"Next"继续,如图1.2.14所示。

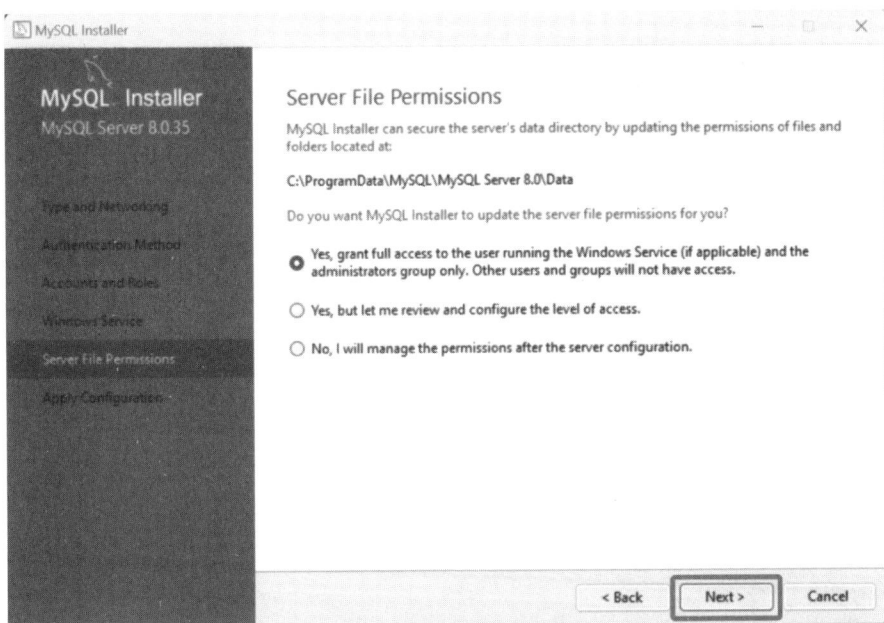

图1.2.14　权限选择设置

⑪在应用配置界面中显示了详细的配置步骤和日志。单击"Execute",执行刚刚设置的一系列配置。注意,一旦开始执行,则不能再回退到之前的配置界面了。绿色对号表示已经执行完成对应配置,全部完成后,单击"Finish"完成MySQL服务配置(图1.2.15)。

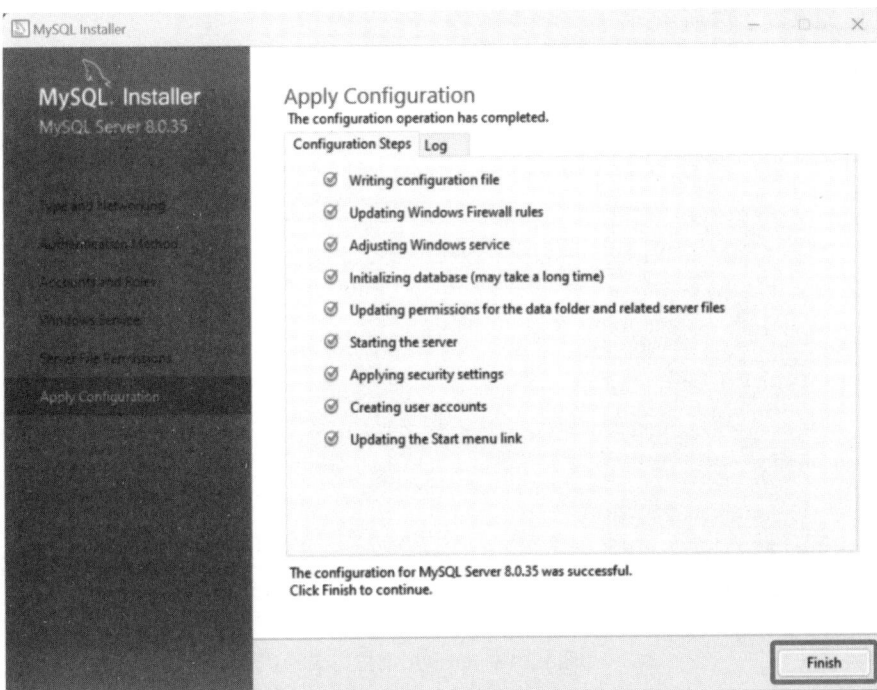

图1.2.15　应用配置完成

⑫完成服务配置，回到安装程序，MySQL服务的状态已经变成配置完成，单击"Next"继续，如图1.2.16所示。

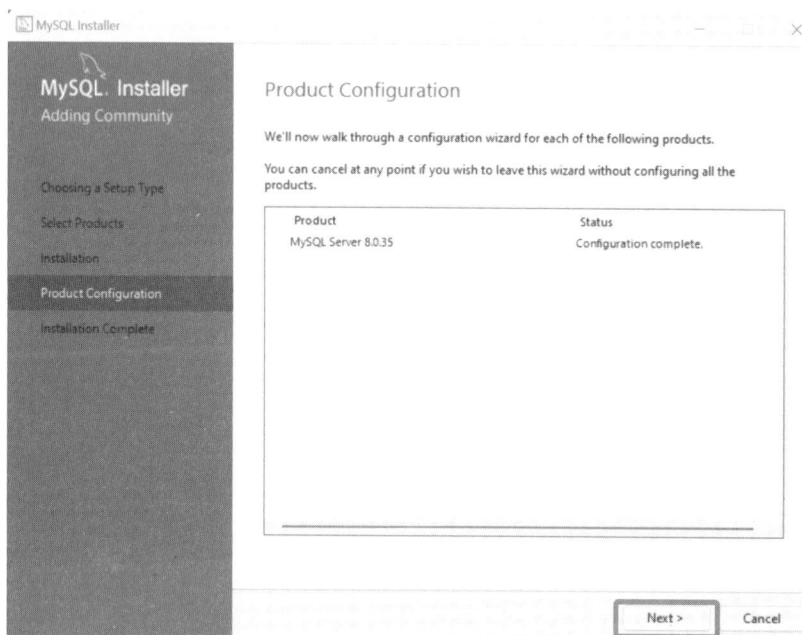

图1.2.16　产品配置

⑬在完成安装界面，可单击"Copy Log to Clipboard"将安装日志复制到剪贴板，并将其保存到记事本。去掉勾选"Start MySQL Workbench after setup"，以便稍后需要时再启动MySQL Workbench，如图1.2.17所示。

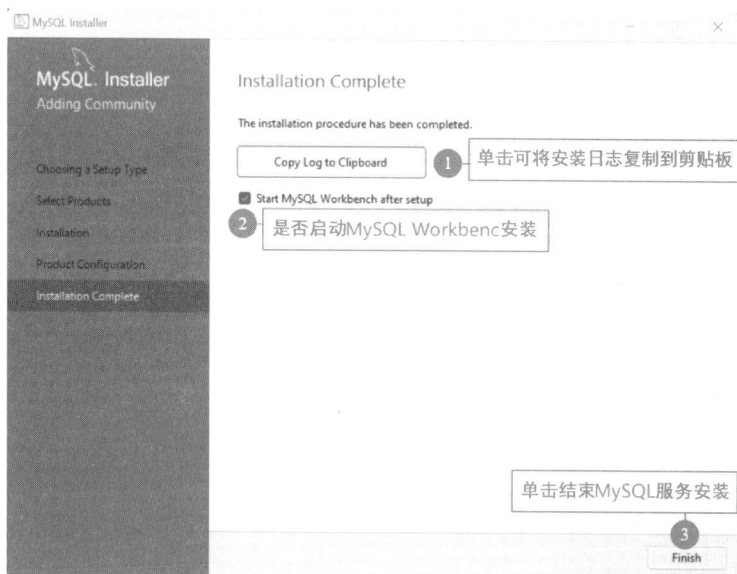

图1.2.17　MySQL配置完成

⑭通过查看MySQL 8.0安装日志，可以看到MySQL的安装目录和数据文件的存放目录。这里注意确认MySQL Server的安装位置（图1.2.18），以便配置环境变量时使用。

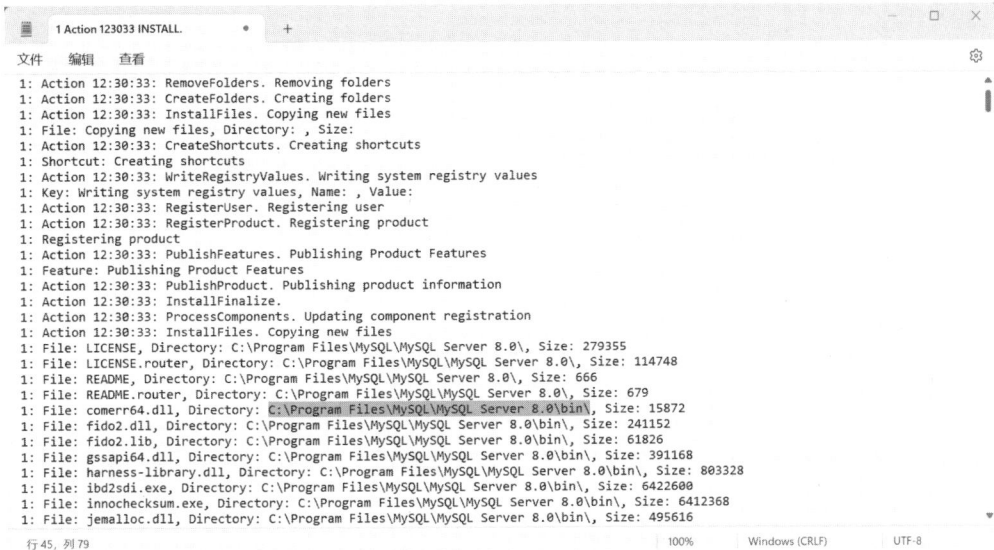

图1.2.18　MySQL服务安装日志

【工作任务3】管理MySQL服务。

①在Windows 11中搜索并打开服务窗口,查看MySQL80服务,如图1.2.19所示。

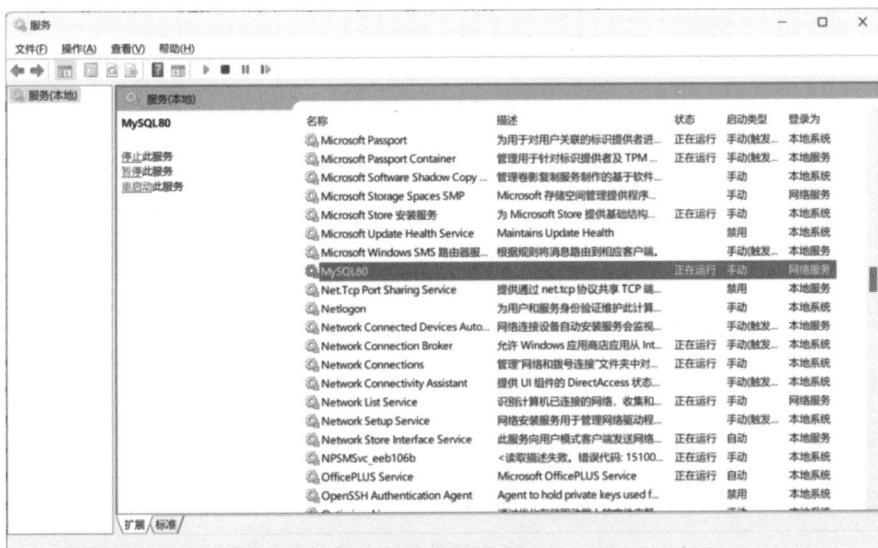

图1.2.19　在服务窗口查看MySQL服务

安装MySQL之后,在Windows11的开始菜单中会多出一些MySQL相关项目,单击Windows11开始菜单 ▦ ,在"推荐的项目"中可以看到"MySQL 8.0 Command Line Client"等新增项目;单击"所有应用",也可以找到新安装的MySQL相关应用程序。

②在Windows11上,MySQL默认安装目录是C:\Program Files\MySQL,可以看到有MySQL服务和Workbench两个目录。进入到MySQL Server 8.0目录,其中bin用于存储可执行程序,docs用来存放文档,include存储头文件,lib存放一系列库文件,share存放字符集、语言文件等,如图1.2.20所示。

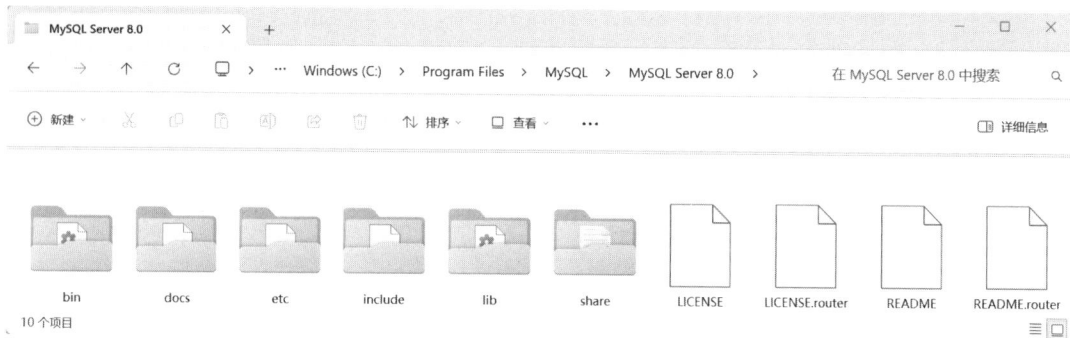

图 1.2.20　MySQL 服务目录

MySQL 数据文件存放在 C:\ProgramData\MySQL\MySQL Server 8.0 的 Data 目录下。MySQL 的系统级数据库和将来用户创建的其他数据库的相应数据,都以文件的形式存储在该目录里,如图 1.2.21 所示。

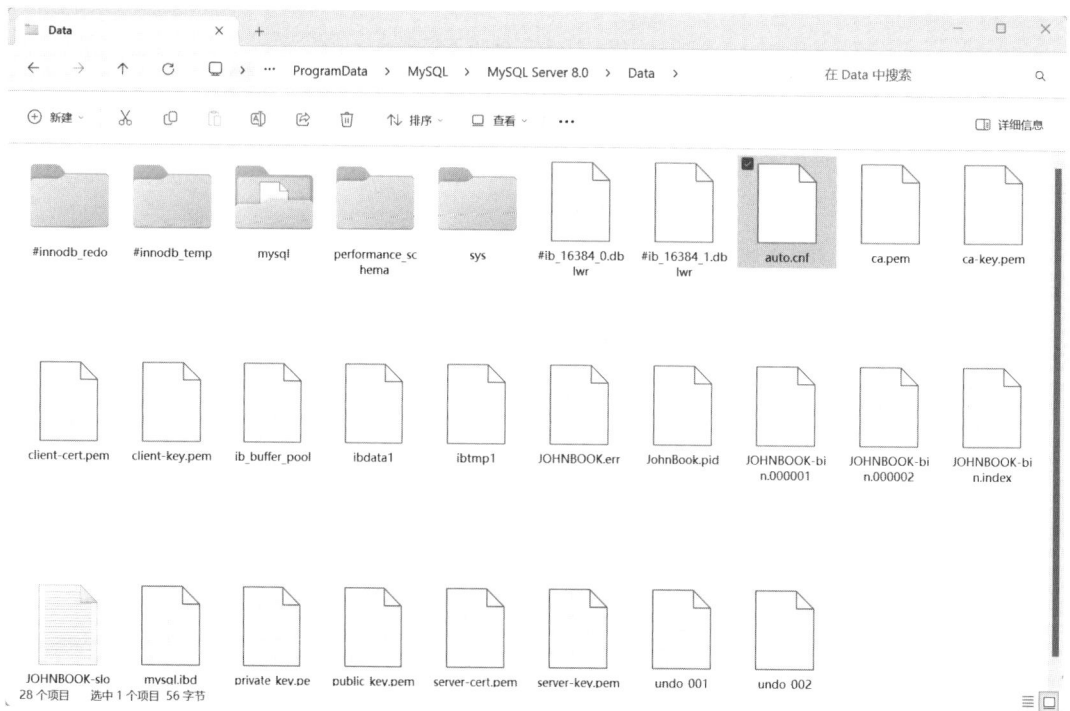

图 1.2.21　MySQL 存放数据库文件的 Data 目录

【工作任务 4】配置环境变量。

为了能在命令行中顺利使用 MySQL 的应用程序,还需要配置环境变量,将 MySQL 安装目录的 bin 目录添加到系统变量 Path 中。

①右键单击 Window 11 的 ■ 图标,选择"系统";在系统信息窗口内找到"高级系统设置",打开系统属性窗口,如图 1.2.22 所示。

图 1.2.22　系统信息

②打开系统属性窗口后,切换到"高级"选项卡,在该选项卡中单击"环境变量",如图 1.2.23 所示。

图 1.2.23　系统属性

③在"系统变量"中找到 Path,单击"编辑"(图 1.2.24),打开编辑环境变量窗口。

图 1.2.24　环境变量

④单击"新建",浏览到 MySQL 安装目录下的 bin 目录,把 bin 目录保存下来,单击"确定"。这一步,也可在安装日志中复制 MySQL 的 bin 目录,单击"新建"后粘贴添加,如图 1.2.25 所示。

逐层单击"确定",直至回到系统属性窗口。

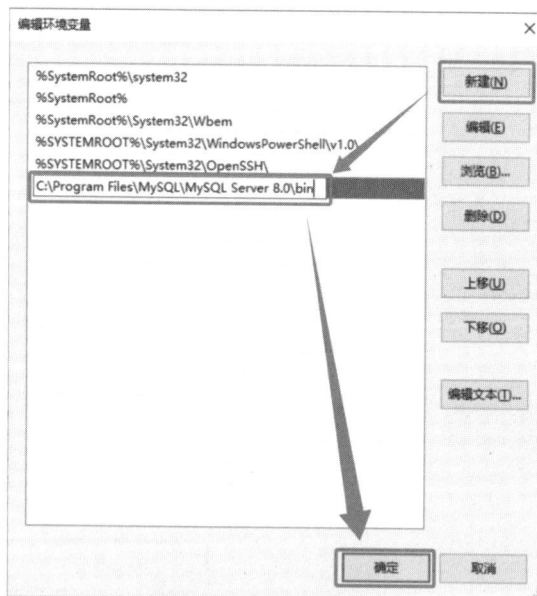

图 1.2.25　编辑环境变量

【与 AI 聊一聊】

什么是操作系统环境变量,环境变量 PATH 有什么用途?

【工作任务5】验证MySQL服务。

在Windows 11系统上，可以通过MySQL命令行终端、mysql命令以及Workbench等3种方式访问和使用MySQL服务。

①在开始菜单中找到"MySQL 8.0 Command Line Client"，启动MySQL命令行客户端，输入root账号的密码，进入MySQL环境。执行命令"show databases"可以查看系统内的数据库实例列表（图1.2.26）。

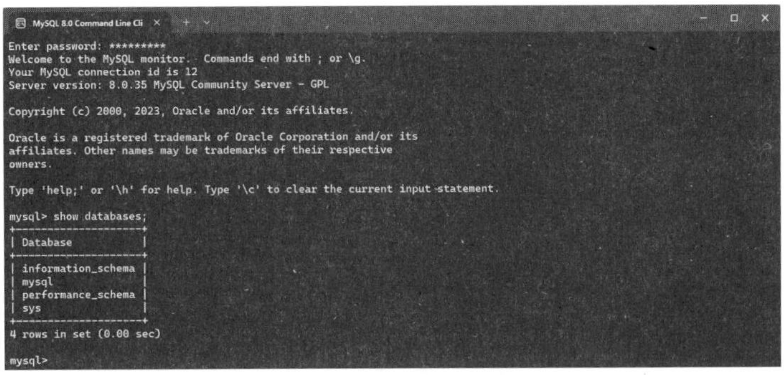

图1.2.26　命令行窗口

②在Windows开始菜单中，找到"命令提示符"打开命令行窗口，输入"mysql -u root -p"命令，输入root的密码，也可以进入MySQL环境。MySQL命令行终端实际是封装了这一步的操作，将命令和参数变成了方便使用的开始菜单。

成功登录MySQL数据库服务器之后，会出现"Welcome to the MySQL monitor"的欢迎语，并出现"mysql>"命令提示符。在提示符后面可以输入SQL语句操作MySQL数据库。

在MySQL中，每条SQL语句以半角分号";"结束，按"Enter"键来执行MySQL的命令或SQL语句。输入"Quit;"或"Exit;"命令即可退出MySQL的登录状态，如图1.2.27所示。

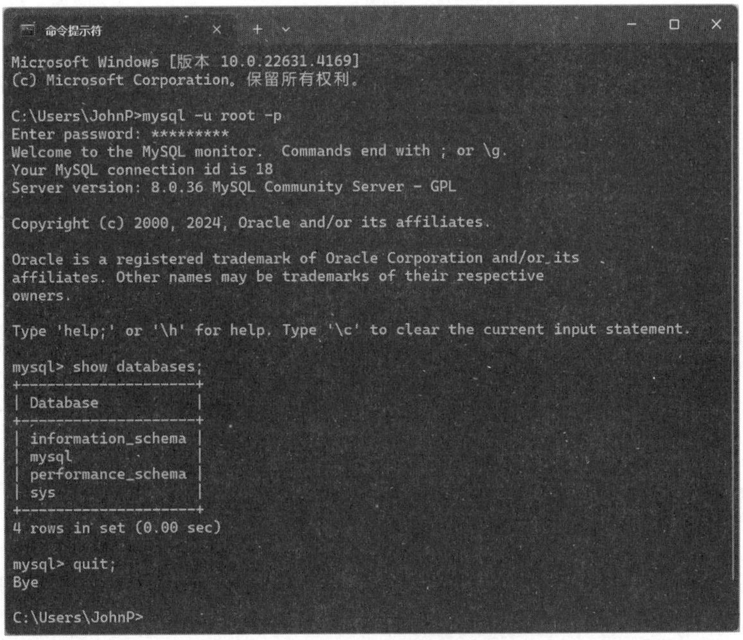

图1.2.27　命令行窗口登录MySQL

【工作任务6】启动和停止MySQL服务。

（1）操作系统命令启动和停止服务

以管理员方式运行Windows的命令行终端，输入"net start MySQL80"并回车，则启动MySQL服务；输入"net stop MySQL80"并回车，则停止MySQL服务，如图1.2.28所示。

注意，这里的MySQL80是Windows服务中MySQL8.0对应的服务名。

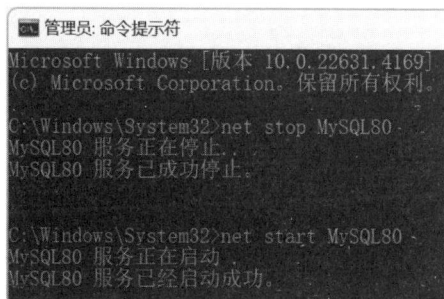

图1.2.28　操作系统命令启动和停止MySQL服务

（2）在服务窗口中启动MySQL服务

在Windows的服务窗口中，选择名为"MySQL80"的服务，单击鼠标右键，在弹出的快捷菜单中有启动、停止、暂停、恢复、重新启动等选项，可对"MySQL80"服务进行相应操作（图1.2.29）。

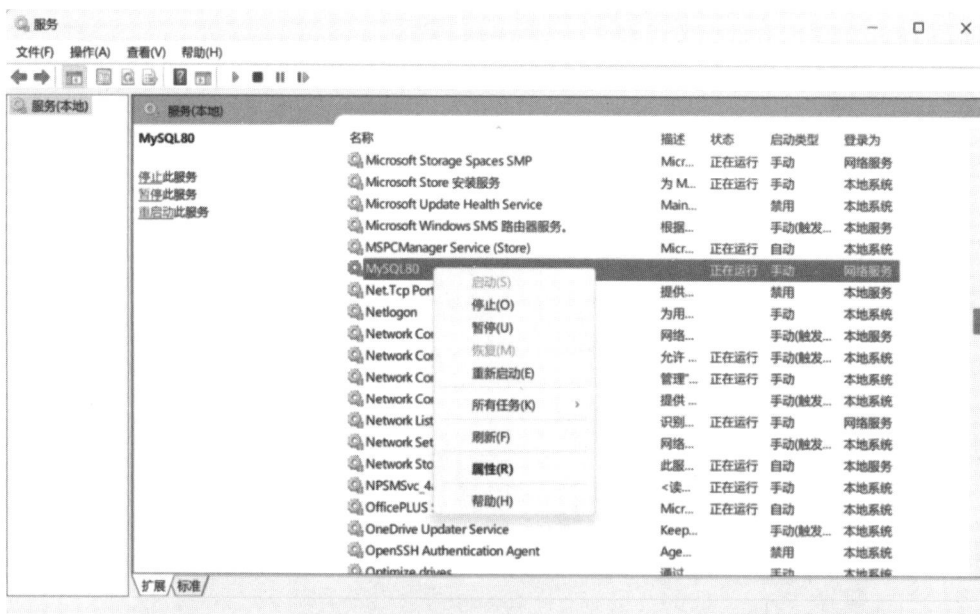

图1.2.29　在服务窗口中启动MySQL服务

（3）在服务窗口中设置MySQL服务开机自启动

在Windows的服务窗口中，选择名为"MySQL80"的服务，单击鼠标右键，在弹出的快捷菜单中选择"属性"，打开"MySQL的属性（本地计算机）"对话框。在"启动类型"下拉列表中选择"自动"，单击"确定"即可将"MySQL80"服务设置为开机自启动，如图1.2.30所示。

图1.2.30　Windows系统中服务的属性

4)问题情境

【问题情境1】你是一名数据库管理员,负责在一台全新的Windows 11机器上安装MySQL 8.0。这台机器尚未安装任何数据库软件,在开始安装之前,需要进行哪些准备工作?

确定数据库超级管理员root账号的密码;如果必要,提前确定专用数据库管理的账号和密码;确定MySQL服务的名称和启动方式,以便在安装过程中按照方案设置相关参数。

【问题情境2】数据库管理员小李在Windows 11系统上安装了MySQL数据库,过程顺利没有报错。但是他在Windows系统的命令行控制台中使用mysql登录数据库时提示找不到命令。可能是什么原因,他应该怎么办?

在Windows系统的命令行控制台中执行命令时出错提示找不到命令,可能有两个原因。一方面,可能是该命令所在的文件目录没有包括在系统环境变量PATH中,可以通过设置环境变量的方式解决。另一方面,可能该命令本身确实不存在。小李安装MySQL的过程中没有报错,那么他遇到的问题应该是未配置PATH环境变量导致了命令不可用的错误。

小李可以通过在命令行输入"echo %Path%"查看环境变量内容,检查其中是否包含MySQL的bin目录路径。若路径错误,可以重新编辑环境变量进行修改。同时,检查添加路径后是否重启了命令行窗口,若未重启,新的环境变量设置可能未生效,尝试重启命令行窗口后再次输入命令。

【问题情境3】配置完MySQL服务后,无法通过命令行客户端登录,提示"Access denied"。

首先检查账号和密码是否正确,尤其注意密码的大小写。若账号密码正确,检查是否在配置服务时设置了正确的认证方式,若认证方式有问题,可以重新配置MySQL服务,确保认证方式与登录方式匹配。

1.2.5 学习评价

序号	评价内容	评价标准	评价结果（是/否）
1	安装准备	能够从MySQL官方网站正确下载适合Windows11的MySQL8.0离线安装程序	
2	安装过程	正确选择MySQL8.0在Windows11系统上的定制安装,并安装MySQL Server、MySQL Workbench组件,完成服务配置	
3	配置设置	能够使用Windows服务管理、net命令启动和停止MySQL服务	
4	环境配置	能够找到MySQL8.0的命令行工具所在目录,正确设置环境变量以便在命令行可以直接使用mysql命令	
5	服务管理	能够通过MySQL命令行终端、mysql命令以及Workbench等至少两种方式成功登录MySQL服务,并执行简单SQL语句(如"show databases")查看数据库实例列表	

拓展阅读

2013年5月17日,阿里集团最后一台IBM小机在支付宝下线。这是自2009年"去IOE"战略透露以来,"去IOE"非常重要的一个节点。"去IOE"指的是摆脱掉IT部署中原有的IBM小型机、Oracle数据库以及对EMC存储的过度依赖。2013年7月10日,淘宝重中之重的广告系统使用的Oracle数据库下线,这也是整个淘宝最后一个Oracle数据库。这两件事合在一起是阿里巴巴技术发展过程中的一个重要里程碑。

2013年"棱镜门"事件爆发,让中国政府和企业意识到使用美国数据库等IT设备存在巨大安全风险,推动了关键行业对信息安全的重视,加速了去IOE的进程。"去IOE"化是信息化技术发展的趋势,能提高企业信息化技术能力,降低信息化建设的成本,增强企业的技术研发实力和话语权。

1.2.6 课后作业

1.简述下载MySQL8.0离线安装程序的步骤,并说明离线安装程序的优点。

2.在自己的计算机上，下载免安装版本的 MySQL 8.0 安装包，创建配置文件 my.ini 配置 MySQL，并测试启动、停止和连接 MySQL 服务。

3.使用 MySQL 命令行客户端登录 MySQL，执行"SHOW DATABASES；"命令，查看显示结果。

工作手册1.3 通过MySQL Workbench操作MySQL数据库

通过Workbench
操作MySQL
数据库

1.3.1 核心概念

MySQL Workbench是MySQL官方提供的图形化管理工具,分为社区版和商业版,社区版完全免费,而商业版则是按年收费。支持数据库的创建、设计、迁移、备份、导出和导入等功能,并且支持Windows、Linux和Mac等主流操作系统。

连接配置是在MySQL Workbench中用于定义如何连接到MySQL数据库服务器的一组参数,包括主机名、端口、用户名和密码等。

1.3.2 学习目标

①能够启动MySQL Workbench并连接到MySQL服务,熟悉其主界面布局。

②能够使用MySQL Workbench设计数据库模型,包括定义表的字段、数据类型和约束,以及考虑数据规范化。

③能够使用MySQL Workbench执行基本的数据操作,包括创建表、管理数据表中的记录以及在查询窗口执行SQL语句。

④能够使用MySQL Workbench备份和恢复数据库,确保数据安全。

⑤能够使用MySQL Workbench创建和管理MySQL用户及其权限,增强数据库的安全性。

1.3.3 基础知识

MySQL日常的开发和维护通常在命令行窗口中进行,但也有许多公司开发了MySQL图形化客户端工具,可以直观、方便地管理和维护MySQL。使用MySQL客户端工具,可以很便利地连接MySQL服务器并进行交互,执行SQL语句、管理数据库、迁移数据、监控性能等工作。

MySQL Workbench是MySQL的官方集成开发环境(IDE),它为数据库管理员、开发者和系统架构师提供了一个统一的图形界面来处理所有与MySQL相关的任务。

(1)数据库设计

MySQL Workbench提供了一个可视化的E-R(Entity-Relationship)图设计工具,允许用户通过拖拽操作来创建和编辑数据库。并且,MySQL Workbench支持将设计的ER图同步到实际的数据库中。

（2）SQL编辑与查询

内置SQL编辑器支持SQL语法高亮显示、代码补全、智能感知等功能。用户可以直接在编辑器中编写SQL查询，并执行查询查看结果。

（3）数据库管理

可以浏览和管理数据库中的表、视图、存储过程、触发器等对象，支持数据的插入、更新、删除等操作，支持数据的导出与导入功能。

（4）性能诊断与优化

提供SQL查询性能分析工具，帮助优化SQL查询性能，可以诊断数据库的运行状态并提供建议，完成数据库健康检查。

（5）数据库同步与迁移

支持数据库模式的同步，可以比较两个数据库之间的差异，并生成SQL脚本来同步数据库；支持数据库的数据迁移工具。

（6）安全性与权限管理

可以管理数据库用户和权限，确保数据的安全性；支持SSL加密连接，保护数据传输的安全。

在安装最新MySQL时，可选择一并安装MySQL Workbench，也可独立下载和安装。编辑本书时MySQL Workbench的版本为8.0.38。

1.3.4　能力训练

1）操作条件

在Windows 11系统上，下载和安装MySQL Workbench，使用Workbench连接MySQL服务，查看和操作数据库实例等数据库对象，完成数据表查询。该工作需要具备如下条件：

①已安装MySQL服务，确保MySQL服务器已安装并运行在本地或远程服务器上。

②已安装MySQL Workbench客户端。

③确保计算机可以连接到MySQL服务器。

④确保具有连接和操作MySQL数据库的权限。

2）注意事项

①连接配置时，确保输入的信息准确无误，特别是主机名、端口、用户名和密码，避免因输入错误导致连接失败。

②在设计数据模型时，要充分考虑数据的完整性和一致性，合理设置字段的约束条件。

③在备份数据库时，选择合适的导出路径和文件格式，确保备份数据的可恢复性。

④设置用户权限时，遵循最小权限原则，确保用户仅拥有完成其任务所需的最小权限，避免过度授权导致安全风险。

3）工作过程

【工作任务1】启动MySQL Workbench。

启动MySQL Workbench，主界面如图1.3.1所示。

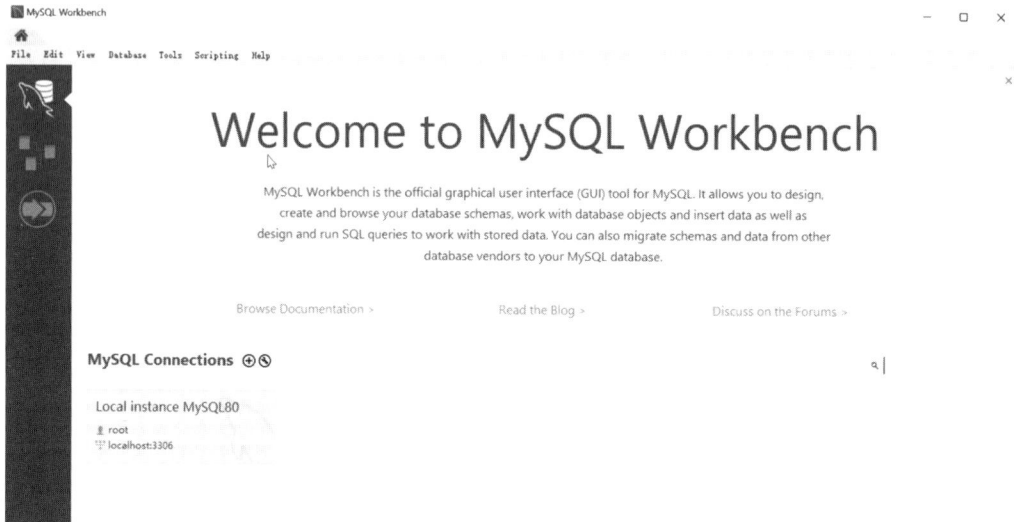

图1.3.1　MySQL Workbench**主界面**

【工作任务2】连接到MySQL服务。

单击"MySQL Connections"后面的⊕图标,打开创建新连接的配置界面,输入连接名称,选择MySQL服务器的主机名、端口、用户名和密码,如图1.3.2所示。

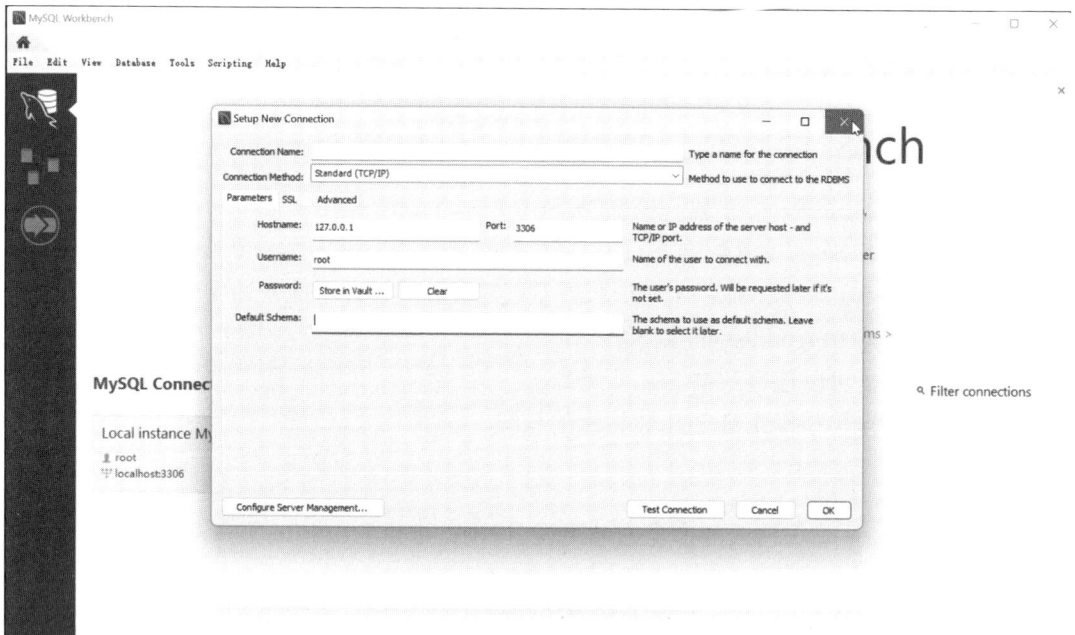

图1.3.2　**创建**MySQL**服务连接**

输入信息后,单击"Test Connection",测试连接以确保能够成功连接到MySQL服务器,如图1.3.3所示。

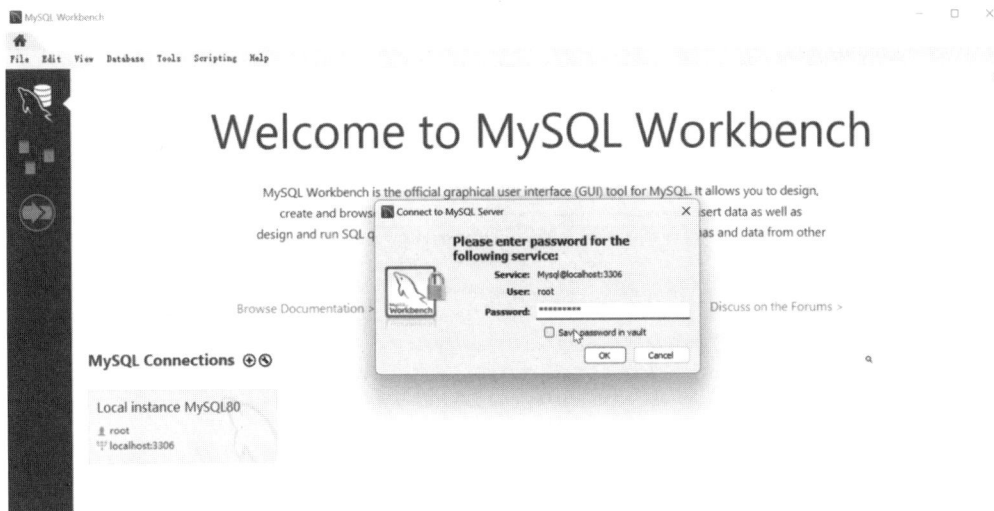

图 1.3.3　测试 MySQL 服务连接

【工作任务 3】数据库设计。

（1）创建数据库

打开 MySQL 连接 Local instance MySQL80，连接到 MySQL 服务。单击菜单栏中的 图标，创建一个新的数据库，在创建数据库之前，Workbench 会提示创建数据库的脚本程序，单击"Apply"完成创建，如图 1.3.4、图 1.3.5 所示。

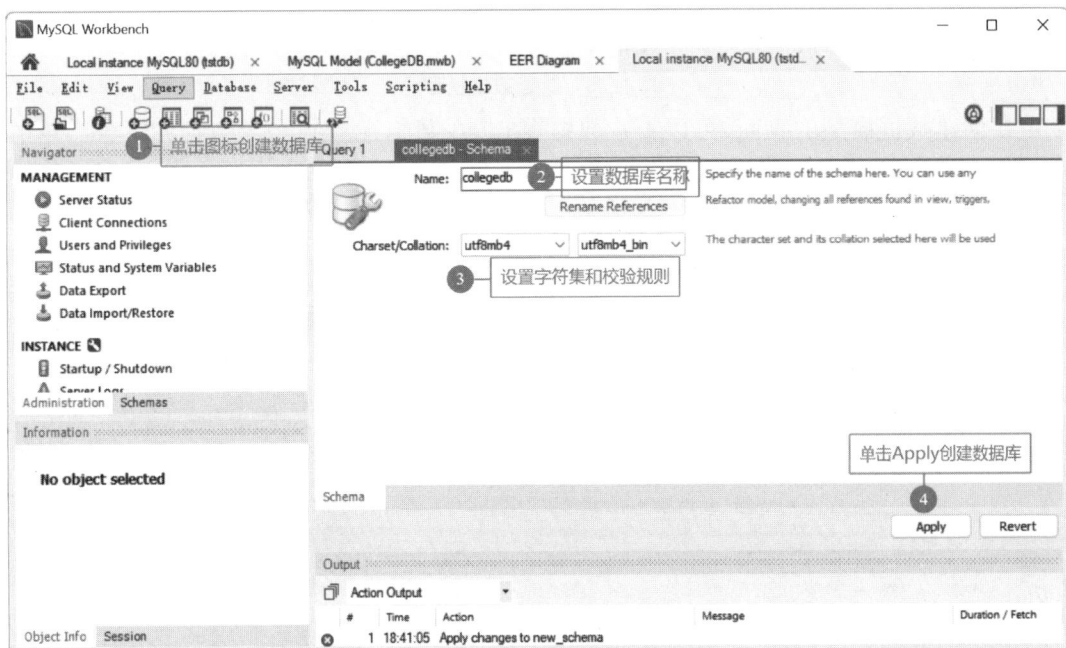

图 1.3.4　创建新的数据库

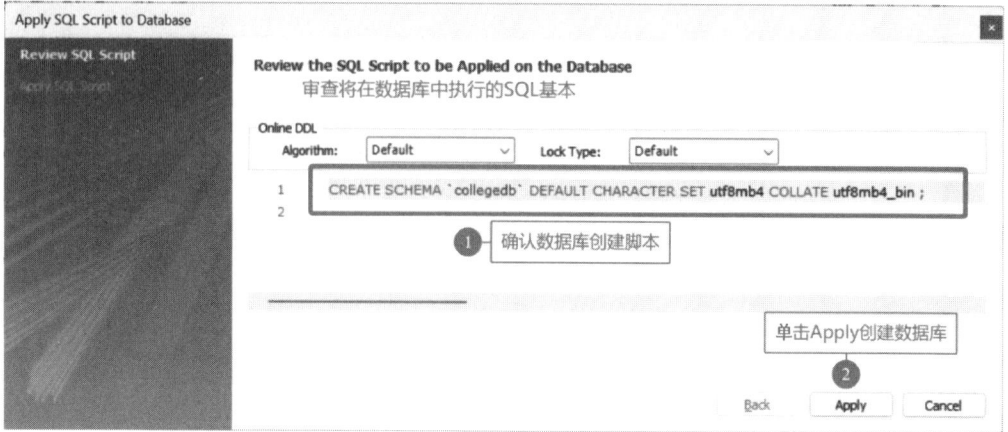

图1.3.5　创建数据库时审查SQL脚本

（2）设计数据模型

单击模型管理图标，选择Models后面的⊕按钮，创建数据库模型，如图1.3.6所示。

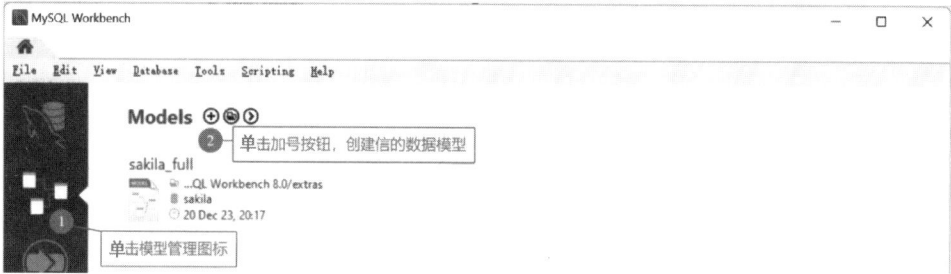

图1.3.6　新建数据模型

在创建数据模型的界面，可以新建数据表Table、数据视图View等数据库对象。单击"Add Table"按钮，开始设计新的数据表，如图1.3.7所示。

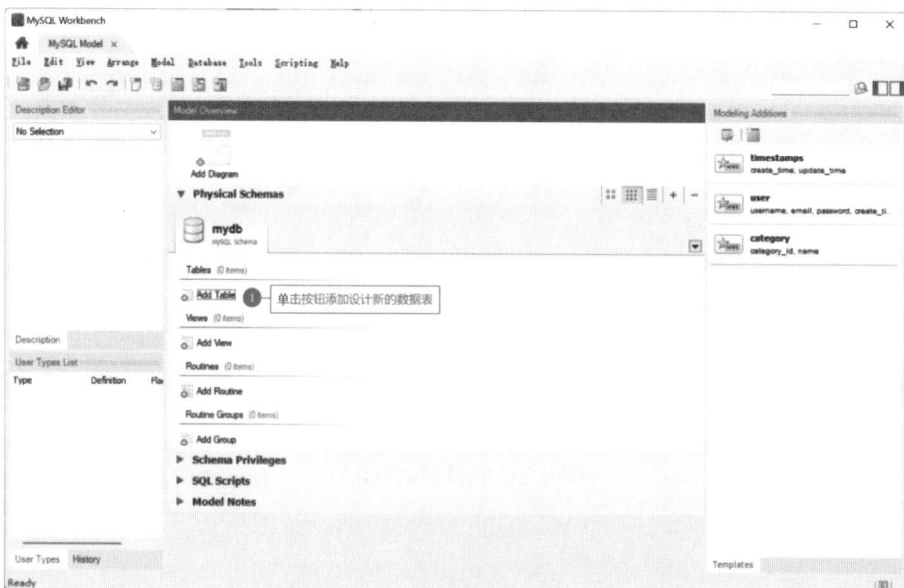

图1.3.7　新建数据表

在数据表的设计页面,输入数据表名称。通过底部的标签,可分别选择列、索引、外键、触发器、分区等项目信息。对于每个数据列,设置列名称、数据类型和列上的数据约束信息,如图1.3.8所示。

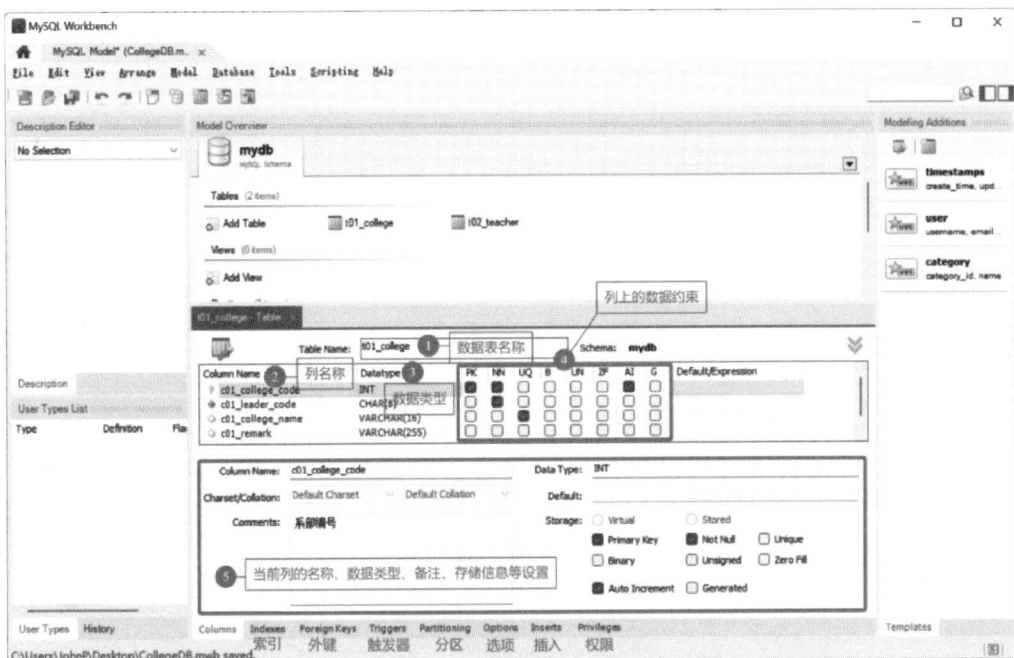

图1.3.8　编辑数据表的列信息

设置好数据表的各项信息之后,单击 按钮,保存数据表到数据模型中,如图1.3.9所示。

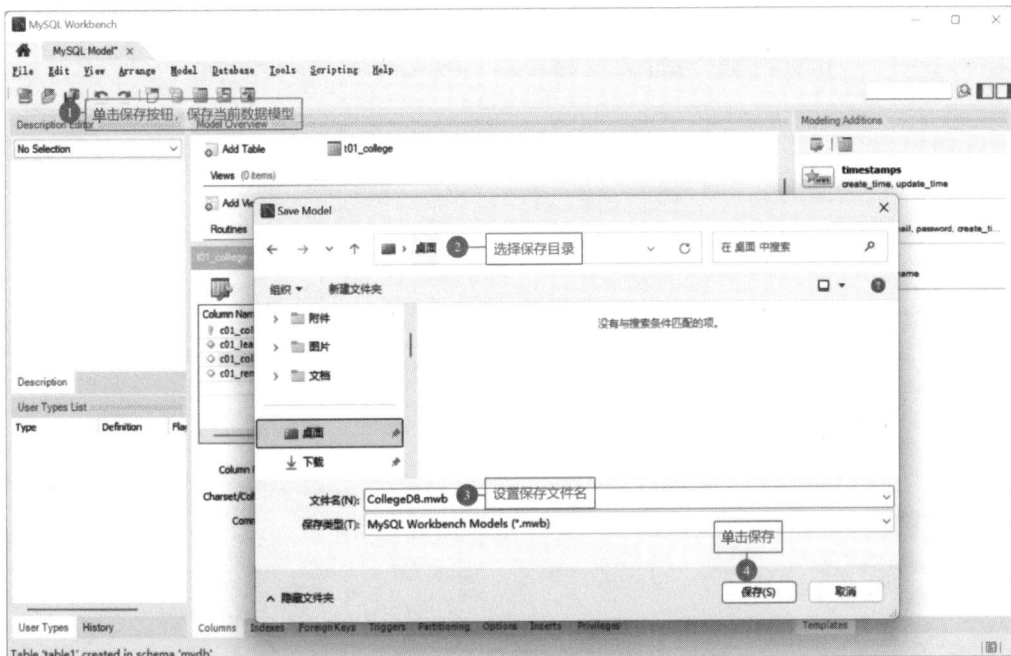

图1.3.9　保存数据模型文件

使用MySQL Workbench还可绘制数据表关系图,如图1.3.10所示,单击"Add Diagram",创建数据模型图。

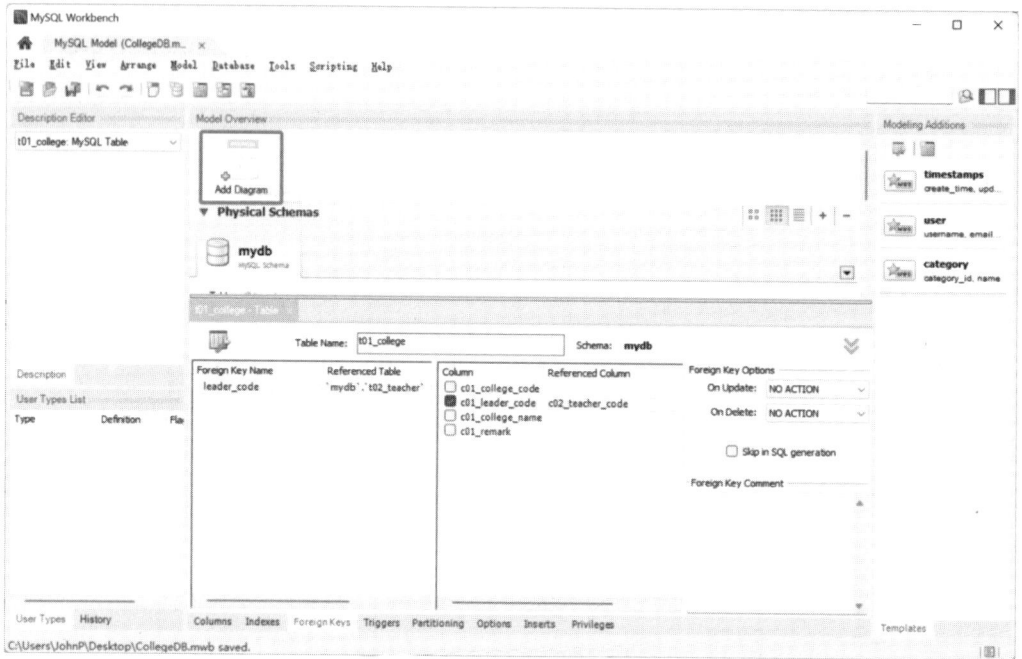

图1.3.10　创建数据模型图

在左侧的数据模型中,拖动数据表到图形编辑区,可绘制数据表联系图,如图1.3.11所示。

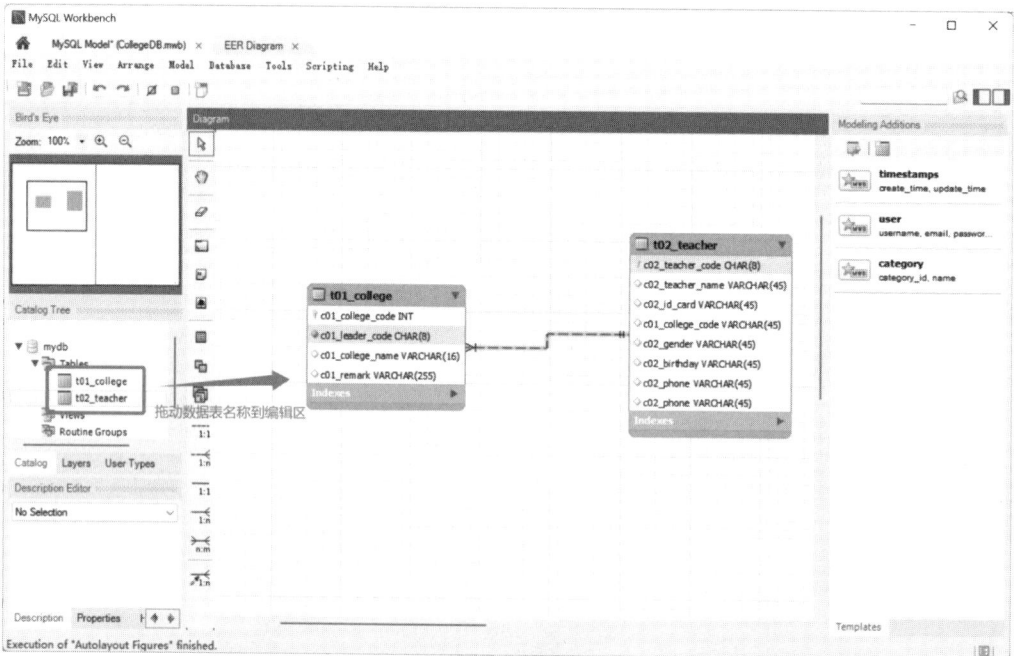

图1.3.11　编辑模型图

（3）模型同步创建数据库

设计好数据模型之后，单击菜单中的"Database"，选择"Synchronize Model..."开始与数据模型同步，可将数据模型写入MySQL创建对应的数据实例，如图1.3.12—图1.3.15所示。

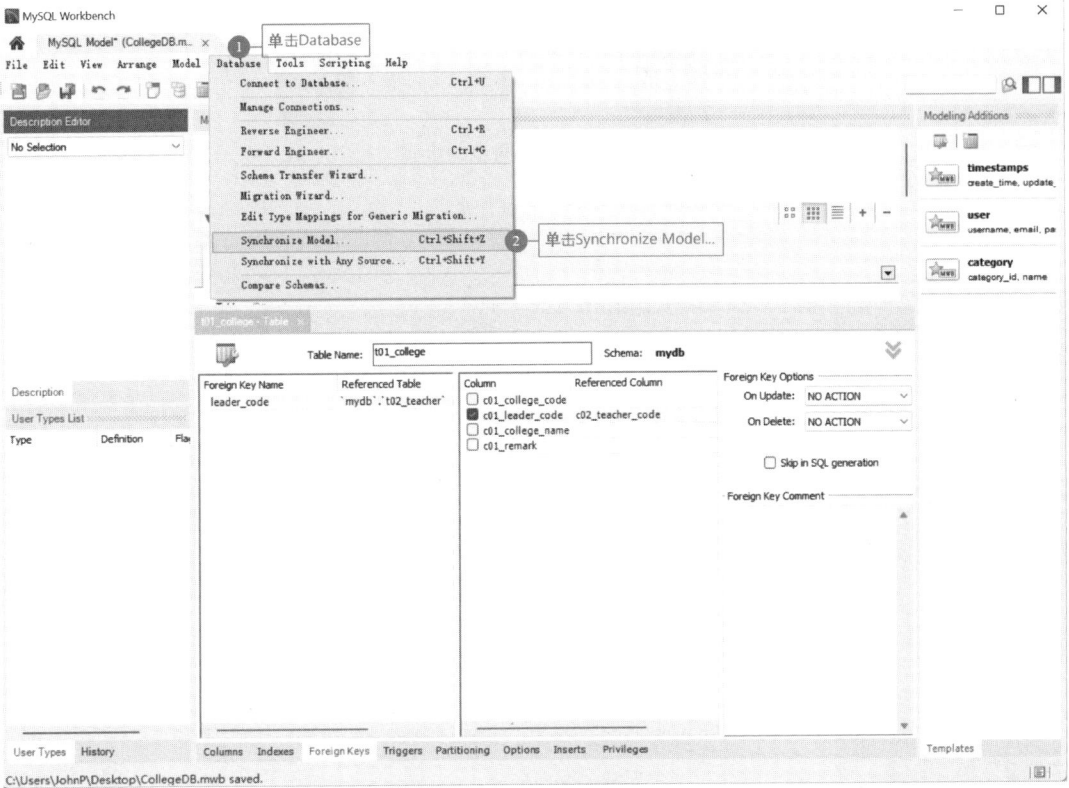

图1.3.12　数据模型同步向导

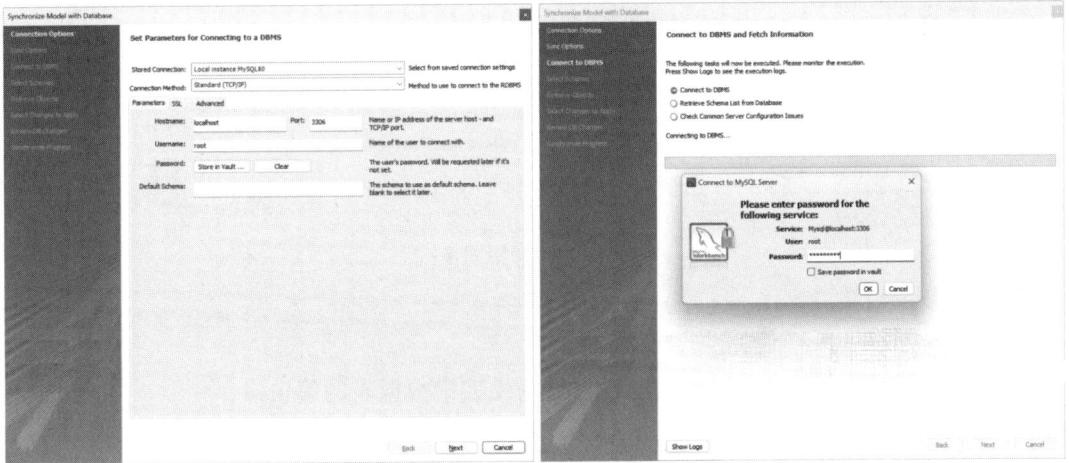

图1.3.13　验证账号信息

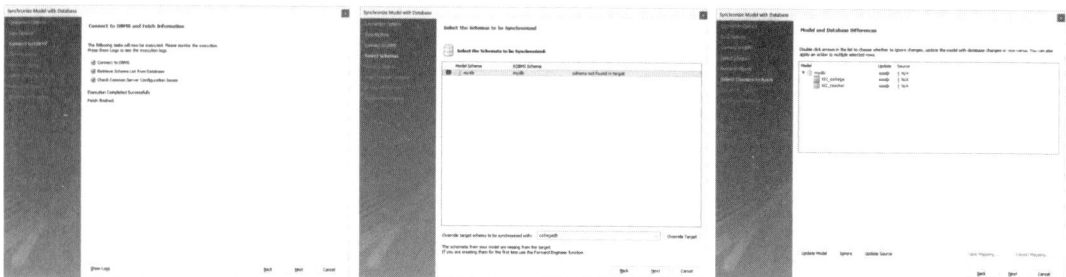

图1.3.14　模型同步的步骤

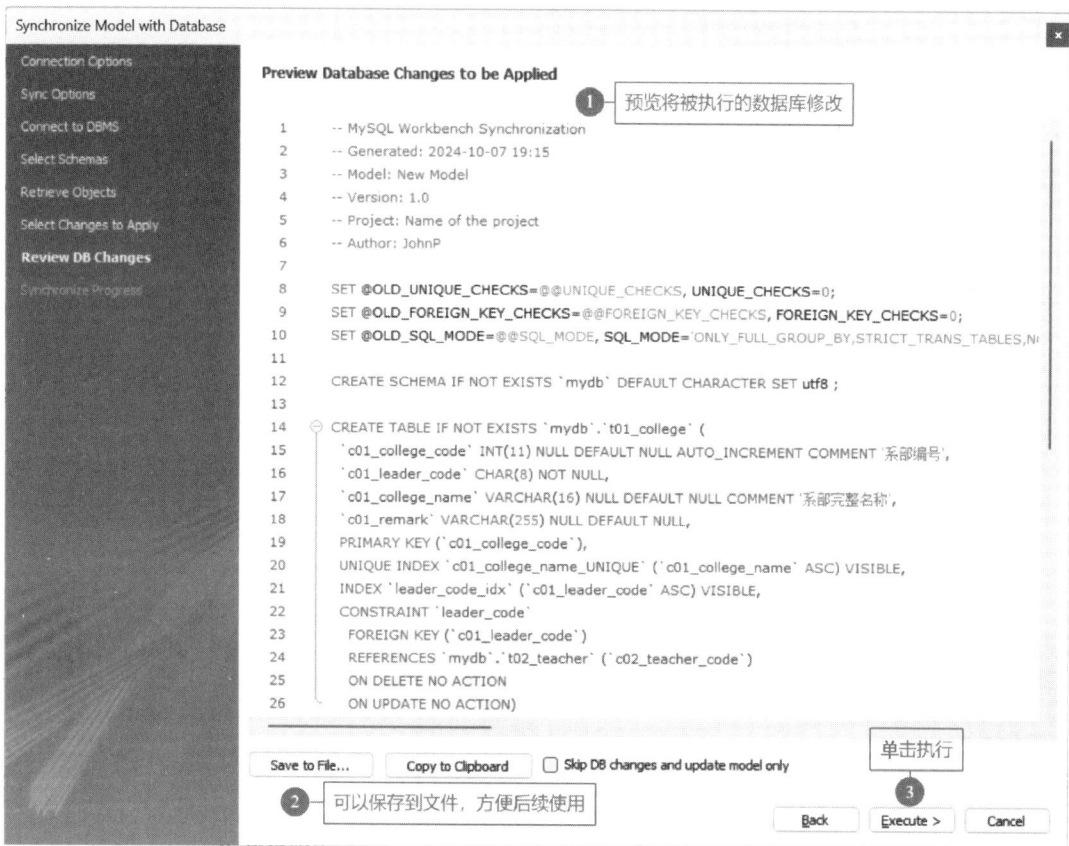

图1.3.15　开始同步

【工作任务4】数据操作。

（1）创建表

在 MySQL Workbench 中创建表,与设计数据模型中数据表的编辑操作相似,详细步骤如图1.3.16所示。

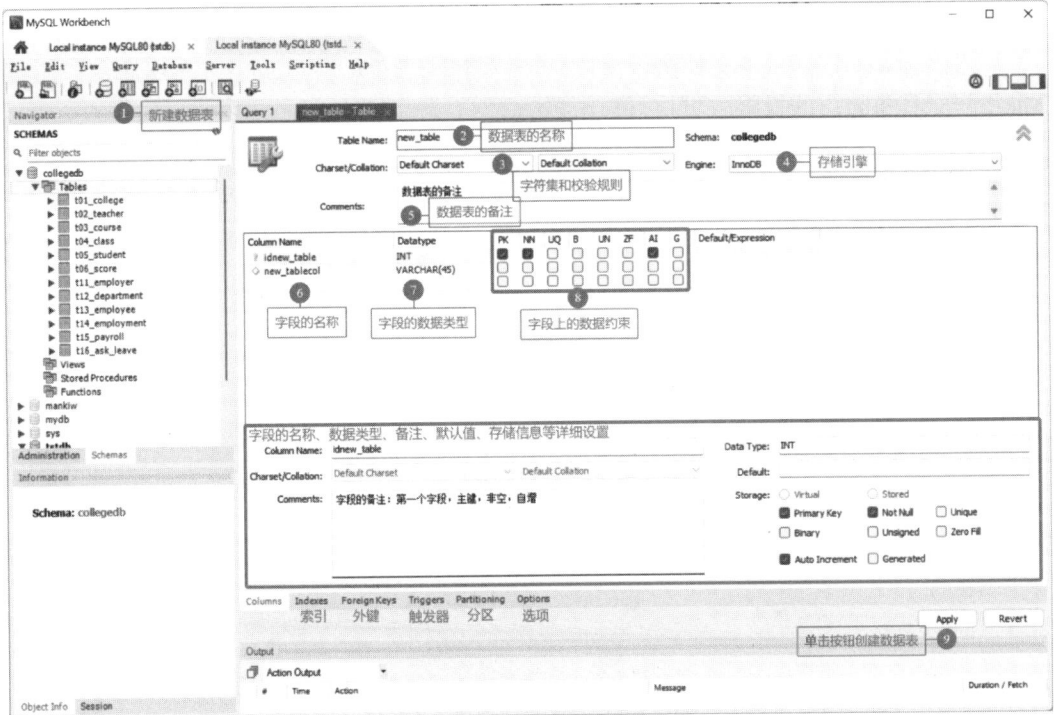

图 1.3.16　创建数据表

（2）管理数据表中的记录

单击数据表后面的查询按钮，查询出数据记录之后，可插入一条新数据记录，也可修改或删除已有的数据记录，如图 1.3.17 所示。

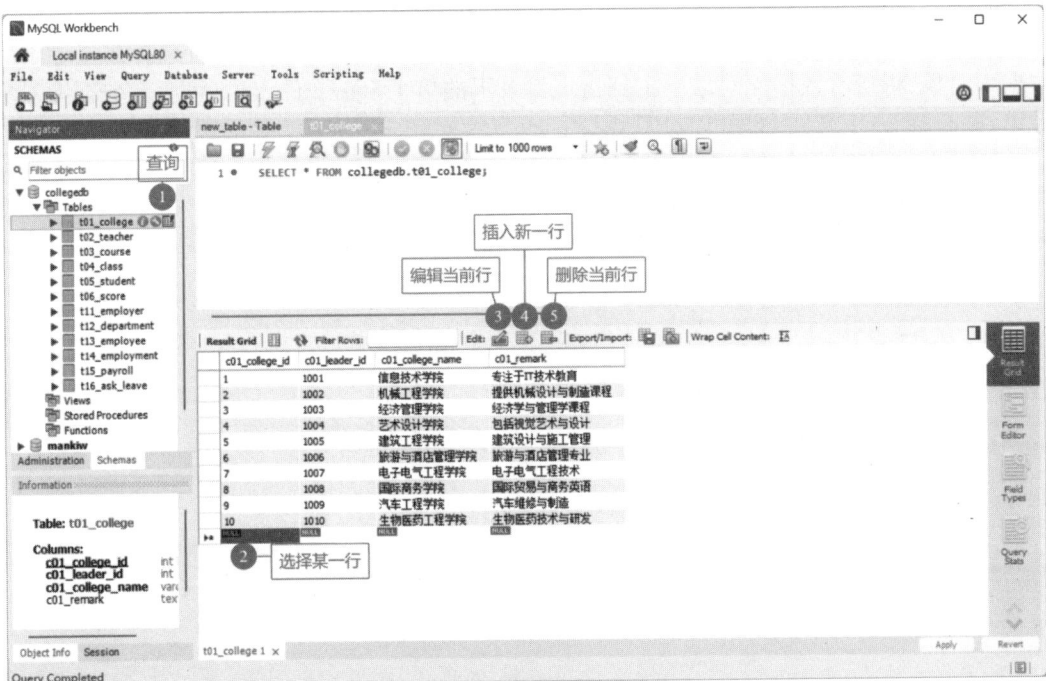

图 1.3.17　管理数据记录

（3）在查询窗口执行SQL语句

单击图标，打开SQL文件执行窗口，可编写和执行SQL语句，如图1.3.18所示。注意，当前用户应具备相应的权限方可执行SQL语句。

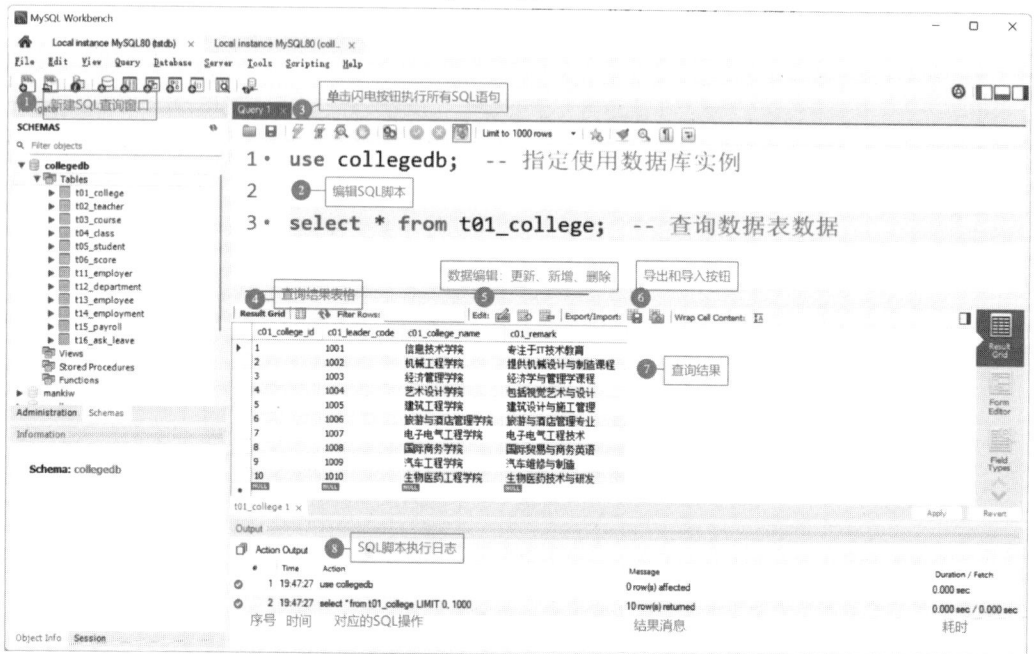

图1.3.18　执行SQL语句

【工作任务5】数据管理。

（1）备份数据库

单击"Server"→"Data Export"或"Administration"→"MANAGEMENT"→"Data Export"启动数据导出向导，选择数据库实例和数据表，可备份数据库。在导出时，可选择需要导出的数据库对象，将所有数据库对象导出到指定目录下的单个SQL文件，也可将所有数据库对象导出到同一个SQL文件，如图1.3.19所示。

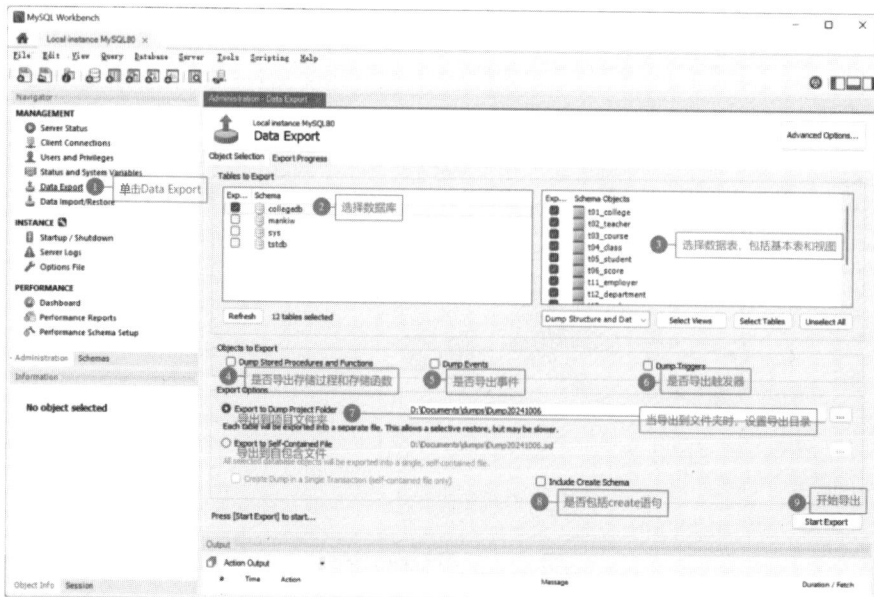

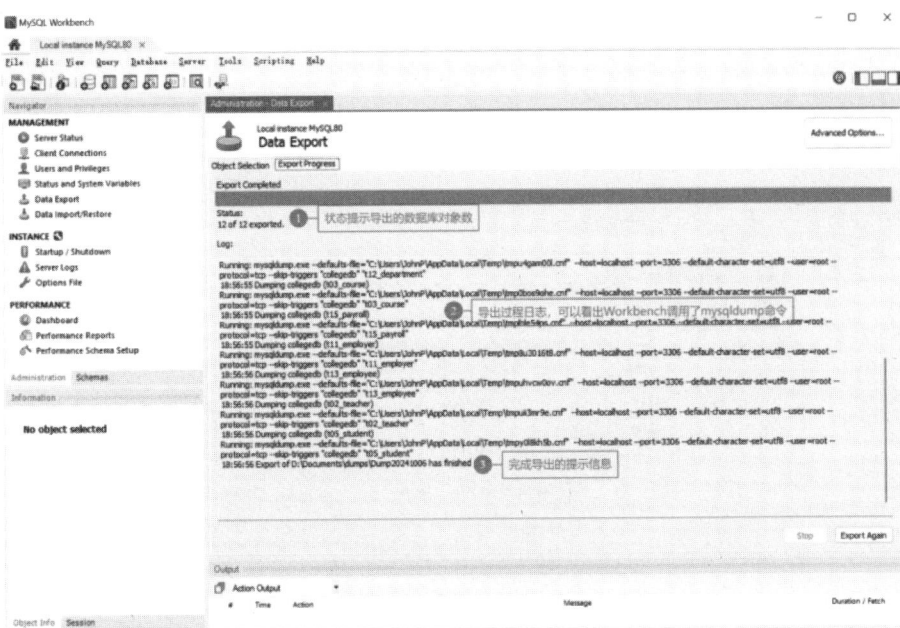

图1.3.19　备份数据库

（2）恢复数据库

单击"Server"→"Data Import"或"Administration"→"MANAGEMENT"→"Data Import"启动数据导入向导，详细步骤如图1.3.20所示。

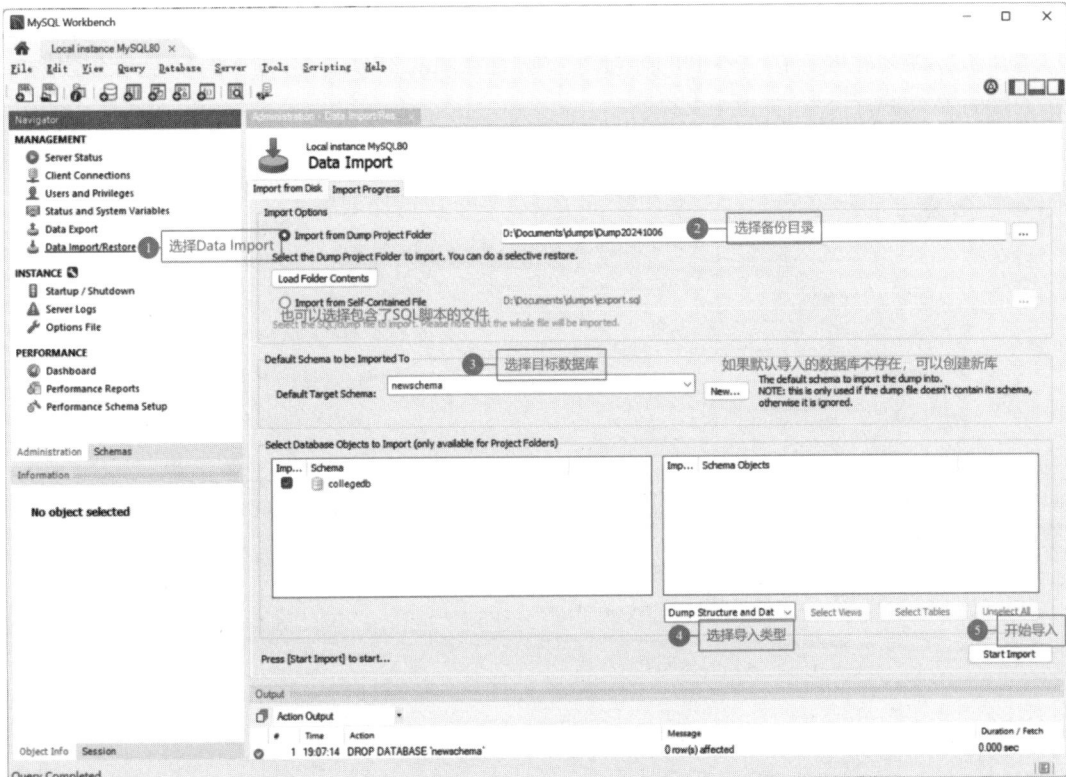

图1.3.20　向数据库导入数据

【工作任务6】安全性管理。

(1)用户权限设置

单击"Server"→"Users and Privileges",创建新用户并分配适当的权限,如图1.3.21所示。

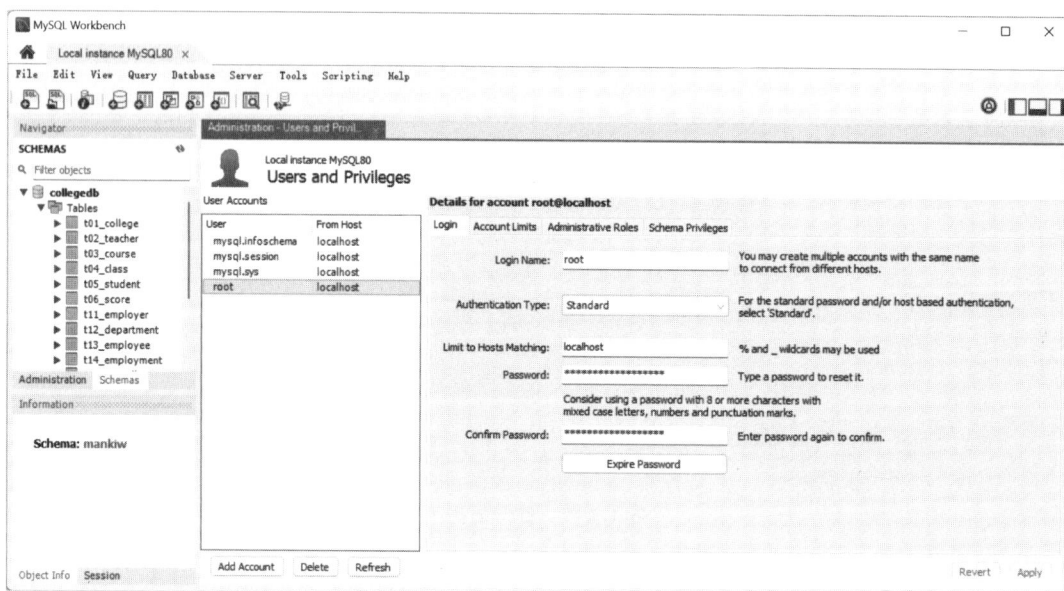

图1.3.21　管理用户权限

(2)加密连接

在创建数据库连接时,选择不同的"Connection Method",就可以配置SSL/TLS以加密客户端和服务器之间的连接。不同的连接方式需要不同的参数配置,操作时需要结合数据库服务端的要求进行设置,如图1.3.22所示。

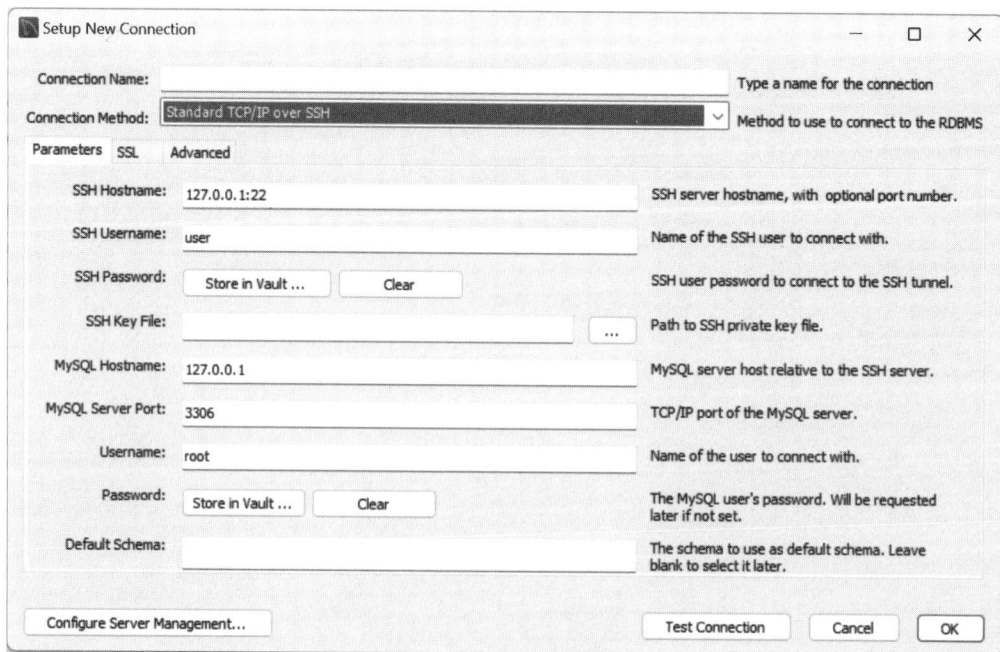

图1.3.22　创建加密连接

【工作任务7】清理和结束。

完成操作后,关闭与 MySQL 服务器的连接,安全地退出 MySQL Workbench。

4)问题情境

【问题情境1】当试图连接到远程 MySQL 数据库时,MySQL Workbench 报错,提示无法连接,可能是什么原因? 如何解决?

第一,检查网络连接,确保客户端设备(如笔记本电脑)与远程数据库服务器之间的网络连接正常,可尝试 ping 远程数据库服务器的 IP 地址来测试网络连通性。第二,确保远程数据库服务器的防火墙允许来自客户端的连接请求,并且 MySQL 服务监听的端口(通常是3306)已经开放。第三,确认 MySQL Workbench 中的连接配置信息(如主机名、端口号、用户名和密码)正确无误。有时候简单的拼写错误也会导致连接失败。

【问题情境2】在使用 MySQL Workbench 的数据模型同步功能时,同步过程报错,无法成功创建或更新数据库结构。可能是什么原因?

第一,数据同步使用的 SQL 脚本可能不包括数据定义语句,需要通过 MySQL Workbench 提供的 SQL 预览功能,查看即将执行的 SQL 脚本,确保 SQL 语句语法正确且符合预期。第二,确认当前连接使用的 MySQL 用户具有足够的权限执行 DDL(数据定义语言)操作,如 CREATE TABLE、ALTER TABLE 等。第三,如果同步失败是因为依赖关系问题(如外键引用不存在的表),则需要先解决这些依赖问题后再进行同步。

【与 AI 聊一聊】

什么是"SSL/TLS",有什么用途?

1.3.5 学习评价

序号	评价内容	评价标准	评价结果(是/否)
1	Workbench 启动与熟悉程度	能够顺利启动 MySQL Workbench,并熟悉主界面布局	
2	连接配置准确性	能够正确创建连接配置,成功连接到 MySQL 服务器	
3	数据库设计能力	能够在 MySQL Workbench 中创建数据库、设计合理的数据模型(包括定义字段、数据类型和约束)	
4	数据操作熟练度	能够熟练进行数据操作,如创建表、管理数据表记录、执行 SQL 语句	
5	数据备份与恢复	能够使用 Workbench 实现数据库和数据表的备份和恢复	
6	安全性管理	能够使用 Workbench 配置 MySQL 用户及其权限	

▶ **拓展阅读**

习近平总书记强调,知识产权保护工作关系国家治理体系和治理能力现代化,关系高质量发展,关系人民生活幸福,关系国家对外开放大局,关系国家安全。这为我们充分认识全面加强版权保护的重大意义,提供了强大的理论武装和思想指引。作为知识产权的重要内容,版权保护在激发全社会创新活力、健全现代化经济体系、推动构建新发展格局、全面建设社会主义现代化国家进程中发挥着重要支撑作用。

1.3.6 课后作业

1.安装 MySQL Server(如果尚未安装),安装 MySQL Workbench,创建一个新的连接配置,输入连接名称、主机名、端口、用户名和密码,测试连接成功。

2.为一家新开业的书店设计数据库,使用 MySQL Workbench 完成:①设计书店的数据库模型,包括书籍、作者、出版信息等;②创建数据库和表;③插入初始数据,并进行查询、更新和删除操作。

3.使用 MySQL Workbench,连接到一个 MySQL 服务,打开数据查询窗口,指定使用数据库实例mysql,查询数据表user中的所有数据,导出数据保存为本地文件。

4.描述如何在 MySQL Workbench 中备份和恢复数据库,并说明备份和恢复的重要性。

5.下载安装并试用Navicat for MySQL连接 MySQL服务,打开数据库实例mysql,查询数据表user中的所有数据,尝试将数据导出保存到本地文件。

6.通过互联网检索,或者与AI交流,了解更多的MySQL客户端工具。

工作手册1.4 获取和使用华为云 MySQL 数据库

使用云数据库
服务

1.4.1 核心概念

云计算是一种计算服务方式,可实现按需付费、弹性扩展、高可用性等形式的计算、网络、存储等服务。云服务器是一种简单高效、安全可靠、处理能力可弹性伸缩的计算服务,用户无须购买硬件。云计算帮助用户快速构建更稳定、安全的应用,降低开发运维的难度和成本,使用户更专注于核心业务。

云数据库是部署到云平台环境中的数据库,可实现按量付费、按需扩展、高可用性以及存储整合等。将数据库部署到云上,可通过网络连接业务进程,支持数据库服务作为软件即服务部署的一部分。企业将数据库部署到云上,可以借助云平台的管理工具,实现简洁高效的数据库运维。

华为云账号是华为云提供的用户账户,用于登录华为云平台,管理和使用各种云服务。

弹性公网IP是一种可以动态绑定到云资源的公网IP地址,用于从互联网访问云服务。

1.4.2 学习目标

①能够注册并登录华为云账号。

②能够选购并创建华为云 MySQL 数据库实例。

③能够为云数据库服务器绑定公网IP,包括购买弹性公网IP和完成绑定操作,以实现远程访问。

④能够熟悉华为云 MySQL 数据库的管理界面并进行基本操作。

⑤能够使用MySQL Workbench连接华为云 MySQL 数据库并进行数据操作。

⑥能够释放不再需要的云计算资源,避免不必要的费用。

1.4.3 基础知识

新一代信息技术的发展,极大地推动了数据管理技术的发展和进步。MySQL 数据库以其开源、轻便等特点受到了云计算厂商的青睐。基于 MySQL,云计算厂商开发出云上的MySQL 数据库服务。使用云数据库我们可以快速搭建出业务系统需要的数据库环境。

相比传统本地化部署的数据库服务,云数据库的优势包括:

- 轻松部署:云数据库实例可以快速就绪并投入使用;用户通过控制台对所有实例进行统一管理。

- 超高性能:内核线程优化特性能够保障系统性能稳定。

- 低成本:根据需求选择不同套餐,支付的费用远低于自建数据库所需的成本。
- 完全托管:即开即用,完全托管软硬件部署、补丁升级、自动备份、监控告警、弹性扩容、故障转移等功能,不需要额外的安装和维护工作。
- 高速扩展:业务流量突发的情况下,云计算的弹性扩展功能可轻松应对流量高峰。

云计算资源的计费模式通常基于用户实际使用的服务量来计算费用,这样可以提供灵活且成本效益高的解决方案。一般情况下,主要分为按需计费和包年包月两种:

- 按需计费:最常见的计费模式,用户根据实际使用的计算能力、存储空间以及带宽等资源来支付费用;可即开即停,按实际使用时长计费。这种模式的好处在于它允许用户仅为其实际使用的资源付费,避免了预先购买固定资源的风险。
- 包年/包月:这是一种预付费模式,用户提前支付一定周期(如一个月或一年)的费用,然后在这个周期内使用资源。这种模式适合长期稳定的业务需求,通常价格比按量计费更优惠。

1.4.4 能力训练

1)操作条件

本手册将在华为云上定制和购买一个MySQL数据库服务,创建数据库、数据表,配置公网IP,在个人电脑上使用Workbench连接云上MySQL服务。工作之前,应当做好如下准备:

①有一台Windows电脑,本地安装了MySQL Workbench等MySQL客户端工具,同时安装了Chrome、Firefox、Edge等主流浏览器,能够访问华为云网站;

②具备有效的电子邮件地址和手机号码用于注册华为云账号;

③手机支付宝或微信有一定余额,能够支付购买华为云资源的费用;

④掌握数据库实例、数据表等概念,能够编写简单的SQL语句。

2)注意事项

①注册华为云账号,妥善保管注册账号的登录信息,防止账号被盗用。

②购买云数据库实例时,根据实际需求选择合适的配置,理性充值,避免浪费资源。

③在购买云数据库时,如果仅用作此次试验,那么务必选择按需续费;如果要长时间使用且需要保存数据,那么需要选择包月或包年计费。

④在为云数据库服务器绑定公网IP时,注意公网IP的购买区域要与服务器所在区域一致,且绑定操作需谨慎,防止因错误绑定导致安全问题。

⑤工作完成后,若不需要继续使用云数据库等云资源,则务必释放资源以停止计费。注意,释放云计算资源(删除实例)是不可逆操作,务必谨慎确认,避免误删重要数据和资源。

⑥定期备份数据,并确保数据传输和存储的加密。

⑦科学管理华为云数据库服务,比如配置用户权限,遵循最小权限原则;定期检查数据库性能,确保满足应用需求;了解华为云数据库服务的SLA,确保服务符合预期。

3）工作过程

【工作任务1】注册华为云账号。

打开浏览器,访问华为云官方网站。如果已经有账号,可直接单击"登录";如果无账号,单击网页右上角"注册",选择"注册账号",填写注册信息,包括邮箱、手机号码等。注册成功后,即可创建华为云账号,如图1.4.1所示

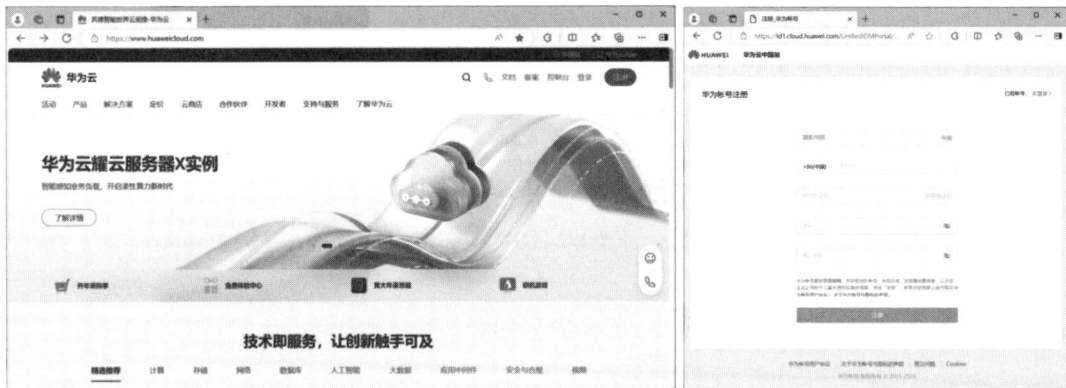

图1.4.1 华为云主页和注册对话框

【工作任务2】选购云数据库产品。

注意,如果是为了实际业务需要选购云数据库产品,一定要清楚业务的数据存储需求和数据访问要求,按照实际情况设定云数据库产品参数,购买合适的云数据库产品。

使用注册时填写的邮箱或手机号,登录华为云账号。

在菜单中依次找到"产品"→"数据库"→"云数据库RDS for MySQL",单击进入"云数据库RDS for MySQL"产品页面(图1.4.2)。

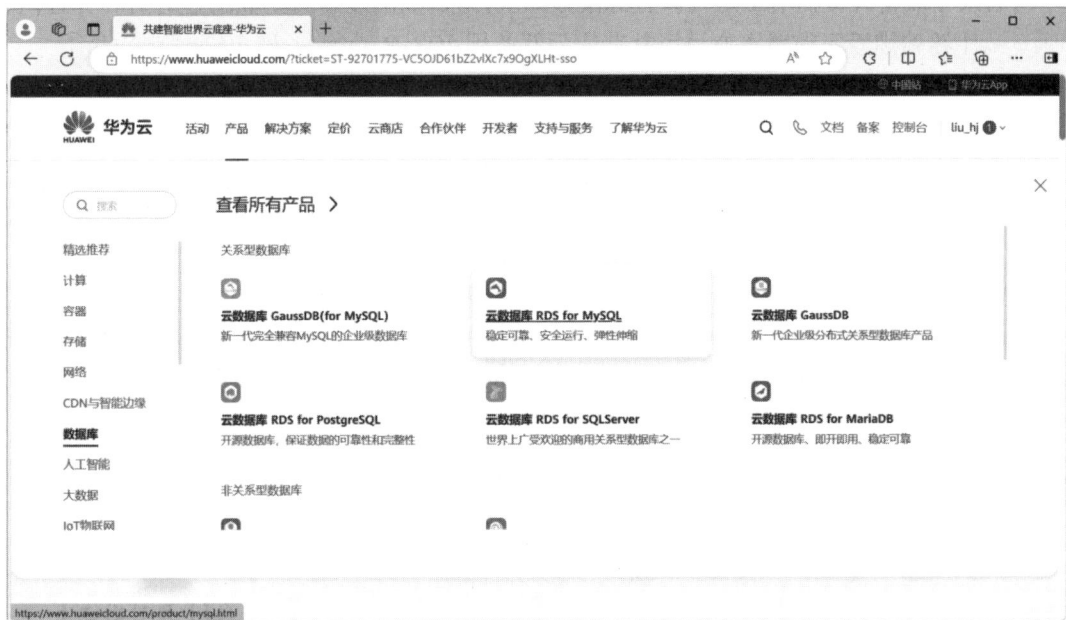

图1.4.2 选择数据库中的云数据库RDS for MySQL

单击"购买",进入服务和产品定制过程,根据需求选择合适的 MySQL 数据库产品(图 1.4.3)。

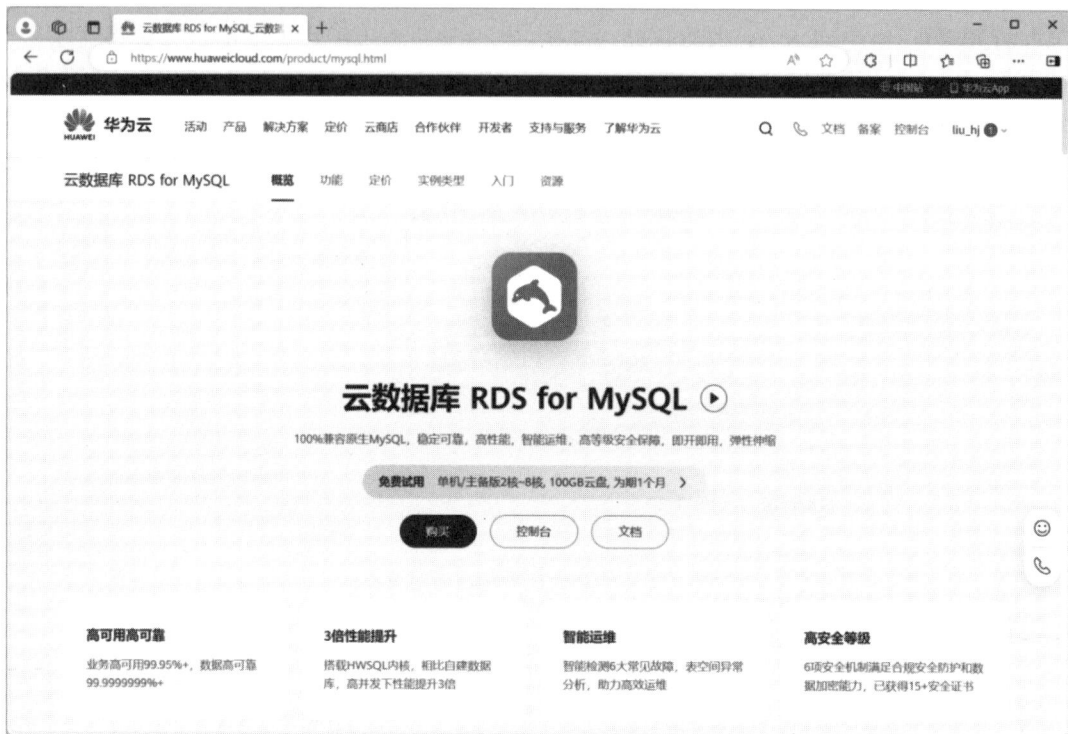

图 1.4.3 单击"购买"

在计费模式中选择"按需计费",区域和项目使用默认即可,如图 1.4.4 所示。

图 1.4.4 选择计费模式、区域和项目

在云数据库产品信息部分,设置实例名称。注意,这里的实例名称,是云数据库所在服务器的名称。数据库引擎选择"MySQL",数据库版本选择"8.0",实例类型选择"单机",存储类型默认"SSD 云盘",可用区选择"可用区一",时区使用默认北京时间,如图 1.4.5 所示。

在性能规格、存储空间和磁盘加密部分,选择通用型的"2 核虚拟 CPU、4G 内存",默认存储空间为"40G",默认磁盘"不加密",如图 1.4.6 所示。

图1.4.5　设置实例名称、选择 MySQL 服务版本和部署类型

图1.4.6　选择性能规格和存储规格

在网络配置部分,全部保持默认即可,如图1.4.7所示。

图1.4.7　设置网络连接信息

在管理员账户信息部分,选择"现在设置",管理员密码必须符合强密码策略,可使用系统推荐密码(图1.4.8)。注意,务必记住这一步设置的密码,以便后续使用。

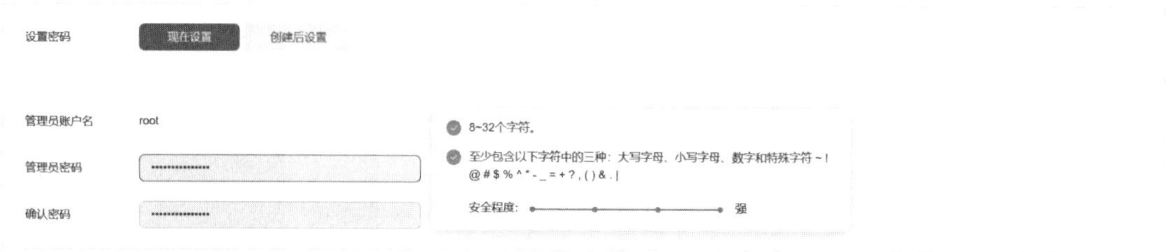

图1.4.8 设置管理员账号root的密码

设置密码之后,使用默认的 MySQL8.0 配置模板"Default-MySQL-8.0",数据表名"不区分大小写",购买数量为"1","暂不购买"只读实例,如图1.4.9所示。单击"立即购买"按钮。

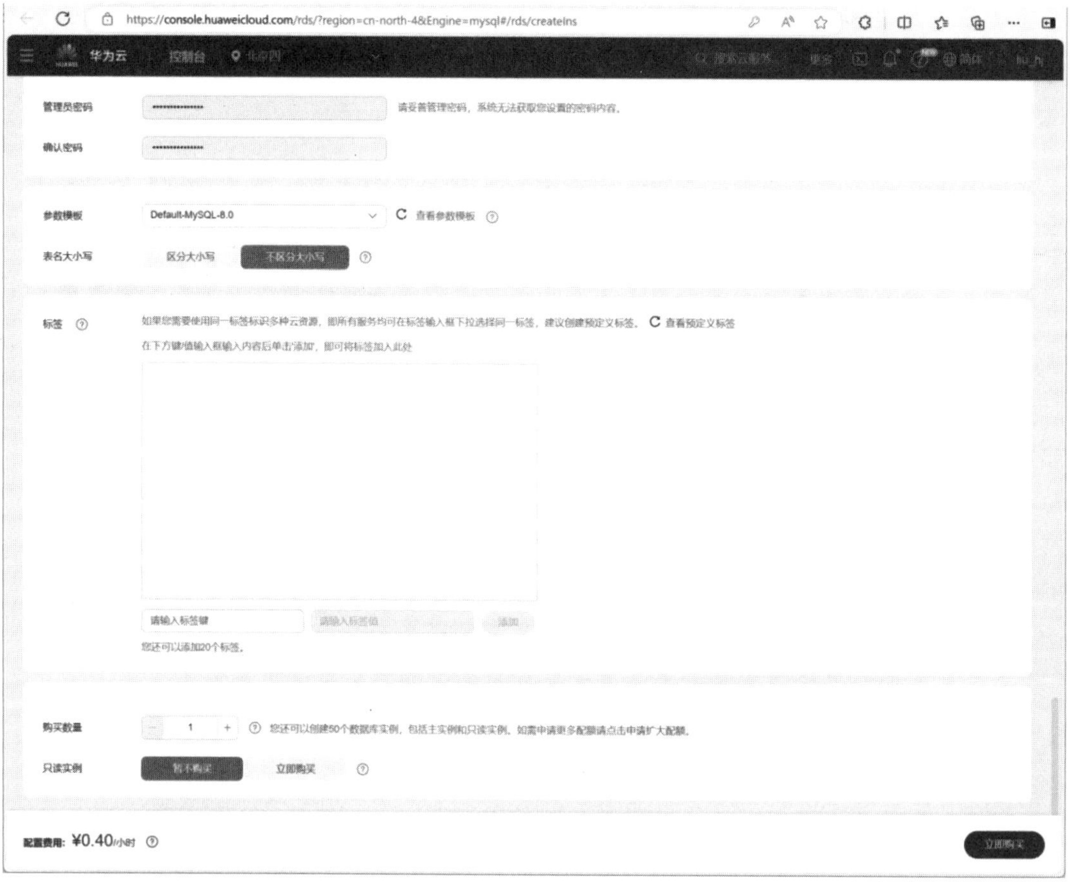

图1.4.9 设置参数

确认云数据库服务信息,单击"提交",如图1.4.10所示。

图1.4.10　确认云数据库服务信息

任务提交成功,单击"返回云数据库RDS列表",如图1.4.11所示。

图1.4.11　任务提交成功

查看云服务实例信息,可以看到有一条数据,其运行状态为"创建中"(图1.4.12)。

图1.4.12　云数据库服务实例创建中

等待创建成功后,实例的运行状态显示为"正常",如图1.4.13所示。如果长时间显示
"创建中",可刷新页面再查看。

图1.4.13　云数据库服务实例正常运行

【工作任务3】查看云数据库,熟悉管理页面。

在实例管理页面,单击实例信息中的"登录",如图1.4.14所示,进入数据管理服务DAS页面。

图1.4.14　单击"登录"按钮访问数据管理服务DAS页面

输入数据库的用户名和密码,单击"测试连接",测试成功后单击"登录",即可访问数据库服务,如图1.4.15所示。

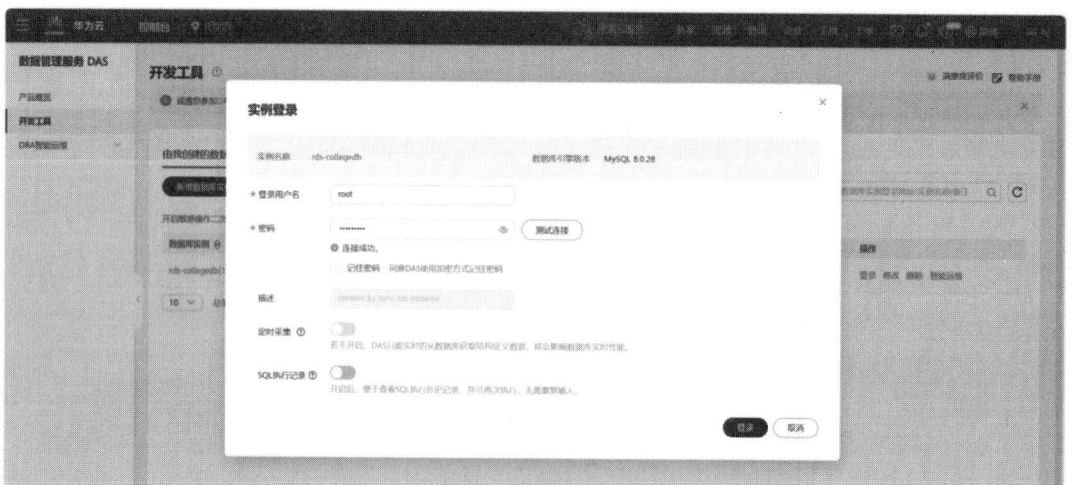

图1.4.15　输入密码访问云数据库服务实例

【工作任务4】创建和管理数据库和数据表。

单击"新建数据库",创建数据库实例。输入数据库名称"collegedb",选择字符集和校验规则,单击"确定"按钮,新建数据库(图1.4.16)。

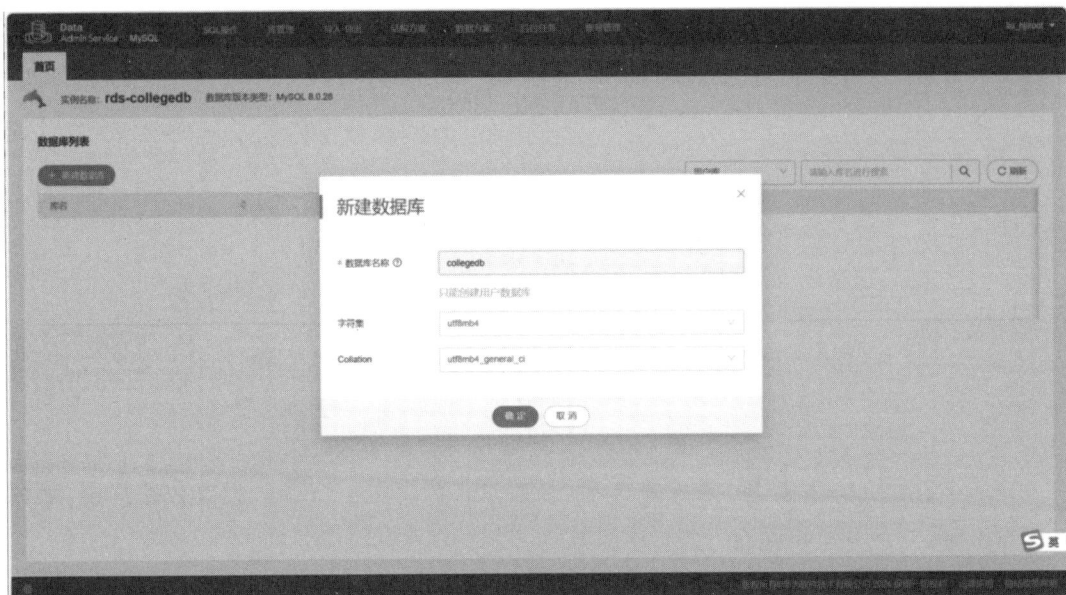

图1.4.16　创建数据库实例

在数据库列表中可以看到新建的数据库实例信息,可进行库管理、SQL查询、新建表、数据字典等操作,如图1.4.17所示。单击实例名称"collegedb",进入数据库管理页面。单击"新建表",创建数据库表。

图1.4.17　数据库列表

以创建数据表t01_dept为例,输入数据库表的名称,选择存储引擎、字符集和校验规则,添加数据表的备注信息,如图1.4.18所示。在高级选项中,可设置数据表的分区信息、自增字段初始值、表空间、行格式和压缩方法等内容。这里不进行设置,单击"下一步"。

图1.4.18　设置表的基本信息

　　根据数据表的设计信息,录入每个字段的名称、数据类型、长度,设置数据约束,如图1.4.19所示。设置好数据表的所有字段信息后,单击"下一步"。

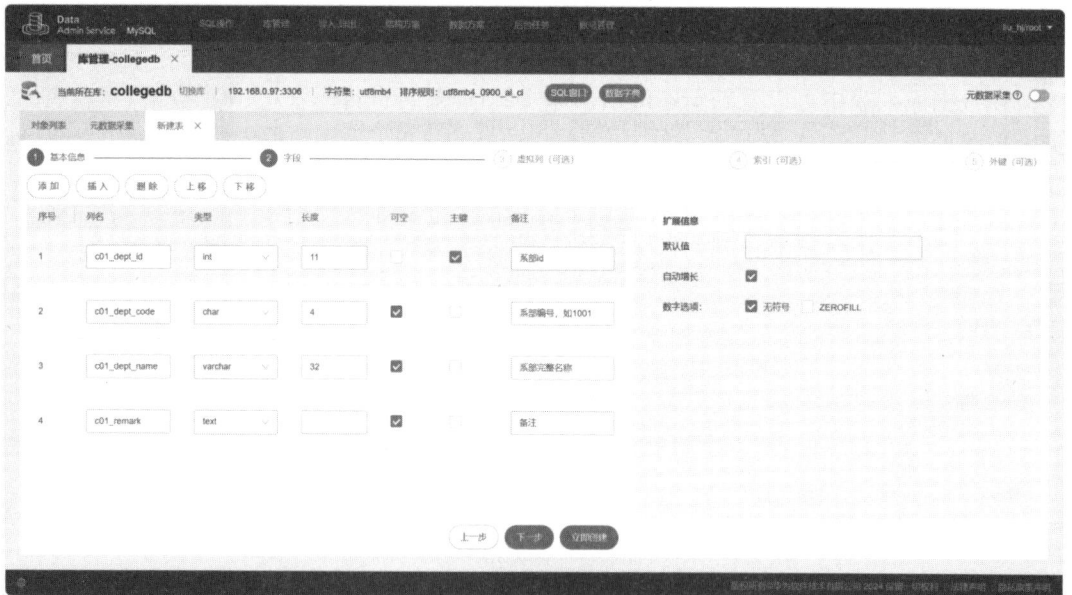

图1.4.19　设置表的字段信息

　　单击"下一步",可设置虚拟列。继续单击"下一步",设置索引。单击"添加",选择需要添加的索引列,设置索引的前缀长度和排序规则,如图1.4.20所示,单击"确定"。注意,有些字符字段长度不固定,在建立索引时可选择字段值的前几个字符进行排序,"前缀长度"就是设置索引排序的字符个数。

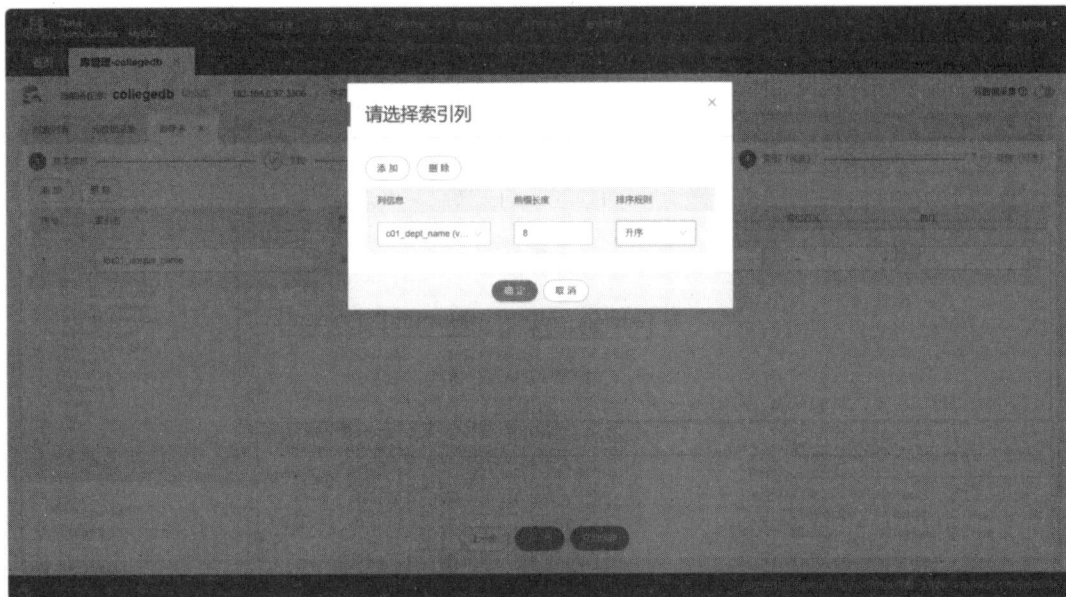

图1.4.20　设置表的索引

设置索引的字段信息后,继续设置索引类型、索引方式和备注,如图1.4.21所示,单击"下一步"。

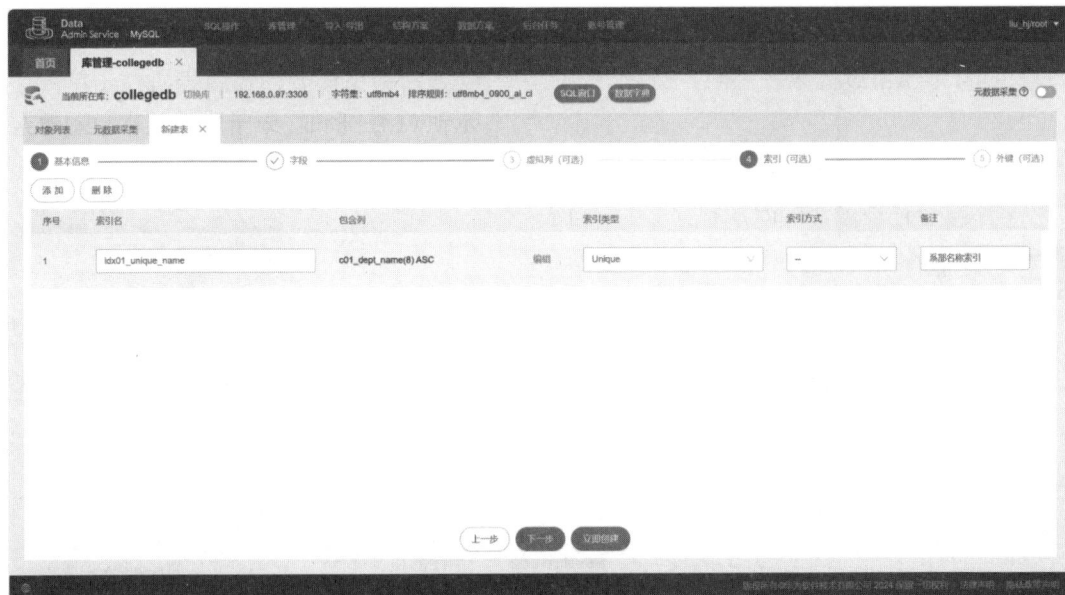

图1.4.21　设置表的字段信息

设置各项信息之后,单击"立即创建"按钮,创建数据表(图1.4.22)。

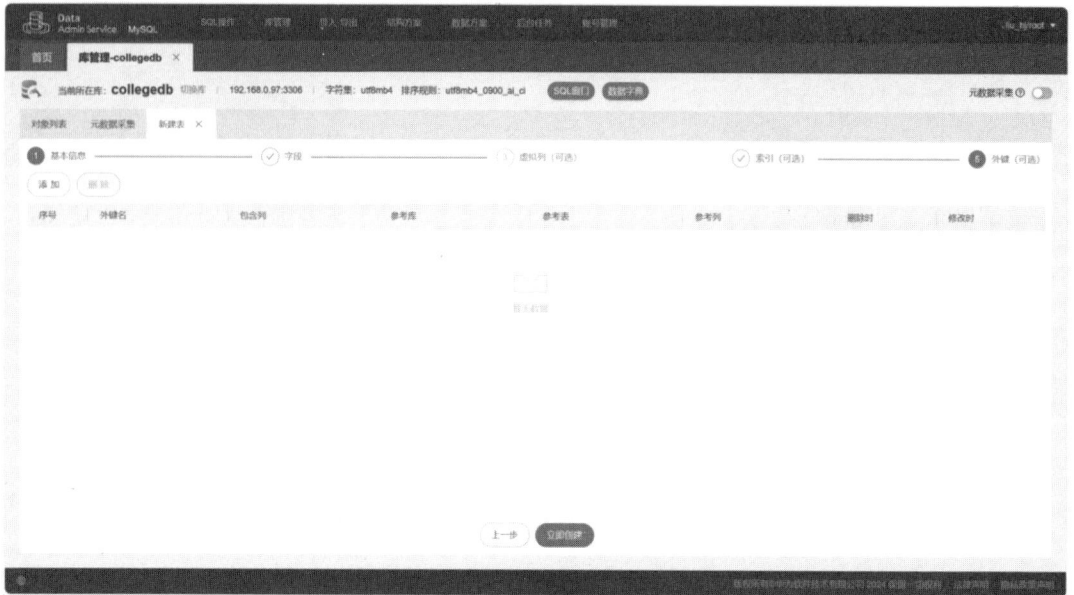

图1.4.22 数据表创建完成

在系统弹出的SQL预览中,可查看数据表设置对应的SQL语句,确认数据表创建信息。如果发现问题,可单击"返回修改",如图1.4.23所示。单击"执行脚本",系统弹出"新建表成功"信息,表示创建成功。

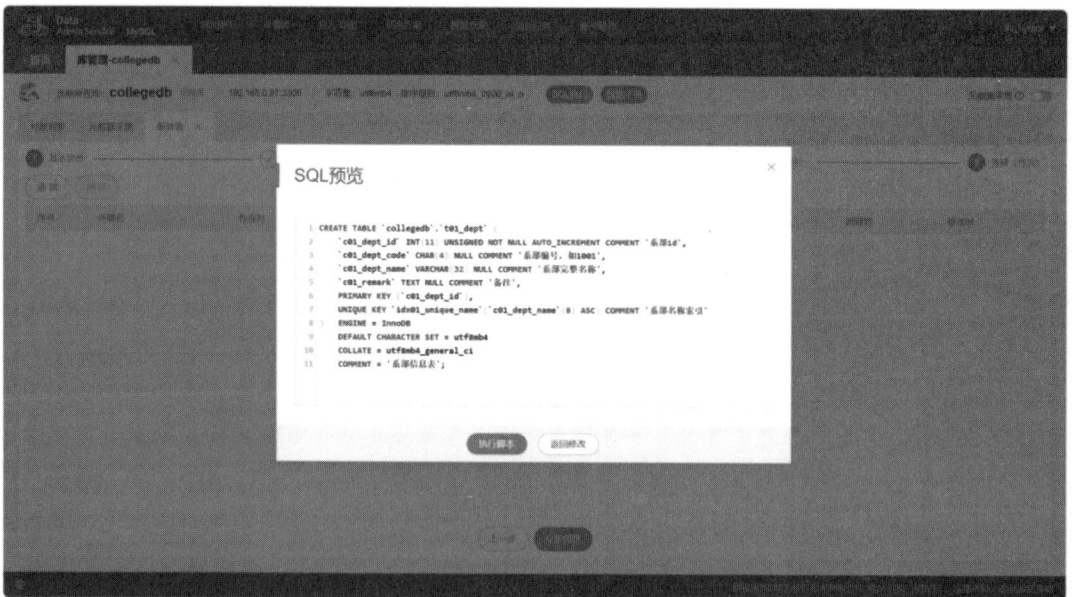

图1.4.23 SQL预览

在数据库的表对象中,可看到数据表的表名、创建时间、行数、表大小、索引大小和字符集等信息,在数据表的操作部分,对应了SQL查询、打开表、查看表详情、修改表、重命名等操作链接,如图1.4.24所示。

图1.4.24 查看数据库中的表

单击"SQL查询"或顶部菜单中的"SQL操作",都可进入SQL语句执行窗口。在编辑区域编写数据表创建语句,单击"执行SQL(F8)"就能执行SQL语句,如图1.4.25所示。

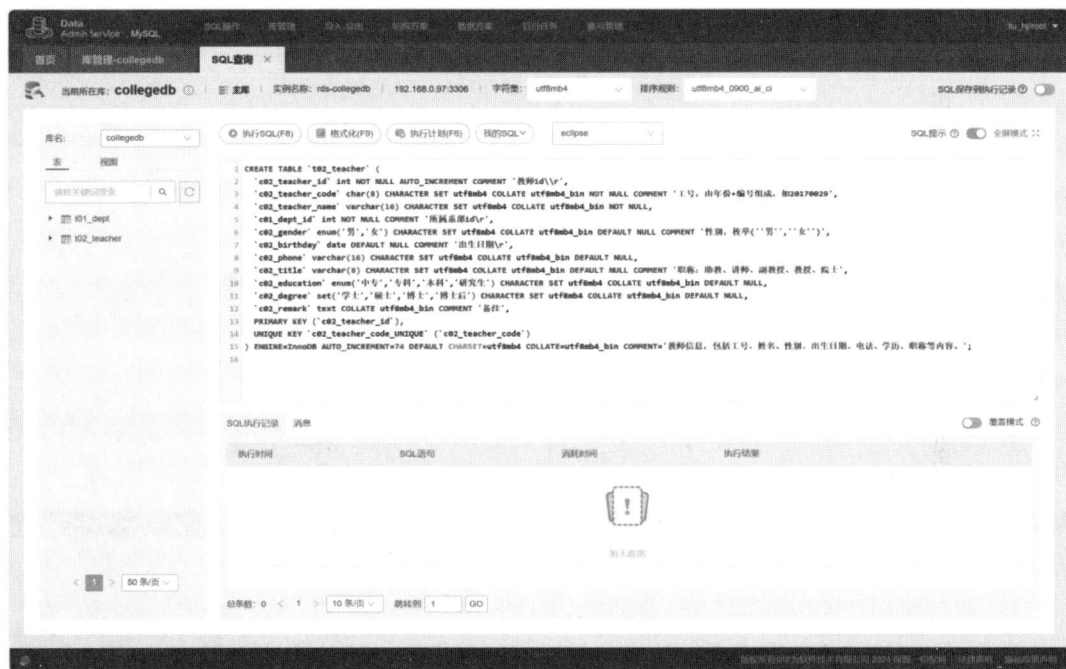

图1.4.25 通过执行SQL语句创建数据表

【工作任务5】查看和导出数据字典。

在数据库实例查看页面(图1.4.26),可单击"数据字典",查看对应数据库实例的字典信息。

图1.4.26 查看与数据库实例对应的数据字典

单击"导出PDF"(图1.4.27),可将数据字典导出为PDF文件。

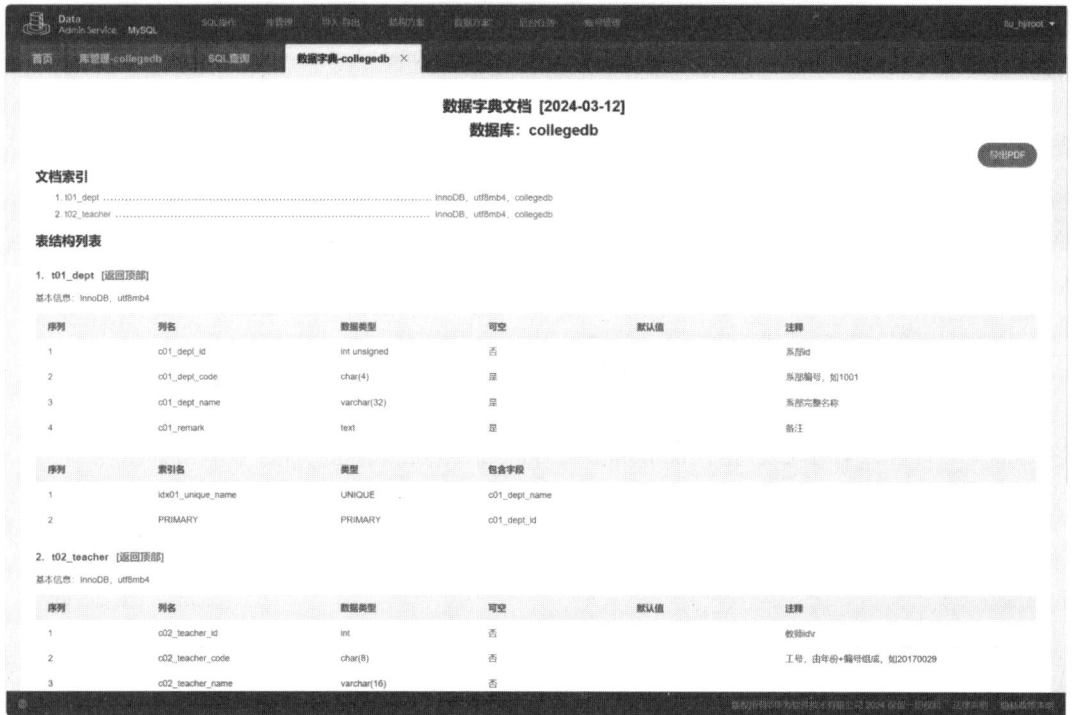

图1.4.27 数据库实例的数据字典

【工作任务6】为云数据库服务器绑定公网IP。

在默认情况下,云数据库所在的服务器只有一个虚拟内网IP,云数据库服务器所在"区域"内的服务器可直接访问云数据库。如果需要在互联网上使用云数据库,如在个人计算机上访问云数据库服务,就需要为云数据库服务器绑定一个公网IP。

在云数据库RDS的实例管理界面(图1.4.28),单击实例名称"rds-collgedb"可查看实例信息。

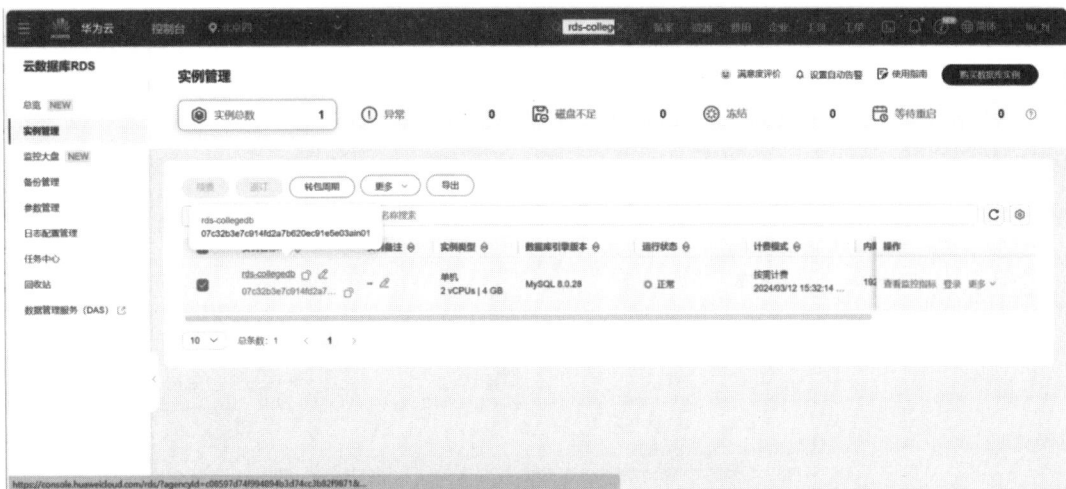

图 1.4.28　云数据库 RDS 的实例管理界面

在基本信息中的连接信息部分(图 1.4.29),单击"连接管理"。

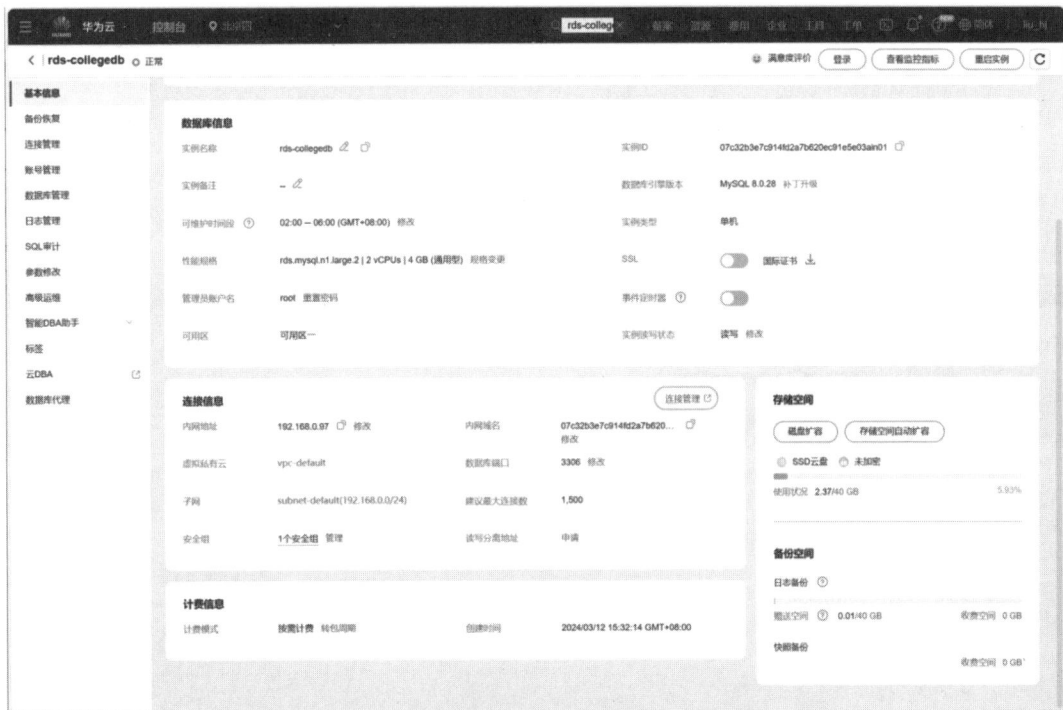

图 1.4.29　数据库服务实例的基本信息

在连接信息中,有服务器对应的内网地址、内网域名、公网地址和数据库端口等信息,如图 1.4.30 所示。单击公网地址后的"绑定"按钮,为服务器绑定弹性公网 IP。

图1.4.30　数据库服务实例的连接管理界面

　　如果有可用的公网IP资源,可直接选择绑定。如果没有可用的公网IP资源,需要单击"查看弹性公网IP",进一步购买IP,如图1.4.31所示。

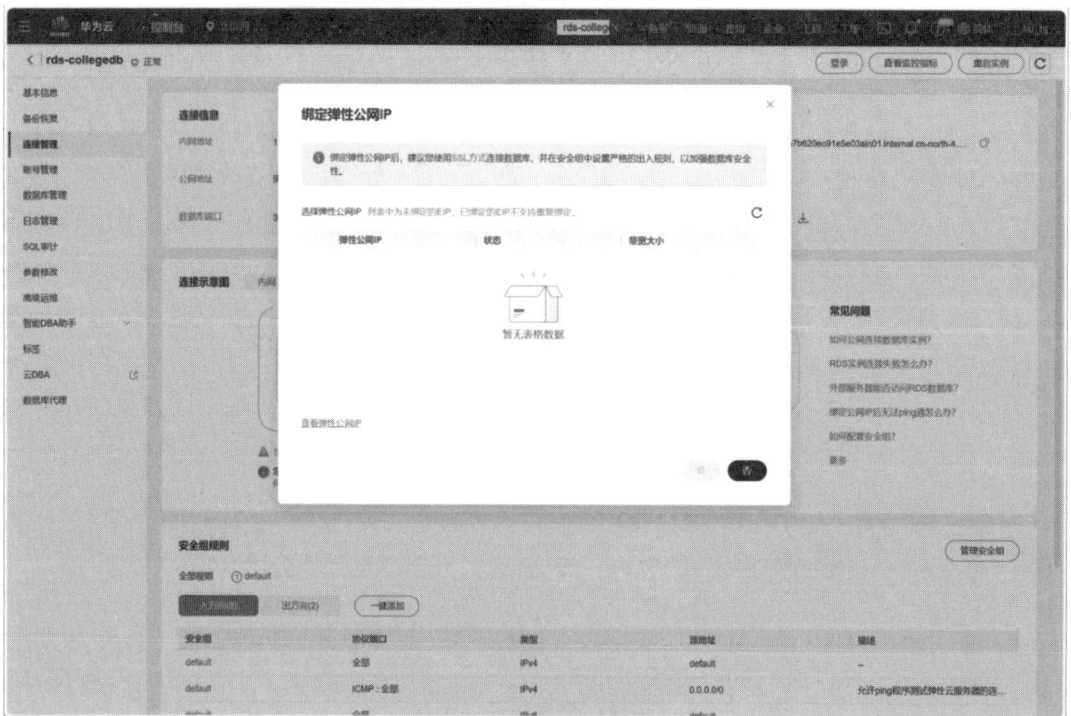

图1.4.31　绑定弹性公网IP

单击"购买弹性公网IP"（图1.4.32），注意弹性公网IP所在的区域，应当与需要绑定的服务器所在区域一致。

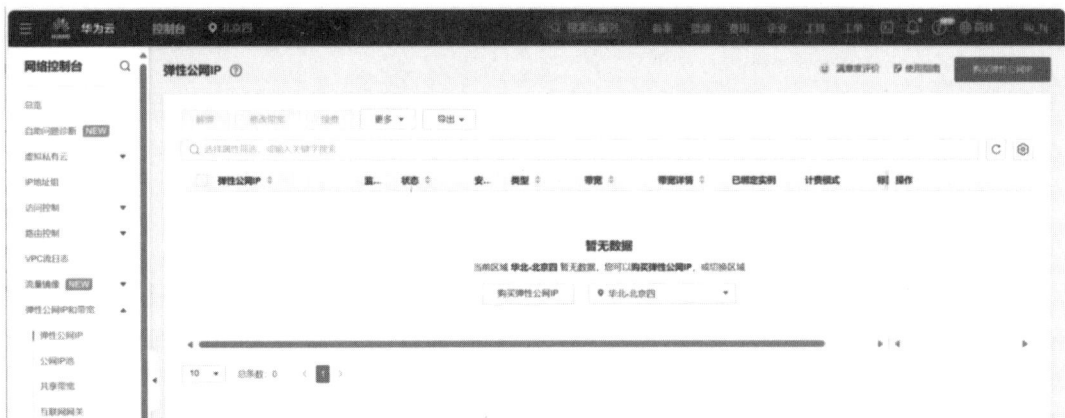

图1.4.32　弹性公网IP管理界面

进入购买弹性公网IP界面，如图1.4.33所示。计费模式选择"按需计费"，区域选择与需要绑定的服务器所在区域一致的区域，带宽大小选择"1"，其他保持默认设置，单击"立即购买"。

图1.4.33　购买弹性公网IP界面

确认弹性公网IP的信息，单击"提交"（图1.4.34）。

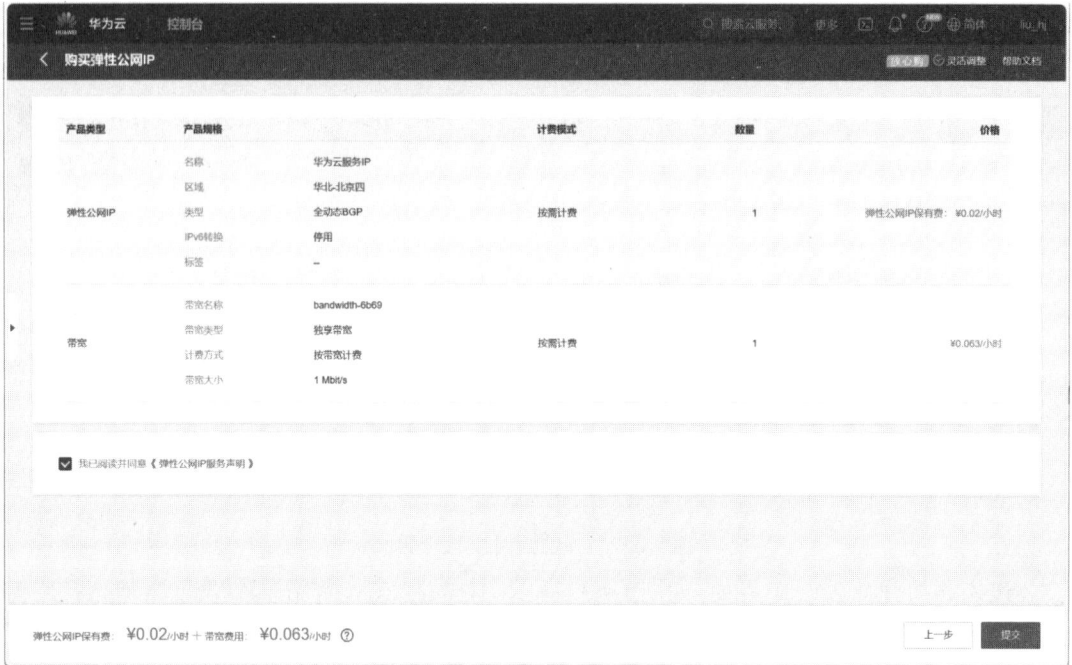

图1.4.34 购买弹性公网IP资源

购买成功后,在网络控制台的弹性公网IP中就可以看到对应的资源记录,如图1.4.35所示。

图1.4.35 完成购买的弹性公网IP资源

回到数据库服务器的连接管理界面,单击公网地址后的"绑定"按钮,选择可用的弹性公网IP地址,单击"是",如图1.4.36所示。

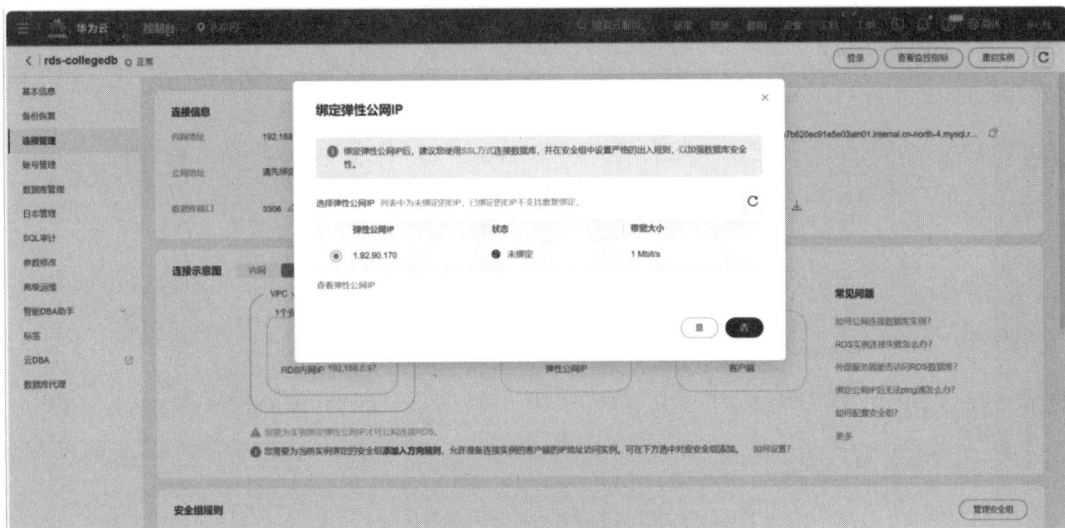

图1.4.36　绑定弹性公网IP

完成绑定后,在服务器的连接信息中即可看到公网IP,如图1.4.37所示。

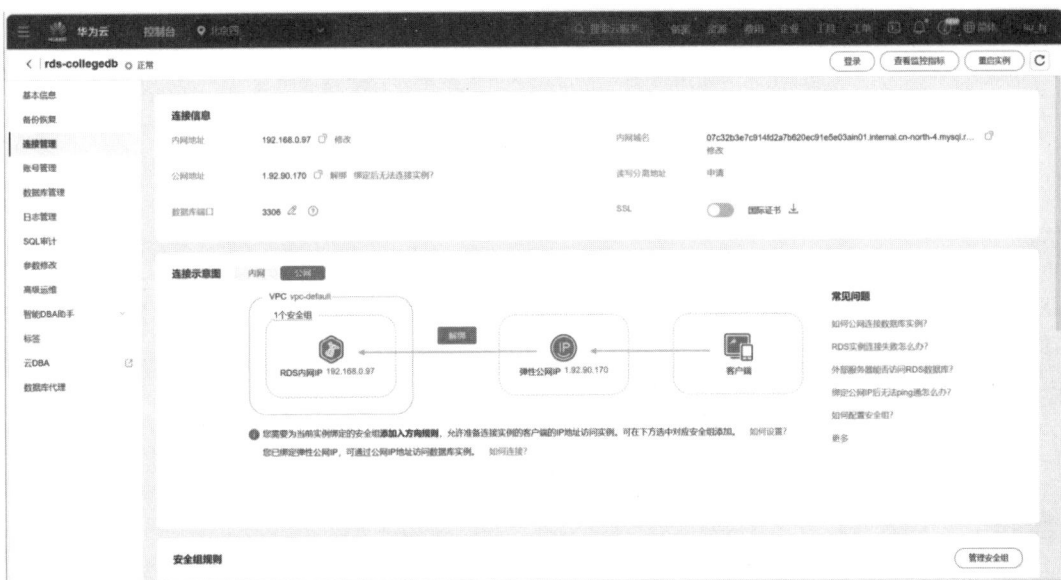

图1.4.37　完成绑定

【工作任务7】使用MySQL Workbench连接华为云MySQL数据库

打开MySQL Workbench,新建数据库连接,输入连接名称为"华为云MySQL服务",默认选择TCP/IP协议,在Hostname中输入云数据库服务器对应的公网IP地址,在Port中输入服务端口"3306",在Username中输入访问数据库服务的用户名"root",单击"Test Connection"测试连接,如图1.4.38所示。

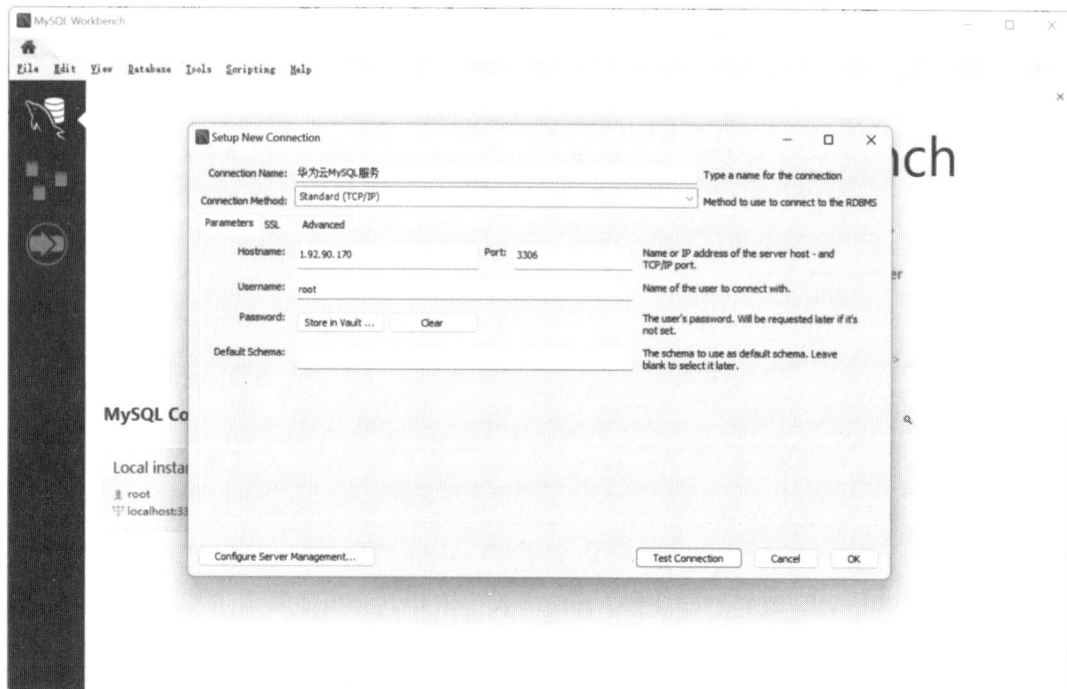

图1.4.38 使用MySQL Workbench连接华为云数据库服务

在弹出的对话框中输入用户对应的密码,如图1.4.39所示,单击"OK"。

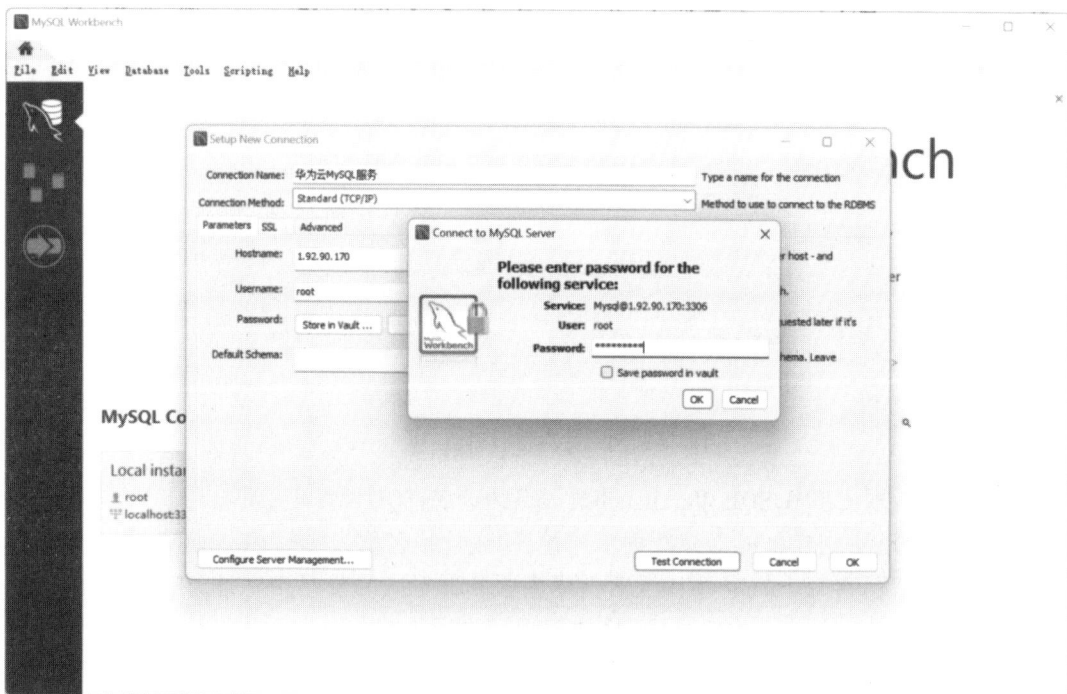

图1.4.39 输入管理员密码

测试成功,分别单击测试连接窗口和创建连接窗口的"OK"按钮,保存数据库连接,如图1.4.40所示。

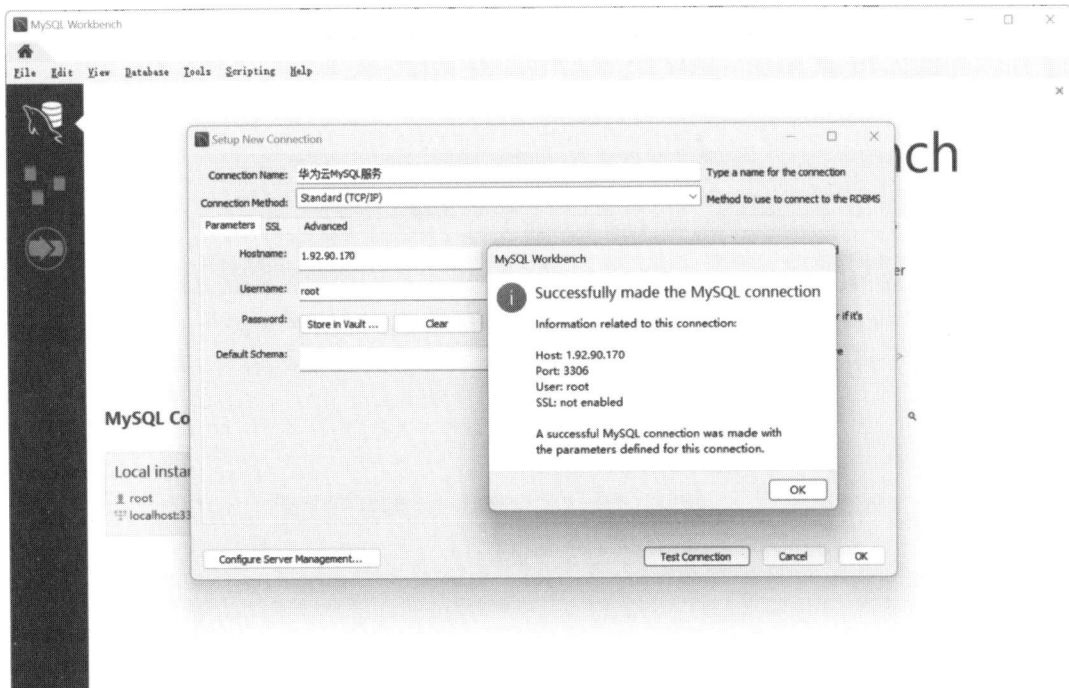

图1.4.40　测试与华为云数据库服务实例的网络连接

单击"华为云 MySQL 服务",连接到云数据库。连接成功即可操作云数据库的数据库实例等数据库对象了,如图1.4.41所示。

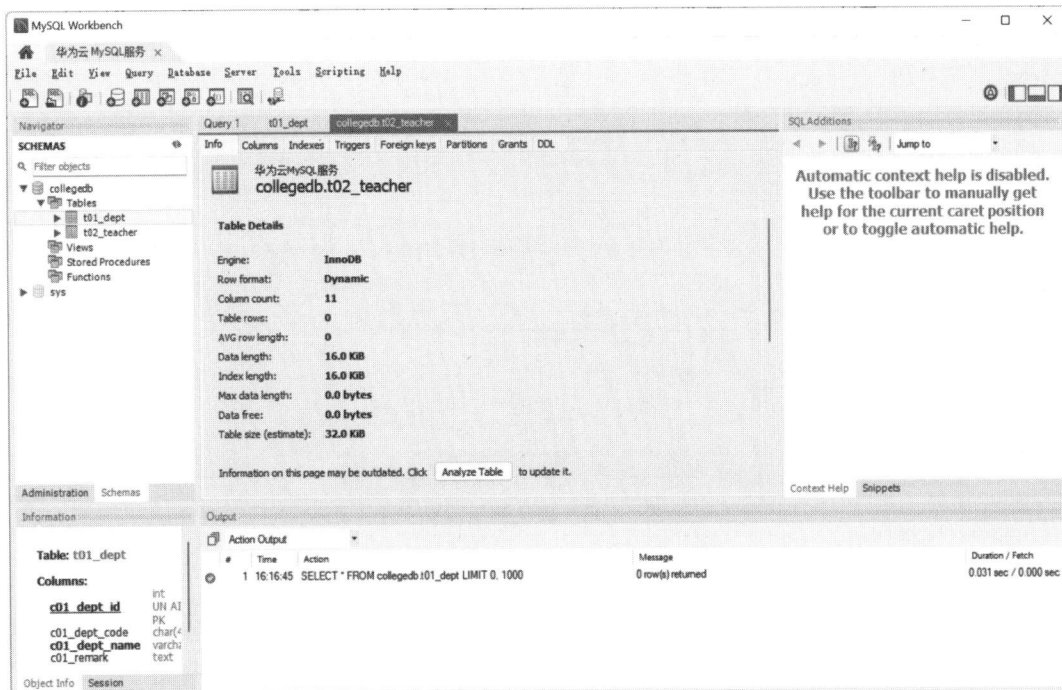

图1.4.41　使用MySQL Workbench管理华为云数据库服务实例

【工作任务8】释放云计算资源。

云计算的优势之一是按需付费,当用户不再需要云计算资源时,可通过释放资源来停止计费。在云数据库RDS界面,单击实例对应操作中的"更多",选择其中的"删除实例",如图1.4.42所示。

图1.4.42　删除实例

删除云上数据库、云计算服务器等云计算资源是需要慎之又慎的事情。在删除实例的对话框中,勾选"请阅读以上提示信息并勾选同意",单击"是",即可删除对应的实例,如图1.4.43所示。

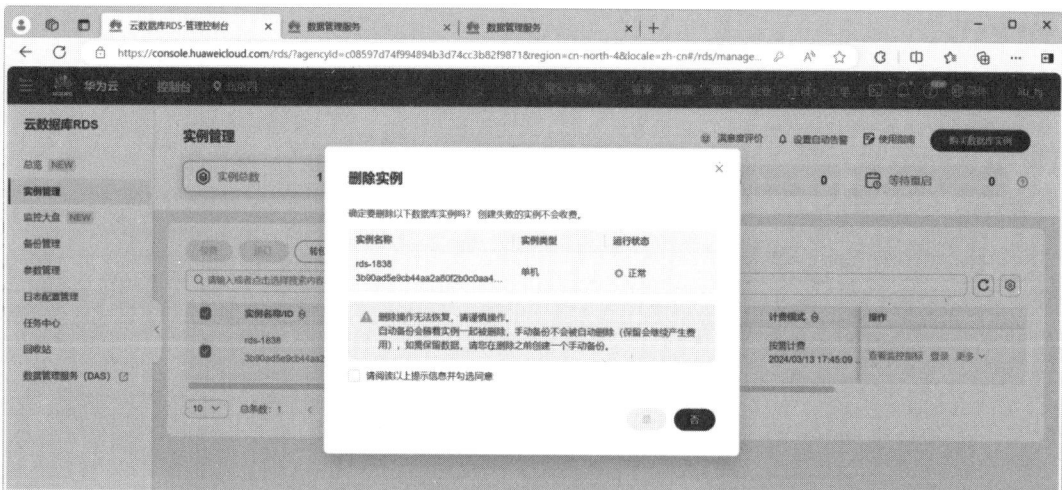

图1.4.43　确认删除实例

4)问题情境

【问题情境1】数据库管理员小李在采购了华为云MySQL数据库之后,在网页端创建了数据库实例msdb。小李购买了外网IP并绑定了数据库服务器,但他仍不能使用自己笔记本上的MySQL Workbench客户端连接数据库实例msdb。小李该怎么做?

第一,在华为云控制台中检查数据库实例的连接信息,确认公网地址是否显示为已绑定的外网IP。第二,在MySQL Workbench中新建一个连接配置,确保填写正确的Host(外网IP

地址)、Port(通常为3306),以及正确的用户名和密码——在华为云控制台的数据库实例连接信息中查找端口信息;单击"Test Connection"测试连接是否成功,如果测试失败,检查输入的信息是否有误,并确保没有输入错误。第三,确认华为云控制台中该数据库实例所在的安全组是否允许来自客户端IP地址范围的访问。第四,除了华为云上的安全措施外,还需要检查客户端(小李的笔记本电脑)的防火墙设置,确保没有阻止到对应端口的出站连接。

【问题情境2】公司进行业务系统切割,数据库管理员小李在迁移现有业务到华为云时,需要将大量的数据从本地数据中心迁移至云上,同时确保迁移期间数据的安全性。小李该怎么做?

第一,要制订详细的迁移计划,理解当前数据库的架构、版本、依赖关系等信息,以及要迁移的数据量和数据类型;根据业务影响最小的原则,选择合适的时间段进行迁移,最好是业务低峰期;制订应急计划,包括在迁移失败时如何快速恢复到原状态。第二,在迁移之前,对现有数据库进行全面备份,以防万一迁移失败需要恢复数据;在华为云上创建测试用的数据库实例,用于验证迁移工具和迁移过程的有效性。第三,使用华为云提供的迁移工具,如云数据迁移服务(Cloud Data Migration,CDM),完成数据迁移。第四,如果数据量非常大,可考虑分批迁移;在整个迁移过程中,密切监控迁移进度和目标数据库的状态,及时发现并解决问题。第五,迁移完成后,进行详尽的数据验证,确保所有数据都已正确迁移,并且应用程序能够正常工作;在验证无误后,正式切换生产环境到新的云数据库。

> 【与AI聊一聊】
> 中国有哪些主流的公有云产品,能够为大学生创新创业提供什么支持?

1.4.5 学习评价

序号	评价内容	评价标准	评价结果(是/否)
1	华为云账号注册	能够成功注册华为云账号,并完成邮箱或手机验证	
2	购买流程的执行情况	购买过程顺畅无误,选择了合适的计费模式	
3	数据库实例创建	能够选购并创建华为云 MySQL 数据库实例,且实例状态显示为"正常"	
4	管理页面操作	能够成功登录云数据库管理页面,并至少完成一次数据库的创建或查询操作	
5	公网IP绑定	能够为云数据库服务器成功绑定公网IP;在必要情况下,包括顺利购买弹性公网IP	

续表

序号	评价内容	评价标准	评价结果（是/否）
6	使用本地客户端连接数据库	能够配置本地客户端连接云数据库，能够在本地客户端工具上使用SQL语句进行数据操作	
7	云计算资源释放	能够在华为云数据库RDS页面正确释放云计算资源（删除实例），并能准确描述删除实例的注意事项，且确认删除操作的必要性	

拓展阅读

华为云发布新一代分布式数据库GaussDB，给世界一个更优选择

2023年6月7日，在华为全球智慧金融峰会2023上，华为常务董事、华为云CEO张平安以"一切皆服务，做好金融数字化云底座和使能器"为主题发表演讲，全面介绍了华为云基于全云化底座、分布式数据库GaussDB、分布式中间件以及可信的开发工具等构建的金融分布式新核心，并正式发布了新一代分布式数据库GaussDB。

张平安表示，华为早在2001年就开始投入数据库研发，历经20多年技术积累，并融入华为长期以来对企业服务的质量与可信规范，目前，GaussDB已在华为内部IT系统和银行、保险、证券、能源等多个行业核心业务系统中得到应用。以华为内部IT系统为例，GaussDB已完成600多套数据库的全面替换；在华为终端云，已建设6000多个分布式数据库节点，目前已经承载高达6个PB数据。未来，GaussDB将深耕金融场景，通过全面创新，成为金融客户数据库更优的选择；并从金融行业走向其他对数据库有高要求的行业，从中国的创新场景走向全球，给世界一个更优的选择。

作为新一代分布式云数据库，GaussDB通过多维度的技术创新，在行业实践中构筑了高可用、高安全、高性能、高弹性、高智能的技术优势，而在数据库替换场景中，又具备易部署、易迁移的特性。作为国内当前唯一能够做到软硬协同、全栈创新的数据库，GaussDB在可靠性与性能上都实现了领先。

1.4.6 课后作业

1. 简述注册华为云账号的完整步骤，包括需要注意的事项。

2. 在华为云MySQL数据库中创建一个名为"studentsdb"的数据库以及一个名为"t01_student"的数据表（包含"学号""姓名""年龄"3个字段）。

3. 若要在本地计算机使用MySQL Workbench连接华为云MySQL数据库，需要完成哪些前置操作？

4. 为什么在释放华为云数据库实例资源（删除实例）时要特别谨慎？如果误删了实例，可能会带来哪些后果？

5. 调研其他公有云上的MySQL数据库产品，选择一种试用，比较与华为云MySQL数据库的差异。

模块 2
数据库设计与开发

工作手册2.1　设计关系型数据库

设计关系型
数据库

2.1.1　核心概念

数据库是一种可通过某种方式存储数据库对象的容器。数据库是一个存储数据的地方,可想象成一个文件柜,而数据库对象则是存放在文件柜中的各种文件,并且是按照特定规律存放的,这样可以方便管理和处理。**数据表**是最基本、最关键的数据库对象。

数据库设计,首先从现实世界中梳理数据要素形成**概念模型**,然后由概念模型转换为应用系统需要的**逻辑模型**,最终选择恰当的**数据库管理系统产品**并将逻辑模型设计的结果实施,从而实现计算机辅助进行的数据存储和管理工作。

数据库管理系统(Database Management System,DBMS)是一种软件系统,用于创建、维护和管理数据库。它提供了一种结构化的方式来组织、管理和检索数据。DBMS在数据存储和管理方面扮演着核心角色,它允许用户以安全和有效的方式访问和修改数据。

DBMS都是基于某种数据模型的,关系模型是目前使用最广泛的数据模型。**关系模型**把记录集合定义为一张**二维表**;表的每一行是一条**记录**,代表一个数据实体;每一列是记录中的一个字段,代表实体的一个属性。关系模型既能反映实体集之间的一对一联系,也能反映实体集之间的一对多联系。

MySQL是一款关系型DBMS。MySQL的**存储引擎**决定了数据的存储方式、索引的实现方式以及数据的访问方法,不同的存储引擎有不同的特性和用途,以满足不同场景下的数据存储需求。

数据类型是数据的一种属性,其可以决定数据的存储格式、有效范围和相应的限制。MySQL支持的数据类型有整数类型、浮点数类型、定点数类型、日期和时间类型、字符串类型、二进制类型、ENUM类型和SET类型等。在创建数据表时,必须为各字段列指定数据类型,列的数据类型决定了数据的存储形式和取值大小。

2.1.2　学习目标

①理解关系型数据库的基本概念和原理。
②能够根据具体的数据库系统的应用背景,准确调查用户需求并明确系统功能。
③能够使用E-R模型进行概念设计,抽象和描述信息。
④能够将E-R图转换成比较规范的关系模式,考虑数据完整性、一致性和冗余问题。
⑤熟悉物理设计,根据关系模式设计数据表字典,包括命名规则和数据类型选择。

2.1.3 基础知识

数据库设计是指对于给定的应用环境,构造最优的数据模式,建立数据库及其应用系统,使之能够有效地存储数据,满足各类用户的应用需求。

1)规范数据库设计的重要性

数据库设计有其必要性,主要有如下方面:

①系统的数据存储增长带来的问题:涉及的表比较多,表之间的关系比较复杂。

②规范数据库设计的作用:减少不必要的数据冗余,获得合理的数据库结构。

③糟糕的数据库设计:效率低下,更新和检索数据时会出现许多问题。

④良好的数据库设计:效率高,便于进一步扩展,使应用程序的开发变得更容易。

2)数据库设计的步骤

开发人员通常会遵循一套较为标准的方法来进行数据库的设计,一般将数据库设计过程分为需求分析、概念设计、逻辑设计、物理设计等四个阶段。

需求分析阶段是数据库设计的第一个阶段。需求分析人员详细调查现实世界要处理的对象,充分了解原系统的业务流程和工作状况,明确用户的各种需求,最终建立起新系统的功能框架。收集、分析用户需求的过程要按科学的方法和步骤严格地实施,常用的方法有调查、交流。调查的重点是"数据"与"处理",需求分析人员应当充分地与用户进行沟通,在众多身份不同的用户所提供的不同意见中,把握系统本质性的需求,同时随时关注系统开发过程中用户需求的改变。

概念设计阶段关注的是业务领域内的实体以及这些实体之间的关联,通常使用实体–关系模型(Entity-Relation Model,E-R模型)来表示。概念设计的任务包括:

- 确定系统中需要表示的对象或概念。
- 确定每个实体的特征或属性。
- 确定实体之间如何相互关联。
- 绘制E-R图,表示实体及其之间的关系。

逻辑设计阶段的目标是将概念设计转化为特定类型的数据模型,关注的是将E-R模型转换为特定类型的逻辑模型。逻辑设计的任务包括:

- 规范化:确保数据的最小冗余,通过规范化技术减少数据异常。
- 转换E-R模型:将E-R模型转换为目标逻辑模型的数据结构,如关系模型的关系模式。
- 定义数据类型:为每个属性指定合适的数据类型。
- 定义完整性约束:定义主键、外键和其他约束条件。

物理设计阶段涉及决定如何在物理存储介质上组织数据,以实现最佳性能。在这个阶段,设计者需要考虑具体的硬件配置、操作系统、DBMS特性等因素。物理设计的任务包括:

- 选择存储结构:决定数据的存储格式,如B树、哈希索引等。
- 确定索引策略:根据查询模式创建必要的索引。
- 性能调优:分析查询性能并进行必要的调整。

- 备份和恢复计划:制定备份策略和灾难恢复计划。
- 安全性规划:确定访问控制策略和加密方案。

这4个阶段共同构成了数据库设计的过程,每个阶段都是建立在前一阶段的基础上进行的。在实际项目中,这些阶段可能不是完全线性的,而是可能会有一些迭代和反馈的过程。

3)概念设计,绘制E-R图

概念设计阶段描述数据库概念模型的最主要方法是实体–联系模型(E-R模型),用E-R图表示。E-R图的组成要素及其画法:

- **实体**:具有相同属性的实体具有相同的特征和性质,用实体名及其属性名集合来抽象和刻画同类实体;在E-R图中用矩形表示,矩形框内写明实体名。比如学生张小路、学生李风光都是实体,而学生就是一个实体集。
- **属性**:实体所具有的某一特性。一个实体可由若干个属性来刻画,在E-R图中用椭圆形表示,并用无向边将其与相应的实体连接起来。比如学生的姓名、学号、性别、都是属性。
- **联系**:实体集之间的相互关系。在E-R图中用菱形表示,菱形框内写明联系名,并用无向边分别与有关实体连接起来,同时在无向边旁标上联系的类型(1:1,1:n或m:n)。比如老师给学生授课存在授课关系,学生选修课程存在选课关系。
- **主码**:实体集中的实体彼此是可区别的,如果实体集中的属性或最小属性组合的值能唯一标识其对应实体,则将该属性或属性组合称为码。对于每一个实体集,可指定一个码为主码。

4)逻辑设计,将E-R图转换成关系模型

逻辑设计的结果实际就是确定了数据库所包含的表、字段及其之间的联系,具体来讲,就是将概念设计的E-R模型转换为关系模型。关系模型中的各个关系模式不应当是孤立的,必须满足相应的要求。在关系数据库中,一个关系模式对应一个数据表。

- 数据表通常是一个由行和列组成的二维表,每一个数据表分别说明数据库中某一特定的方面或部分的对象及其属性。
- 数据表中的行通常叫作记录或元组,代表众多具有相同属性的对象中的一个。
- 数据表中的列通常叫作字段或属性,代表相应数据库中存储对象的共有的属性。

键(Key)是指数据表的一个字段,分为**主键**(Primary Key)和**外键**(Foreign Key)两种。主键是数据表中具有唯一性的字段,数据表中任意两条记录都不可能拥有相同的主键字段。一个数据表将使用该数据表中的外键连接到其他的数据表,而这个外键字段在其他的数据表中将作为主键字段出现。

(1)实体的转换

一个实体集转换为关系模型中的一个关系,实体的属性就是关系的属性,实体的码就是关系的码,关系的结构是关系模式。

(2)实体间关系的转换

- **(1:1)联系的E-R图到关系模式的转换**

一对一联系的转换方法有两种:一种方法是将联系转换为一个独立的关系;与该联系相

连的各实体的码以及联系本身的属性均转换为关系的属性,且每个实体的码均是该关系的候选码。另一种方法是将联系与某一端实体集所对应的关系合并,则需要在被合并关系中增加属性,其新增的属性为联系本身的属性和与联系相关的另一个实体集的码。

如果联系自身没有属性或属性很少,一般采取第二种方法。

- **(1:n)联系的E-R图到关系模式的转换**

一对多联系的转换方法有两种:一种方法是将联系转换为一个独立的关系,其关系的属性由与该联系相连的各实体集的码以及联系本身的属性组成,而该关系的码为多端实体集的码。另一种方法是在n端实体集中增加新属性,新属性由联系对应的1端实体集的码和联系自身的属性构成,新增属性后原关系的码不变。

如果联系自身没有属性或属性很少,一般采取第二种方法。

- **(m:n)联系的E-R图到关系模式的转换**

多对多联系的转换方法只有一种,与该联系相连的各实体集的码以及联系本身的属性均转换为关系的属性,新关系的码为两个相连实体码的组合(该码为多属性构成的组合码)。

(3)关系模型的数据完整性规则

- 实体完整性规则:关系中的元组在组成主键的属性上不能有空值或重复值。例如,学生表中的学生的学号字段的取值不能重复,也不能为空。
- 参照完整性规则:关系中元组的外键值只允许有两种可能,或者为空值,或者等于被参照关系中某个元组的主键值。例如,学生表中的专业代码字段的取值,要么不填,要么就与被参照的专业表中的专业代码中的某一个具体的值一致。
- 用户自定义的完整性规则:用户针对关系中某一属性而设置的用于限定其取值范围的规则。例如,为防止输入不符合逻辑的成绩,用户可以自定义规则,保证成绩字段的取值范围为0~100分。

(4)设计表结构

在关系模式的基础上设计每个关系模式的名称、键和索引等信息,确定每个字段的名称、数据类型、数据精度、备注说明等信息。

5)物理设计,定义数据表结构

数据库的物理设计是对一个给定的逻辑数据模型选取一个最适合应用环境的物理结构的过程。所谓数据库的物理结构,主要指数据库在物理设备上的存储结构和存取方法,完全依赖于给定数据库管理系统等计算机环境。具体地说,数据库物理结构设计的主要内容包括以下几个方面:

- 确定数据库的大小,数据的存放位置及存取路径的选择和调整。
- 确定数据的存储结构,如记录的组成、各数据字段的名称、类型和长度;确定索引、约束规则,为建立表之间的关联准备条件。
- 为不同用户设计视图,以保证其访问到应该访问的数据。
- 为数据库系统进行安全性设置,以确保数据的安全。
- 通过存储过程和触发器实现特定的业务规则。

(1)MySQL存储引擎

MySQL是一款关系型数据库管理系统。MySQL的存储引擎决定了数据的存储方式、索引的实现方式以及数据的访问方法,不同的存储引擎有不同的特性和用途,以满足不同场景下的数据存储需求。

MySQL 支持 InnoDB、MyISAM、MEMORY 等存储引擎,MySQL 8.0 版本默认使用 InnoDB 存储引擎,一般情况下能够满足业务需求。关于存储引擎的更多内容,可参照"附录1 MySQL存储引擎"。

(2)MySQL数据类型

MySQL 提供了多种数据类型,用于存储不同类型的数据。

在实际应用中,如姓名、专业名、商品名和电话号码等字段可选择 VARCHAR 类型;学分、年龄等字段是小整数,可选择 TINYINT 类型;成绩、温度和测量等数据要求保留一定的小数位,可选择 FLOAT 数据类型;而出生日期、工作时间等字段可选择 DATE 或 DATETIME 类型。

一般情况下,选择数据类型时应考虑如下原则:

- 选择能够容纳预期数据范围的数据类型,确保数据正常存储和处理。
- 选择适当的数据类型以优化存储空间。
- 某些数据类型在存储和检索时可能更高效。
- VARCHAR 和 VARBINARY 类型数据可根据实际数据长度存储,节省空间。
- 对于非文本数据,使用二进制类型可避免字符集转换。
- 为日期和时间数据选择适合时间范围和精度的时间类型。
- 其他特殊要求。

关于 MySQL 数据类型的详细内容,可参照"附录2 MySQL数据类型"。

2.1.4 能力训练

1)操作条件

①完成必要的理论知识学习,包括但不限于数据库基础、E-R模型、SQL语言等。

②做足需求收集工作。与业务部门进行沟通,收集并理解业务需求,明确毕业生就业跟踪系统的数据需求,确定数据库将支持的应用场景,与客户达成一致的需求理解,以减少需求变更对后续工作的影响。

③制定命名约定、编码标准和文档规范等设计规范,在团队内容上形成统一的认识,以便数据库对象(如表、字段、索引等)的命名保持一致、数据库设计文档风格统一,设计资料保持完整性和连续性。

④选择并安装适合的数据建模工具,比如 MySQL Workbench、Navicat Data Modeler、PowerDesigner 等,可以方便地创建、管理和优化数据库结构。这些工具通过图形化界面或文本编辑器定义数据库中的实体(如表)、属性(如列)、关系(如外键)及其他数据库对象,不仅简化了数据库设计的过程,还提高了设计的质量和效率。

⑤在数据库设计过程中,编写详细的数据库设计文档,记录每次设计变更的原因、时间和影响,便于追踪和审计。

2)注意事项

①在需求分析阶段,确保准确理解业务需求,包括数据的使用方式、业务流程、数据关系等;让最终用户参与需求收集过程中,确保他们的需求得到充分表达;对需求进行优先级划分,区分哪些是必须满足的核心需求,哪些是可以延后的非核心需求;建立需求变更管理机制,确保需求变化可以被及时记录和评估。

②在概念设计阶段,使用E-R图表示数据实体及其关系时,确保模型的清晰性和易理解性;准确识别业务实体,确保每个实体都有明确的意义;正确定义实体间的关系,避免冗余和重复;初步考虑数据的规范化,尽量减少数据冗余,提高数据一致性。

③在逻辑设计阶段,进一步细化关系模式,确定每个实体的属性,定义主键和外键;遵循数据库规范化原则,消除数据冗余,提高数据完整性;为每个属性选择合适的数据类型,考虑到存储空间的优化和数据处理的便利性;初步考虑索引设计,确定哪些字段需要创建索引以提高查询性能;定义完整性约束,确保数据的一致性和准确性。

④在物理设计阶段,结合MySQL特性,考虑使用索引和分区表以提高查询性能;考虑到事务处理、并发控制等因素选择合适的存储引擎;制定备份与恢复策略,确保数据的安全;设计安全机制,包括用户认证、权限管理、加密等,保护数据免受未经授权的访问。

⑤在每个阶段都应详细记录设计决策和变更,形成设计文档。

⑥设计时应留有一定的灵活性,以适应未来业务变化和技术发展。

3)操作过程

要创建一个毕业生就业信息系统,用于管理毕业生学业和就业情况。

【工作任务1】需求分析。

毕业生就业信息系统旨在提供一个集中的平台,用于追踪和管理毕业生的学业成绩和就业情况。该系统包含学生信息管理、学业成绩跟踪、就业信息记录、雇主信息管理、数据报表和分析等业务功能需求,以及系统安全和权限管理、数据备份和恢复、系统集成、数据安全和完整性、数据库性能等软件需求。

调查用户需求的具体步骤如下:

①调查组织机构情况和各部门的业务活动情况。

记录系统需要存储的学校、教师、课程、学生、成绩、雇主、雇佣关系等基本信息。

②在熟悉业务活动的基础上,协助用户明确对新系统的各种要求,包括数据要求、处理要求、安全性与完整性要求。

在毕业生就业信息系统中,用户可以查看自己的信息;教师和学生可以查看不同雇主信息以及学生对应的雇员信息;雇主可以查看雇员信息;学生可以查询自己的工作记录情况;系统能够从院系、班级的角度对学生就业的情况进行统计;系统可以加入新的教师、学生、雇主和雇员等信息,也可以更新相应信息;系统可对雇主和雇员的岗位情况进行分类统计。

③确定新系统的边界。基于前面的调查和分析,明确哪些功能由计算机完成或将来准备让计算机完成,哪些活动由人工完成。由计算机完成的功能就是新系统应该实现的功能。

在毕业生就业信息系统中,为保证数据库的安全,需要给不同用户设置不同的权限。为了防止不符合规范的数据进入数据库,确保数据库中存储的数据正确、有效、相容,关系数据库必须满足关系的完整性约束条件。

【工作任务2】概念设计。

从用户的视角,对信息进行抽象和描述,目前最经常使用的概念模型是E-R模型。

毕业生就业信息系统包括的实体有学生、教师、课程、雇主和雇员,一个院系可以有多个班级,一个班级只能属于一个院系;一个学生在同一时段内只能属于一个班级,一个班级可以有多个学生;一个学生可以选修多个课程,一个课程可以被多个学生选修;一个学生可以有多个就业记录,但每个就业记录只属于一个学生;一个雇主可以提供多个就业机会,但每个就业记录只与一个雇主相关;一个雇主可以雇用多个雇员,但每个雇员只受雇于一个雇主。

经过分析,我们得到了如图2.1.1所示的E-R图,其中实体的主键用下画线标记出来。

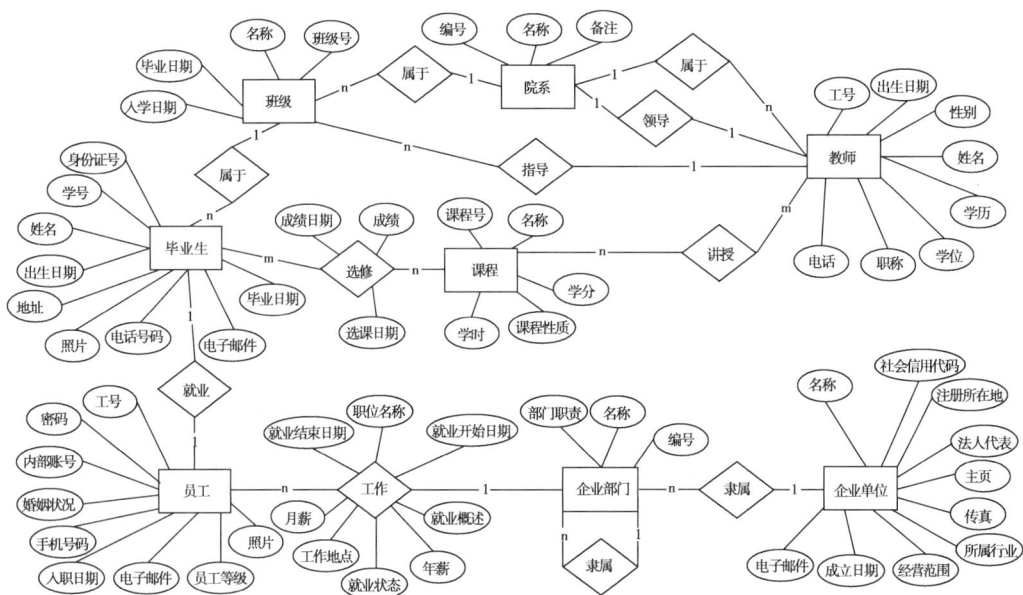

图2.1.1　就业信息系统E-R图

【工作任务3】逻辑设计。

在概念设计阶段,关注数据实体和联系本身;在逻辑设计阶段,要初步考虑数据完整性、一致性和数据冗余等问题。在将实体之间的联系转为单独的关系模式时,一般选择新增"关系编号"字段作为主键;为每个关系模式增加了"备注"字段。

- 院系(编号,名称,主任工号,备注),其中主任工号参照教师信息表中的工号;
- 教师(工号,姓名,身份证号码,院系编号,性别,出生日期,电话,职位,学历,学位,备注),其中院系编号是外键;
- 课程(课程号,课程类型,授课教师工号,学分,备注),其中授课教师工号是外键;
- 班级(班级号,班级名称,入学日期,院系编号,教师工号,毕业日期),其中院系编号、教师工号是外键;
- 学生(学号,姓名,班级号,性别,身份证号码,出生日期,地址,电话,毕业日期,电子邮件,照片),其中班级号是外键;

- 选课成绩(编号,学号,课程号,教师号,选课日期,成绩日期,成绩),其中学号、课程号、教师号是外键;
- 雇主信息(信用代码,名称,地址,法定代表人,网址,创建日期,电话号码,电子邮件,传真,业务领域,所属行业,备注),其中名称是唯一键;
- 部门(编号,名称,经理工号,雇主编号,描述,上级部门编号,备注),其中经理工号、雇主编号是外键;
- 雇员信息(工号,姓名,用户名,密码,部门号,身份证号码,性别,学历,出生日期,婚姻状态,入职日期,手机号,电子邮件,职位等级,相片,备注),其中用户名是唯一键,部门号是外键;
- 雇佣关系(编号,雇主代码,雇员工号,开始日期,结束日期,职务,岗位,月薪,年薪,奖金,备注),其中雇主代码、雇员工号是外键。

【工作任务4】物理设计。

在数据库设计中,为了便于数据维护和关联查询处理,我们采用一套统一的命名规则。具体如下:

- 数据表的命名以字母T开始,后面跟着编号和英文表名;
- 数据字段的命名以字母C开始,后面跟着所在表的编号和英文字段名;
- 对于外键字段,则直接使用参照表的字段名;
- 唯一键、外键命名分别以uk、fk开始,后面跟数据表序号和字段名称;
- 普通索引以idx开始,后面跟上数据表序号和字段名称;
- 数据视图以字母V开头,后面跟上序号和英文名称;
- 触发器、事件、存储函数、存储过程等数据库对象的命名,遵照"望文知义"的原则,使用英文字母或单词为前缀标明数据对象的类型,跟上能表示数据对象功能的英文名称。

以教师信息表为例,表名可命名为t02_teacher,字段名称命名为c02_teacher_code等,其中外键字段所属院系则直接使用院系表t01_college的c01_college_code;在院系名称上创建的唯一键命名为uk01_college_name。

通过这种统一的命名规则,减少了因命名混乱而导致的误解和错误,可方便地看出数据字段与其所在数据表之间的关系,使得开发人员和数据库管理员能够更容易地识别和管理数据字段,有助于数据库的管理和维护,特别是在涉及多个数据表之间关联查询的情况下,可大大提高数据库设计的可读性和可维护性。

在字段的数据类型选择时,采取的原则是:

- 无特殊意义的编号,使用无符号整型数据;
- 有特殊意义且固定长度的编号,使用char类型并指定长度,否则使用varchar类型并指定最大可能长度;
- 使用能支持数据存储和处理的最小数据类型,比如学分使用tinyint而不是int;
- 为使用多字段主键的数据表,添加一个自增列作为主键;
- 每个数据表加上一个备注(remark)字段,采用varchar(255)数据类型。

以下给出毕业生就业跟踪系统的主要数据表结构,见表2.1.1—表2.1.10。

表2.1.1 院系信息表t01_college

字段名	数据类型	允许为空	键	备注说明
c01_college_code	int unsigned	否	自增,主键	系部编号
c01_leader_code	char(8)	否	外键	系主任工号,参照教师信息表c02_teacher_code
c01_college_name	varchar(16)	否	唯一键	系部完整名称
c01_remark	varchar(255)			备注

表2.1.2 教师信息表t02_teacher

字段名	数据类型	允许为空	键	备注说明
c02_teacher_code	char(8)	否	主键	工号,由年份+编号组成,如20170029
c02_teacher_name	varchar(16)	否		姓名
c02_id_card	char(18)	是	唯一键	身份证号码
c01_college_code	int unsigned	否	外键	所属院系,参照院系信息表
c02_gender	enum('男', '女')	是		性别,枚举('男', '女')
c02_birthday	date	是		出生日期
c02_phone	varchar(16)	是		电话
c02_title	varchar(4)	是		职称:助教、讲师、副教授、教授、院士
c02_education	enum('高中','大专','本科','研究生','其他')	是		学历
c02_degree	set('学士','硕士','博士','博士后')	是		学位
c02_remark	varchar(255)	是		备注

表2.1.3 课程信息表t03_course

字段名	数据类型	允许为空	键	备注说明
c03_course_code	varchar(16)	否	主键	课程编码
c03_course_name	varchar(20)	否		课程名称
c03_type	varchar(8)	是		课程性质,选修课或者必修课
c02_teacher_code	char(8)	是	外键	教师工号,参照教师信息表
c03_credit	tinyint	是		学分
c03_remark	varchar(255)	是		备注

表2.1.4 班级信息表t04_class

字段名	数据类型	允许为空	键	备注说明
c04_class_code	varchar(16)	否	主键	班级编码
c04_class_name	varchar(32)	否	唯一键	班级名称
c04_enrol_date	date	是		入学日期
c01_college_code	int unsigned	否	外键	所属院系编号,参照院系信息表
c02_teacher_code	char(8)	否	外键	辅导员或班主任,参照教师信息表
c04_graduate_date	date	是		班级毕业日期
c04_remark	varchar(255)	是		备注

表2.1.5 毕业生信息表t05_student

字段名	数据类型	允许为空	键	备注说明
c05_student_code	varchar(16)	否	主键	学号
c05_student_name	varchar(16)	否		姓名
c04_class_code	varchar(16)	否	外键	班级编号,参照班级信息表
c05_gender	enum('男','女')	是		性别
c05_id_card	char(18)	是	唯一键	身份证号码
c05_birthday	date	是		出生日期
c05_address	varchar(128)	是		家庭地址
c05_phone	varchar(16)	是		电话号码
c05_graduate_date	date	是		毕业日期
c05_email	varchar(32)	是		电子邮件
c05_image	blob	是		照片
c05_remark	varchar(255)	是		备注

表2.1.6 选课成绩表t06_score

字段名	数据类型	允许为空	键	备注说明
c06_selected_id	int unsigned	否	自增主键	选课记录ID
c05_student_code	varchar(16)	否	外键	学生学号,参照毕业生信息表
c03_course_code	varchar(16)	否	外键	课程编号,参照课程信息表
c02_teacher_code	char(8)	是	外键	成绩评定教师,参照教师工号
c06_selected_date	datetime	是		选课日期
c06_score_date	datetime	是		成绩登记日期
c06_score	float	是		成绩
c06_remark	varchar(255)	是		备注

在雇主信息表中,统一社会信用代码很长且复杂,不利于数据库管理员在维护数据时使用信用代码字段编写SQL语句。在许多情况下,数据库管理员会为数据表设计一个自增字段作为主键,这样做不仅增强数据表的可维护性,也规避编码规则出现变化的风险,便于管理和排序。

表 2.1.7　雇主信息表 t11_employer

字段名	数据类型	允许为空	键	备注说明
c11_employer_id	int unsigned	否	自增主键	雇主 ID
c11_credit_code	varchar(18)	否	唯一键	统一社会信用代码
c11_employer_name	varchar(32)	否	唯一键	名称
c11_address	varchar(255)	是		单位注册所在地
c11_representative	varchar(16)	是		法人代表
c11_website	varchar(32)	是		主页
c11_created_date	date	是		成立日期
c11_telephone	varchar(16)	是		电话
c11_email	varchar(32)	是		电子邮件
c11_fax	varchar(16)	是		传真
c11_business_scope	varchar(255)	是		经营范围
c11_industry	varchar(255)	是		所属行业
c11_remark	varchar(255)	是		备注

表 2.1.8　雇主部门信息表 t12_department

字段名	数据类型	允许为空	键	备注说明
c12_dept_id	int unsigned	否	自增主键	部门编号
c12_dept_name	varchar(16)	否	唯一键	部门名称
c12_manager_id	int unsigned	是	外键	部门经理,参照员工信息表 c13_employee_id
c11_employer_id	int unsigned	否	外键	单位 ID
c12_description	varchar(128)	是		部门职责
c12_parent_dept_id	int unsigned	是		上级部门 ID
c12_remark	varchar(255)	是		备注

表 2.1.9　员工信息表 t13_employee

字段名	数据类型	允许为空	键	备注说明
c13_employee_id	int unsigned	否	自增主键	主键
c13_emp_code	char(8)	否	唯一键	工号
c13_emp_name	varchar(16)	否		姓名

字段名	数据类型	允许为空	键	备注说明
c13_user_name	varchar(16)	否	唯一键	内部账号
c13_password	varchar(16)	否		密码
c12_dept_id	int unsigned	否	外键	部门ID
c13_id_card	char(18)	是	唯一键	身份证号码
c13_gender	char(1)	是		性别,'男'或者'女'
c13_education	varchar(8)	是		高中,大专,本科,研究生,其他
c13_birthdate	datetime	否		出生日期
c13_marital_status	varchar(8)	是		婚姻状况
c13_joined_date	datetime	是		入职日期
c13_mobile_phone	varchar(16)	是		手机号码
c13_email	varchar(32)	是		电子邮件
c13_level	varchar(8)	是		员工级别
c13_image	blob	是		照片
c13_remark	varchar(255)	是		其他说明

表2.1.10 雇佣信息表t14_employment

字段名	数据类型	允许为空	键	备注说明
c14_emp_id	int unsigned	否	自增主键	就业ID
c11_employer_id	int unsigned	否	外键	雇主ID,参照雇主信息表
c13_employee_id	int unsigned	否	外键	员工ID,参照员工信息表
c14_from_date	datetime	否		就业开始日期
c14_to_date	datetime	是		就业结束日期
c14_job_title	varchar(16)	是		职位名称
c14_location	varchar(32)	是		工作地点
c14_salary_of_month	decimal(10, 2)	是		月薪
c14_salary_of_year	decimal(10, 2)	是		年薪
c14_status	varchar(255)	是		就业状态
c14_remark	varchar(255)	是		就业概述

4)问题情境

【问题情境1】在进行需求分析时,不同部门的客户仅了解其自身部门的业务,在描述业务需求时,不同部门的人描述有差异,需求分析人员很难确定系统的整体核心功能。

需求分析人员应当与业务部门或客户进行深入沟通,可采用问卷调查、访谈等方式收集用户需求,确保需求分析的全面性和准确性,尽可能细化需求描述。应当建立需求变更管理机制,记录每一次的需求变更,并评估其对项目的影响,必要时重新评审设计方案。应当使用原型工具快速搭建系统原型,通过可视化的方式让业务方确认需求细节,同时更好识别隐性需求,减少后期需求变更的可能性。

【问题情境2】作为一家电商平台的数据库管理员,小李在设计数据库时面临一个挑战,一方面,他希望数据库设计严格遵循第三范式,以确保数据的完整性和减少冗余;另一方面,他也希望简化用户的操作流程,并保证数据库在高并发情况下的检索性能。他该怎么办?

数据库设计的目标是使用数据库管理系统更好地存储和检索数据,在权衡数据库设计规范和数据库性能的问题上,要以实用、满足系统用户要求为主。对于数据量特别大又频繁用于查询的数据表,可设置冗余字段减少连接查询以提高数据检索效率。另外,对于大规模的数据,可采用分区技术来分散数据存储,提高检索性能。

> **【与AI聊一聊】**
>
> 如何为数据表的字段选择合适的数据类型?

2.1.5 学习评价

序号	评价内容	评价标准	评价结果 (是/否)
1	需求分析	全面捕捉用户需求并准确无误地定义业务规则	
2	概念设计	能够通过绘制E-R图建立清晰且完整的实体关系模型反映业务流程	
3	逻辑设计	能够将E-R图转成关系模式,合理组织数据库结构及规范化,确保数据完整性与一致性	
4	物理设计	能够为数据库表和字段选取合适的名称和数据类型	
5	文档质量	能够编写文档详细记录数据库设计过程,便于维护和后续开发	

拓展阅读

1970年,IBM的研究员埃德加·弗兰克·科德(E.F.Codd)博士在《*Communication of the ACM*》上发表了题为"A Relational Model of Data for Large Shared Data banks"的论文,首次提出了数据库的关系模型概念,奠定了关系模型的理论基础。20世纪70年代末,IBM公司的San Jose实验室在IBM370系列机上研制的关系数据库实验系统System R历时6年获得成功。这个项目是关系模型理论应用到实践的重要一步。1981年,IBM公司宣布了具有System R全部特征的新的数据库产品SQL/DS问世,进一步推动了关系数据库模型的商业化和普及。

1974年,IBM San Jose实验室的D.D.Chamberlin和R.F.Boyce基于Codd的关系代数,研制出一套规范语言——SEQUEL(Structured English QUEry Language),并在1976年11月的

IBM Journal of R&D上公布了新版本的SQL。1980年，SEQUEL语言改名为SQL（Structured Query Language），并逐渐成为关系型数据库的标准查询语言。1979年，ORACLE公司首先提供商用的SQL。1986年10月，美国ANSI采用SQL作为关系数据库管理系统的标准语言（ANSI X3.135-1986），后被国际标准化组织（ISO）采纳为国际标准。

2.1.6 课后作业

1.思考与回答：

(1)什么是关系型数据库？

(2)设计开发关系型数据库的步骤有哪些,各步骤都需要进行哪些工作？

(3)概念模型设计E-R图有哪些构成要素,分别用什么图形表示？

2.为企业人事管理系统设计数据库表结构。由某企业人事管理系统的需求分析可知,该企业有若干职能部门,每个部门均有一名负责人和多名员工,每个员工只能属于一个部门。在合同期内,一个员工可以有多次请假机会,但每次请假机会只能属于一个员工;员工的工资按月计算,每个员工每月有一份工资,每份工资也只能属于一个员工。部门属性主要有部门代号、部门名称、部门经理;员工属性主要有员工号、姓名、性别、身份证号、籍贯;工资属性主要有工资编号、员工号、基本工资、岗位工资、各种补贴、各种扣款;请假属性主要有假条编号、员工号、起始日期、终止日期、请假事由。

(1)绘制E-R图,在图上注明属性和联系类型。

(2)将E-R图转换为关系模式,注明主键和外键字段。

(3)参照MySQL数据类型,设计数据表结构,注明数据表名、字段名和字段的数据类型等信息。

工作手册2.2　在MySQL中创建数据库和数据表

2.2.1　核心概念

数据库是一个存储数据对象的容器。数据对象包括数据表、视图、存储过程、事件、事务和触发器等。必须创建数据库,才能创建数据库所存储的数据对象。

在关系型数据库中,**数据表**是存储数据的基本单位,是由行和列组成的二维表,列又被称为字段,行被称为记录。建立数据表时,需要对数据表的字段进行详细定义。数据表的字段定义信息包括数据类型、长度、是否允许为空、是否键值、约束条件等。

数据完整性约束是关系数据库管理系统用来保证数据准确性和一致性的重要机制,主要包括实体完整性、参照完整性、域完整性和用户定义完整性。这些约束有助于防止数据库中出现无效数据,共同确保了数据的一致性、准确性和可靠性。

2.2.2　学习目标

①能够熟练使用SHOW相关命令查看MySQL中的数据库、数据表信息。

②能够使用CREATE/ALTER DATABASE语句编写脚本创建和修改数据库实例,设置字符集和排序规则。

③能够使用CREATE TABLE语句编写脚本创建和修改数据表。

④能够使用ALTER TABLE语句修改数据表名称、增加和删除字段、修改字段数据类型和名称。

⑤能够理解数据完整性约束的概念,并能在创建和修改表时正确应用。

2.2.3　基础知识

完成数据库的物理设计之后,设计人员将数据库逻辑设计和物理设计的结果严格描述出来,成为DBMS可以接受的源代码,再经过调试产生目标模式,然后就可以组织数据入库了,这就是数据库实施阶段。

注意,如果没有特别说明,以下操作命令都是在MySQL命令行环境中进行的。

1)查看MySQL存储的数据库

MySQL安装成功后,系统会自动创建information_schema和MySQL数据库,这是系统数据库,MySQL数据库的系统信息都存储在这两个数据库中。可以使用SHOW命令查看MySQL存储的数据库列表以及数据库中存放的某一类数据对象的列表。

查看MySQL存储的数据库的命令是:

```
SHOW DATABASES;
```

选择数据库,并将当前用户所处的路径切换至该数据库,其语法格式如下:

USE 数据库名;

当我们想知道当前用户处于哪一个数据库的时候,可以通过 SELECT 语句查看当前所处于哪一个数据库,其命令如下:

```
SELECT DATABASE();
```

通过上述命令可以得知,SELECT 是查询的意思,DATABASE( )用于获取当前用户所处的数据库。

同样地,使用如下命令,可以查询当前用户的名称。其基本语法格式如下:

```
SELECT USER();
```

连接到数据库之后,执行上述命令可以查看到当前登录用户名。

【AI提示】询问 MySQL8.0 中系统级数据库有哪些,分别起什么作用。

2)创建数据库

CREATE 语句用于创建数据库对象。使用 CREATE DATABASE 或 CREATE SCHEMA 命令可以创建数据库,语法格式如下:

```
CREATE {DATABASE | SCHEMA} [IF NOT TEXISTS] 数据库名
[DEFAULT] { CHARACTER SET [=] 字符集名 | COLLATE [=] 排序规则名 };
```

语法说明如下:

- 语句中"[ ]"内为可选项,"{ | }"表示二选一,比如 IF NOT TEXISTS 就是可选项;创建数据库实例时可以选择使用 DATABASE 或者 SCHEMA,这两个关键字都可以。
- 数据库名:在文件系统中,MySQL 的数据存储区是以数据库名命名的目录。因此,数据库名称必须符合操作系统文件夹命名规则。在 MySQL 内部,全局变量 lower_case_table_names 用于控制表名(包括数据库名)的大小写敏感性,因此,数据库名称是否区分大小写与操作系统、MySQL 的内部设置有关。
- IF NOT EXISTS:在创建数据库前进行判断,如果数据库不存在,才执行创建操作。该选项可以避免出现数据库已经存在而再新建的错误。
- DEFAULT:指定默认值。
- CHARACTER SET:指定数据库字符集。
- COLLATE:指定字符集排序规则,校对规则要与字符集搭配使用。

3)修改数据库

ALTER 语句用于修改数据库对象。修改数据库的语句是 ALTER DATABASE,语法格式如下:

```
ALTER {DATABASE | SCHEMA} [数据库名]
[DEFAULT] CHARACTER SET [=] 字符集名
| [DEFAULT] COLLATE [=] 排序规则名;
```

注意:数据库一旦被创建,其名称不能修改。

4)查看数据表

使用SHOW TABLES语句,可以查看当前数据库实例中存储的数据表的名称列表。注意,要先选择某个数据库实例,才能通过查看语句来查看数据库中的表,否则就会报错。

```
SHOW TABLES;
```

得到数据表的名称之后,可使用描述语句DESC或DESCRIBE查看数据表的结构,其语法如下:

```
{DESC | DESCRIBE} 数据库名;
```

SHOW CREATE语句用于查看数据库对象的创建语句,SHOW CREATE TABLE则用于查看数据表的创建语句,包括使用字符集和字符排序规则,其语法格式如下:

```
SHOW CREATE TABLE 数据库名;
```

5)创建数据库表

(1)通过CREATE TABLE语句创建数据表

使用CREATE TABLE语句创建表,其语法格式如下:

```
CREATE TABLE [IF NOT EXISTS] [数据库名 .]数据表名
(
  <列名1>  数据类型1  [列级约束]
  [,列名2 数据类型2  [列级约束]] [,…]
  [,表级约束(列名3[,列名4][,…])]
)[ENGINE=存储引擎] [[DEFAULT]CHARSET = 字符集名] [[DEFAULT] COLLATE [=]
排序规则名];
```

- IF NOT EXISTS:在建表前进行判断,只创建不存在的数据表。用此选项可以避免出现表已经存在而无法再新建的错误。
- 数据表名:要创建的数据表的名称。若指定了数据库名,且当前用户具备权限的情况下,可以在指定的数据库中创建数据表。
- ENGINE=存储引擎:指定数据表使用的存储引擎,可参考"附录1 MySQL存储引擎"了解更多信息。
- 表级约束:用于声明数据完整性约束,可作用于单个字段,也可作用于多个字段。
- 字段名 数据类型 [列级约束]:是数据列的声明,多个列的声明之间使用逗号分隔,列级约束包括主键(PRIMARY KEY)、唯一键(UNIQUE KEY)、外键(FOREIGN KEY)、非空(NOT NULL)、默认值(DEFAULT)、自动增长(AUTO_INCREMENT)等数据完整性约束和备注信息,列的描述如下:

```
列名 数据类型 [NOT NULL | NULL][DEFAULT 列默认值] [AUTO_INCREMENT]
[UNIQUE [KEY] |[PRIMARY] KEY][COMMENT '备注'] [REFERENCES 数据表名
(列名,...)]
```

- 列名:数据表中列的名字,列名必须符合标识符规则。
- 数据类型:列的数据类型,可参考"附录2 MySQL数据类型"了解更多信息。

- NOT NULL| NULL：指定该列是否允许为空。指定 NOT NULL 则为当前列设定了非空约束。
- DEFAULT 列默认值：为列指定默认值。
- UNIQUE KEY | PRIMARY KEY：UNIQUE KEY 设置当前列为唯一键；PRIMARY KEY 设置当前列为主键，主键列必须设置 NOT NULL 非空约束。
- COMMENT '备注'：对于列的描述，用于解释说明列的含义、数据约束和取值要求等内容。
- REFERENCES 数据表名（列名,...）：指定当前列参照的数据表和列，设置当前列为外键。

（2）通过子查询创建新表

可以将 SELECT 查询语句的结果看作一个虚拟的数据表，通过 CREATE TABLE 语句可以将子查询的结果创建为新数据表，其语法如下：

```
CREATE TABLE 数据表名 [AS] SELECT 语句;
```

该语句将复制表结构 SELECT 选择的字段定义及其检索出来的数据记录，创建一个新数据表，但不复制主键、索引、自动编号等。

若只需要复制表结构，则设置 WHERE 条件并使得条件不满足。

```
CREATE TABLE 新表名 [AS] SELECT 语句 WHERE FALSE;
```

（3）通过复制数据表结构创建新表

```
CREATE TABLE 新表名 LIKE 源表名;
```

该语句将复制表结构字段定义，包括主键、索引、自动编号，不复制数据记录。

6）数据完整性约束

（1）实体完整性（Entity Integrity）

实体完整性是指确保每个表都有一个唯一标识符，即主键。主键的值必须是唯一的，并且不允许为空。主键可以是数据表的一个字段，也可以是数据表的多个字段。

（2）参照完整性（Referential Integrity）

参照完整性是指在涉及两个或更多表的关系时，确保外键引用的主键存在。当在一张表中添加外键约束时，该外键的值要么在另一张表的主键中存在，要么是 NULL。参照完整性约束用于保障在多表关联的情况下，数据的一致性和准确性。建立外键关系的对应列的字符集必须保持一致或者与存在外键关系的子表、父表的字符集保持一致。

（3）域完整性（Domain Integrity）

域完整性是针对列的取值范围或数据类型的，用于保证表中的列符合预先定义的数据类型和取值规则。域完整性可以通过定义列的数据类型、默认值、检查约束（CHECK 约束）等方式来实现。

- 非空约束（NOT NULL），用于确保列的取值不能为 NULL。在新插入数据记录时，必须为施加了非空约束的字段赋值。
- 唯一约束（UNIQUE）：用于确保某一列或多列的组合值在整个表中是唯一的，设置了唯一约束的字段的取值不能重复出现但可以为NULL。

- 默认值(DEFAULT):在数据新增时,当没有显式给列赋值时,自动给该列赋一个默认值。
- 自动增加(AUTO_INCREMENT):自增列,可以是任何整数类型。自增列一般用作主键。
- 检查约束(CHECK):定义列值必须满足的条件,能够实现比主键更复杂的数据关联业务规则。

7)修改数据表

- 修改表名

```
RENAME TABLE  旧表名  TO  新表名;
```

或者

```
ALTER TABLE 旧表名 RENAME [TO] 新表名;
```

- 增加列

```
ALTER TABLE 表名 ADD 列名 数据类型 [约束条件] [FIRST|AFTER 旧字段名];
```

- 删除列

```
ALTER TABLE 表名 DROP 列名;
```

- 修改列名

```
ALTER TABLE 表名 CHANGE 旧字段名 新字段名 数据类型 [约束];
```

注意,改变列名必须同时声明数据类型和约束。

- 修改列的数据类型

```
ALTER TABLE 表名 MODIFY 列名 新数据类型  [约束];
```

- 修改字段的排列位置

```
ALTER TABLE 表名 MODIFY 列名1 数据类型 FIRST|AFTER 列名2;
```

使用FIRST时,该语句将列1放到数据表第一个列的位置;使用AFTER时,将列1插入到列2的后面。

- 修改存储引擎

```
ALTER TABLE 表名 ENGINE=新的存储引擎类型;
```

- 修改字符集

```
ALTER TABLE 表名 [DEFAULT] CHARSET=字符集;
```

- 修改数据表的注释

```
ALTER TABLE 表名 COMMENT '注释内容';
```

- 修改列的注释

```
ALTER TABLE 表名 MODIFY 列名 数据类型 COMMENT '注释内容';
```

8)删除数据库或数据表

使用DROP关键字,指定数据库对象的类型和名称即可删除相应的数据库对象。

• 删除数据库

```
DROP DATABASE [IF EXISTS] 数据库名;
```

• 删除数据表

```
DROP TABLE [IF EXISTS] 表名1 [, 表名2, …];
```

IF EXISTS是仅在数据库对象存在时执行删除操作,因此IF EXISTS确保DROP语句在删除不存在的数据库对象时不报错。

注意,一旦删除数据库或数据表,其中存在的数据将一并删除。如果不是确实需要,一般不删除数据表,更不会删除数据库。

2.2.4 能力训练

1)操作条件

①已经完成数据库设计,有明确且理解一致的数据库设计文档。
②检查服务列表中MySQL服务的状态,确认MySQL服务已正确安装并且正在运行。
③用户有足够的权限登录MySQL,至少需要拥有创建数据库和表的权限。
④可以使用MySQL命令行客户端、Navicat或者MySQL Workbench等客户端工具。
⑤创建各个表的SQL语句应该按照格式书写,确保语法正确且符合MySQL的要求。
⑥在创建带有外键引用的数据表之前,确保被引用的表已经存在并且结构正确。
⑦如果是在生产环境中操作,建议在执行任何创建或修改操作之前,对现有数据库进行备份,以防意外情况导致数据丢失。

2)注意事项

①在创建数据库和数据表时,注意名称的命名规则,避免因大小写或特殊字符问题导致错误,同时要考虑与操作系统的兼容性。
②合理规划表之间的关系,特别是外键约束。确保字段的数据类型和长度适合实际存储的数据,避免将来因数据类型不匹配而导致的问题。
③使用合适的字符集和排序规则,尤其是涉及多语言环境时。utf8mb4是一个常用的选择,它支持所有的Unicode字符,包括某些表情符号。
④在存储敏感信息时,考虑数据加密或其他保护措施。确保密码等敏感信息存储时经过加密处理,不以明文形式保存。
⑤在创建新数据库之前,制定备份策略和恢复计划,以防数据丢失。
⑥在部署生产环境之前,在测试环境中先创建数据库和表,验证其功能是否符合预期。测试环境应该尽可能模拟生产环境,以便捕捉潜在的问题。
⑦记录数据库和表的设计细节,方便后续维护人员理解设计初衷。保持数据库设计文档的更新,记录每次变更的原因和影响。

3)工作过程

【工作任务1】创建数据库实例 CollegeDB,并使用 SHOW DATABASES 命令查看创建结果。

结果如图2.2.1所示。

```
mysql> create database CollegeDB;
Query OK, 1 row affected (0.01 sec)

mysql> show databases;
+--------------------+
| Database           |
+--------------------+
| collegedb          |
| information_schema |
| mysql              |
| performance_schema |
| sys                |
+--------------------+
5 rows in set (0.00 sec)
```

图2.2.1　创建数据库 CollegeDB

若不指定,MySQL会为数据库指定默认的字符集和排序规则。MySQL8.0默认的字符集是utf8mb4,默认排序规则是utf8mb4_0900_ai_ci。

①查看当前服务器的默认字符集和排序规则。

通过查看全局变量的方式,查看当前 MySQL 服务器的默认字符集和排序规则:

```
show variables like 'character_set%';
show variables like 'collation%';
```

②查看数据库 CollegeDB 的创建语句。

```
show create database CollegeDB;
```

结果如图2.2.2所示。

```
mysql> show create database CollegeDB;
+-----------+-----------------------------------------------------------------------------------------------------------------------------------------+
| Database  | Create Database                                                                                                                          |
+-----------+-----------------------------------------------------------------------------------------------------------------------------------------+
| CollegeDB | CREATE DATABASE `CollegeDB` /*!40100 DEFAULT CHARACTER SET utf8mb4 COLLATE utf8mb4_0900_ai_ci */ /*!80016 DEFAULT ENCRYPTION='N' */ |
+-----------+-----------------------------------------------------------------------------------------------------------------------------------------+
1 row in set (0.00 sec)
```

图2.2.2　查看 CollegeDB 的创建语句

可以看出使用的字符集是utf8mb4,使用的排序规则是utf8mb4_0900_ai_ci。

【工作任务2】创建数据库mydb,采用默认字符集为utf8mb4,排序规则为 utf8mb4_bin。

操作代码如图2.2.3所示。

```
mysql> create database mydb default character set utf8mb4 default collate utf8mb4_bin;
Query OK, 1 row affected (0.01 sec)
```

图2.2.3　指定字符集创建数据库

在创建数据库表之前,首先使用use命令选择用来存储数据表的数据库实例。

【工作任务3】指定使用数据库实例 CollegeDB。

操作代码如图 2.2.4 所示。

```
mysql> use collegedb;
Database changed
mysql>
```

图2.2.4 选择数据库实例，准备创建数据表

【工作任务4】在 CollegeDB 中创建院系信息表 t01_college。

操作代码如图 2.2.5 所示。

```
mysql> create table t01_college (
    -> c01_college_code int unsigned not null auto_increment primary key comment '系部编号',
    -> c01_leader_code char(8) not null comment '系主任的工号，参照教师表c02_teacher_code',
    -> c01_college_name varchar(16) not null comment '系部完整名称',
    -> c01_remark varchar(255) comment '备注',
    -> unique key uk01_college_name (c01_college_name)
    -> ) comment='系部信息表，包括院系编号、名称等';
Query OK, 0 rows affected (0.02 sec)
```

图2.2.5 创建数据表

一般情况下，在命令行终端编辑长命令时很容易出错，修改极不方便。有两种办法处理这个问题：一是在记事本中编写 SQL 命令，修改确认没有问题之后，拷贝到命令行中执行；二是在 MySQL Workbench、Navicat for MySQL 等图形化客户端工具中编辑和执行 SQL 脚本。

【工作任务5】在 CollegeDB 中创建教师信息表 t02_teacher。

操作代码如图 2.2.6 所示。

```
mysql> create table t02_teacher (
    -> c02_teacher_code char(8) not null comment '工号，由年份+编号组成，如20170029',
    -> c02_teacher_name varchar(16) not null comment '姓名',
    -> c02_id_card char(18) comment '身份证号码',
    -> c01_college_code int unsigned not null comment '所属系部编号',
    -> c02_gender enum('男','女') comment '性别，枚举("男","女")',
    -> c02_birthday date comment '出生日期',
    -> c02_phone varchar(16) comment '电话',
    -> c02_title varchar(4) comment '职称：助教、讲师、副教授、教授、院士',
    -> c02_education enum('高中','中专','大专','本科','研究生') comment '学历，"高中","大专","本科","研究生","其他"',
    -> c02_degree set('学士','硕士','博士','博士后') comment '学位，"学士","硕士","博士","博士后"',
    -> c02_remark varchar(255) comment '备注',
    -> primary key(c02_teacher_code)
    -> ) comment='教师信息，包括工号、姓名、性别、出生日期、电话、学历、职称等内容，';
Query OK, 0 rows affected (0.02 sec)
```

图2.2.6 创建数据表

在创建 t02 表时，有两点特殊之处需要说明：一是在数据表的字段说明之后声明了主键 primary key(c02_teacher_code)，这种方式尤其适合主键是由多个字段构成的情况；二是在给性别、学历和学位字段添加备注时使用了嵌套的引号——外层使用单引号，内层使用双引号，MySQL 允许单引号和双引号的嵌套使用，但是层次必须正确。

【工作任务6】为 t01_college 表添加外键约束 fk01_leader_code，其 c01_leader_code 参考 t02_teacher 表的 c02_teacher_code 字段。

操作代码如图 2.2.7 所示。

```
mysql> alter table t01_college
    ->    add constraint fk01_leader_code foreign key (c01_leader_code)
    ->       references t02_teacher (c02_teacher_code)
    -> on delete no action
    -> on update no action;
Query OK, 0 rows affected (0.05 sec)
Records: 0  Duplicates: 0  Warnings: 0
```

图 2.2.7　为数据表添加外键约束

其中,on delete no action 和 on update no action 表示当删除或更新参照表中的记录时,如果当前表中有依赖的记录,则不允许删除或更新。在 MySQL 中设置外键约束时,除了 no action 之外,还有 cascade 约束类型,它表示当参照表中的行被删除或更新时,自动地在包含外键的表中进行相应的操作。

【工作任务 7】为 t02_teacher 表的 c02_id_card 添加唯一键约束,将约束命名为 uk02_id_card。

操作代码如图 2.2.8 所示。

```
mysql> alter table t02_teacher add constraint uk02_id_card unique (c02_id_card);
Query OK, 0 rows affected (0.02 sec)
Records: 0  Duplicates: 0  Warnings: 0
```

图 2.2.8　为数据表设置唯一键约束

【工作任务 8】在 CollegeDB 中创建课程信息表 t03_course。

操作代码如图 2.2.9 所示。

```
mysql>   create table t03_course (
    ->    c03_course_code varchar(16) not null comment '课程编码',
    ->    c03_course_name varchar(20) not null comment '课程名称',
    ->    c03_type varchar(8) default '必修' comment '课程性质, 选修课或者必修课',
    ->    c02_teacher_code char(8) comment '教师工号, 参照教师表',
    ->    c03_credit tinyint comment '学分',
    ->    c03_remark varchar(255),
    ->    primary key ( c03_course_code ),
    ->    constraint fk03_c02_teacher_code FOREIGN KEY (c02_teacher_code) REFERENCES t02_teacher(c02_teacher_code)
    -> ) comment='课程信息表';
Query OK, 0 rows affected (0.03 sec)
```

图 2.2.9　创建数据表 t03_course

【工作任务 9】在 CollegeDB 中创建班级信息表 t04_class。

操作代码如图 2.2.10 所示。

```
mysql> create table t04_class (
    ->    c04_class_code varchar(16) not null comment '班级编码',
    ->    c04_class_name varchar(32) not null comment '班级名称',
    ->    c04_enrol_date date  null comment '入学日期',
    ->    c01_college_code int unsigned not null comment '所属院系ID, 参照院系表',
    ->    c02_teacher_code char(8) not null comment '负责教师, 辅导员或班主任, 参照教师表',
    ->    c04_graduate_date date comment '班级毕业日期',
    ->    c04_remark varchar(255),
    ->    primary key ( c04_class_code ),
    ->    unique key uk04_c04_class_name ( c04_class_name ),
    ->    constraint fk04_c01_college_code foreign key(c01_college_code) references t01_college(c01_college_code),
    ->    constraint fk04_c02_teacher_code foreign key(c02_teacher_code) references t02_teacher(c02_teacher_code)
    -> ) comment='班级信息表';
Query OK, 0 rows affected (0.03 sec)
```

图 2.2.10　创建数据表 t04_class

【工作任务 10】在 CollegeDB 中创建毕业生信息表 t05_student。

操作代码如图 2.2.11 所示。

```
mysql> create table t05_student (
    ->     c05_student_code varchar(16)  not null comment '学号',
    ->     c05_student_name varchar(16)  not null comment '姓名',
    ->     c04_class_code varchar(16) not null comment '班级编号,参照班级表',
    ->     c05_gender enum('男','女') comment '性别',
    ->     c05_id_card char(18) comment '身份证号码',
    ->     c05_birthday date comment '出生日期',
    ->     c05_address varchar(128) comment '家庭地址',
    ->     c05_phone varchar(16) comment '电话号码',
    ->     c05_graduate_date  date comment '毕业日期',
    ->     c05_email varchar(32) comment '电子邮件',
    ->     c05_image blob comment '照片',
    ->     c05_remark varchar(255),
    ->     primary key (c05_student_code ),
    ->     constraint fk05_c04_class_code foreign key(c04_class_code) references t04_class(c04_class_code),
    ->     unique key uk05_c05_id_card (c05_id_card)
    -> )  comment='学生信息表';
Query OK, 0 rows affected (0.03 sec)
```

图 2.2.11 创建数据表 t05_student

【工作任务11】在 CollegeDB 中创建选课成绩表 t06_score。

操作代码如图 2.2.12 所示。

```
mysql> create table t06_score (
    ->     c06_selected_id int unsigned not null auto_increment comment '选课记录ID',
    ->     c05_student_code varchar(16) not null comment '学生编码,参照学生表',
    ->     c03_course_code varchar(16) not null comment '课程编码,参照课程表',
    ->     c02_teacher_code char(8) comment '成绩评定教师,参照教师表',
    ->     c06_selected_date datetime comment '选课日期',
    ->     c06_score_date datetime comment '成绩登记日期',
    ->     c06_score float,
    ->     c06_remark varchar(255),
    ->     primary key ( c06_selected_id ),
    ->     constraint fk06_c05_student_code foreign key(c05_student_code) references t05_student(c05_student_code),
    ->     constraint fk06_c03_course_code foreign key(c03_course_code) references t03_course(c03_course_code),
    ->     constraint fk06_c02_teacher_code foreign key(c02_teacher_code) references t02_teacher(c02_teacher_code)
    -> ) comment='学生选修课程的成绩表';
Query OK, 0 rows affected (0.03 sec)
```

图 2.2.12 创建数据表 t06_score

【工作任务12】在 CollegeDB 中创建雇主信息表 t11_employer。

在雇主信息表中,统一社会信用代码很长且复杂,不利于数据库管理员在维护数据时使用信用代码字段编写 SQL 语句。在许多情况下,数据库管理员会为数据表设计一个自增字段作为主键,这样做不仅增强数据表的可维护性,也规避编码规则出现变化的风险,便于管理和排序。

操作代码如图 2.2.13 所示。

```
mysql> create table t11_employer  (
    ->     c11_employer_id int unsigned not null comment '雇主ID',
    ->     c11_credit_code varchar(18) not null comment '统一社会信用代码',
    ->     c11_employer_name  varchar(32) not null comment '名称',
    ->     c11_address varchar(255) comment '单位注册所在地',
    ->     c11_representative  varchar(16) comment '法人代表',
    ->     c11_website varchar(32) comment '主页',
    ->     c11_establishment_date date comment '成立日期',
    ->     c11_telephone varchar(16) comment '电话',
    ->     c11_email varchar(32) comment '电子邮件',
    ->     c11_fax varchar(16) comment '传真',
    ->     c11_business_scope varchar(255) comment '经营范围',
    ->     c11_industry varchar(255) comment '所属行业',
    ->     c11_remark varchar(255)  comment '简介',
    ->     primary key ( c11_employer_id ),
    ->     unique key uk11_c11_employer_code  ( c11_credit_code ),
    ->     unique key uk11_c11_employer_name ( c11_employer_name )
    -> ) comment='用人单位信息表,雇主信息表';
Query OK, 0 rows affected (0.03 sec)
```

图 2.2.13 创建数据表 t11_employer

【工作任务13】在CollegeDB中创建雇主部门信息表t12_department。

操作代码如图2.2.14所示。

```
mysql> create table t12_department (
    ->    c12_dept_id int unsigned not null comment '部门编号',
    ->    c12_dept_name varchar(16) not null comment '部门名称',
    ->    c12_manager_id int unsigned comment '部门经理编号，参照员工表的c13_employee_id',
    ->    c11_employer_id int unsigned not null comment '单位ID',
    ->    c12_description varchar(128) comment '部门职责',
    ->    c12_parent_dept_id int unsigned comment '上级部门ID',
    ->    c12_remark varchar(255) comment '备注',
    ->    primary key ( c12_dept_id )
    -> ) comment='企业部门信息表';
Query OK, 0 rows affected (0.02 sec)
```

图2.2.14　创建数据表t12_department

【工作任务14】在CollegeDB中创建员工信息表t13_employee。

操作代码如图2.2.15所示。

```
mysql> create table t13_employee (
    ->    c13_employee_id int unsigned not null auto_increment comment '主键',
    ->    c13_emp_code char(8) comment '工号',
    ->    c13_emp_name varchar(16) comment '姓名',
    ->    c13_user_name varchar(16) comment '内部账号',
    ->    c13_password varchar(16) comment '密码',
    ->    c12_dept_id int unsigned comment '部门ID',
    ->    c13_id_card char(18) comment '身份证号码',
    ->    c13_gender char(1) comment '性别，男或者女',
    ->    c13_education varchar(8) comment '学历，高中,大专,本科,研究生,其他',
    ->    c13_birthdate datetime comment '出生日期',
    ->    c13_marital_status varchar(8) comment '婚姻状况',
    ->    c13_joined_date datetime comment '入职日期',
    ->    c13_mobile_phone varchar(16) comment '手机号码',
    ->    c13_email varchar(32) comment '电子邮件',
    ->    c13_level varchar(16) comment '员工级别',
    ->    c13_image blob comment '照片',
    ->    c13_remark varchar(255) comment '其他说明',
    ->    primary key ( c13_employee_id ),
    ->    unique key uk13_c13_emp_code ( c13_emp_code ),
    ->    unique key uk13_c13_user_name ( c13_user_name ),
    ->    unique key uk13_c13_id_card ( c13_id_card ),
    ->    constraint fk13_c12_dept_id foreign key(c12_dept_id) references t12_department(c12_dept_id)
    -> ) comment='员工信息表';
Query OK, 0 rows affected (0.04 sec)
```

图2.2.15　创建数据表t13_employee

【工作任务15】为t12_department表设置外键，其c12_manager_id参照员工表的c13_employee_id。

操作代码如图2.2.16所示。

```
mysql> alter table t12_department
    -> add constraint fk12_manager_c13_employee_id
    -> foreign key(c12_manager_id) references t13_employee (c13_employee_id);
Query OK, 0 rows affected (0.04 sec)
Records: 0  Duplicates: 0  Warnings: 0
```

图2.2.16　修改数据表，添加外键约束

【工作任务16】为t12_department表设置外键，其c11_employer_id参照员工表的c11_employer_id。

操作代码如图2.2.17所示。

```
mysql> alter table t12_department
    -> add constraint fk12_c11_employer_id
    -> foreign key(c11_employer_id) references t11_employer (c11_employer_id);
Query OK, 0 rows affected (0.05 sec)
Records: 0  Duplicates: 0  Warnings: 0
```

图2.2.17　修改数据表，添加外键约束

【工作任务17】修改t13_employee表，为字段c13_birthdate添加检查约束，出生日期必须大于或等于1980年1月1日。

操作代码如图2.2.18所示。

```
mysql> ALTER table t13_employee
    -> ADD constraint check_birthdate CHECK (c13_birthdate >= '1980-01-01');
Query OK, 0 rows affected (0.07 sec)
Records: 0  Duplicates: 0  Warnings: 0
```

图2.2.18　修改数据表，添加检查约束

【工作任务18】在CollegeDB中创建雇佣信息表t14_employment。

操作代码如图2.2.19所示。

```
mysql> create table t14_employment (
    ->    c14_emp_id int unsigned not null comment '就业id',
    ->    c11_employer_id int unsigned not null comment '雇主id, 参照雇主表',
    ->    c13_employee_id int unsigned not null comment '雇员id, 参照雇员表',
    ->    c14_from_date datetime not null comment '就业开始日期',
    ->    c14_to_date datetime comment '就业结束日期',
    ->    c14_job_title varchar(16) comment '职位名称',
    ->    c14_location varchar(32) comment '工作地点',
    ->    c14_salary_of_month decimal(10,2) comment '每月工资',
    ->    c14_salary_of_year decimal(10,2) comment '年薪',
    ->    c14_status varchar(16) comment '就业状态',
    ->    c14_summary varchar(255) comment '就业概述',
    ->    primary key ( c14_emp_id ),
    ->    constraint fk14_c11_employer_id foreign key(c11_employer_id) references  t11_employer(c11_employer_id),
    ->    constraint fk14_c13_employee_id foreign key(c13_employee_id) references t13_employee(c13_employee_id)
    -> ) comment='就业信息表';
Query OK, 0 rows affected (0.03 sec)
```

图2.2.19　创建数据表t14_employment

4)问题情境

【问题情境1】在创建数据表时，遇到错误"ERROR 1046 (3D000): No database selected"，可能是什么原因，该如何解决？

以上错误可能的原因是在执行CREATE TABLE命令之前，你没有使用USE命令选择一个特定的数据库。MySQL命令行默认是没有选定任何数据库的，因此在创建表时需要确保已经选择了要创建表的数据库。

【问题情境2】在创建数据表时，可能会因为字段定义错误(如数据类型不匹配、约束定义错误等)导致创建失败。

应当确保SQL语句中字段的数据类型、长度、约束等信息正确无误。MySQL会在创建表失败时返回错误信息，仔细阅读错误信息可以帮助定位问题所在；也可以将错误信息复制拷贝给大语言模型工具，分析错误原因。另外，使用MySQL Workbench或Navicat for MySQL等图形化工具来创建数据表，这些工具通常会有很好的提示和帮助功能，有助于避免语法错误。

【问题情境3】在创建数据表时,为数据表添加外键约束,因为主表不存在、字段名称不匹配等原因导致外键约束无法添加。

数据参照完整性约束要求参照表和被参照表的关联字段的数据类型必须一致,并且在设置外键约束之前,被参照表已经创建。在数据库设计阶段,应当确定好数据表之间参照关系涉及的字段及其数据类型;在数据库实施阶段,应当先创建被参照数据表,然后创建其他数据表。

【与AI聊一聊】

使用命令行创建数据表,和使用 MySQL Workbench 等图形化工具创建数据表,两种方式有什么差异,分别适用于什么样的场景?

2.2.5 学习评价

序号	评价内容	评价标准	评价结果（是/否）
1	数据库查看	能够准确使用SHOW DATABASES、SELECT DATABASE（）等命令查看数据库相关信息	
2	数据库操作规范性	能够正确使用CREATE DATABASE、ALTER DATABASE语句创建或修改数据库,包括正确设置字符集和排序规则	
3	数据表操作规范性	能够熟练运用CREATE TABLE、ALTER TABLE 和 DROP TABLE 等语句创建、修改和删除数据表	
4	数据完整性约束合理性	能够根据业务需求合理设置实体、参照和域完整性约束,保证数据的一致性和准确性	
5	数据库删除	能够安全地删除数据库和数据表,并了解删除操作的风险	

拓展阅读

数据完整性约束与数据库性能之间确实存在一定的矛盾。数据完整性约束是确保数据库中数据准确性和一致性的关键机制,通过限制数据的插入、更新和删除操作来防止数据不一致和错误,但同时也可能对数据库性能产生影响。

数据完整性约束,尤其是外键约束,可能会增加数据库操作的复杂性,导致性能下降。例如,在执行插入或更新操作时,数据库系统需要检查外键约束,这会增加额外的处理时间。此外,复杂的查询可能需要更多的表连接操作,这也可能影响查询性能。

为了提高性能,可对涉及数据完整性约束的列创建索引,以加快查询速度。然而,索引虽然可以提高查询效率,但每次数据变更时都需要更新索引,会增加写入操作的负担。

在实际应用中,需要在数据完整性和性能之间做出权衡。例如,对于高并发、大数据量的系统，可能更倾向于选择性能优先的主键类型，如自增主键，以提高插入速度；而对于对数据准确性和一致性要求较高的系统，则可能选择UUID或业务主键来确保数据完整性。

为了平衡数据完整性和性能，可采取以下措施：合理设计索引，避免过度使用组合主键；使用触发器来维护数据一致性；定期检查和清理不必要的冗余数据，以避免存储空间的浪费和性能下降；根据业务需求评估主键类型，测试性能表现，并考虑未来扩展。

2.2.6　课后作业

1.为物流公司的物流信息系统创建数据库logistics_system，字符集为utf8，排序规则为utf8_general_ci。

2.选择使用数据库logistics_system。

3.参照如下的数据表字典，创建数据表shipments用于存储货物信息，vehicles用于管理运输车辆信息。

表 shipments

列名	数据类型	键	描述
shipment_id	INT	主键,自增	货物ID(自增主键)
customer_id	INT		客户ID
origin_location	VARCHAR(255)		起始地点
destination_location	VARCHAR(255)		目的地点
vehicle_id	INT		车辆ID
status	ENUM('打包', '在途', '送达')	NOT NULL	货物状态
description	VARCHAR(255)		货物描述
created_at	DATETIME	NOT NULL DEFAULT CURRENT_TIMESTAMP	创建时间(默认当前时间)
updated_at	DATETIME	NOT NULL DEFAULT CURRENT_TIMESTAMP ON UPDATE CURRENT_TIMESTAMP	更新时间(自动更新)

表 vehicles

列名	数据类型	键	描述
vehicle_id	INT	主键,自增	车辆ID(自增主键)
vehicle_type	VARCHAR(50)	NOT NULL	车辆类型
license_plate	VARCHAR(20)	NOT NULL	车牌号
capacity	INT	NOT NULL	载重量

续表

列名	数据类型	键	描述
status	ENUM('空闲可用','在用','维护')	NOT NULL	车辆状态
created_at	DATETIME	NOT NULL DEFAULT CURRENT_TIMESTAMP	创建时间（默认当前时间）
updated_at	DATETIME	NOT NULL DEFAULT CURRENT_TIMESTAMP ON UPDATE CURRENT_TIMESTAMP	更新时间（自动更新）

4.查看数据表shipments的创建脚本。

5.给数据表shipments的vehicle_id设置外键约束，参照vehicles表的vehicle_id。

6.给数据表vehicles的车牌号字段license_plate设置唯一键约束。

模块3

数据迁移与整理

工作手册3.1 向MySQL8装载数据

3.1.1 核心概念

数据迁移是将数据从一个系统或数据库迁移到另一个系统或数据库的过程。在信息系统升级或更换时,需要将旧系统中的数据完整地迁移到新系统中,以确保业务的连续性和数据的完整性。在企业并购或部门整合过程中,可能需要将多个数据库中的数据合并到一个统一的数据库中,以便进行集中管理和分析。例如,银行系统从旧的主机系统迁移到新的分布式系统时,就需要进行大规模的数据迁移。

数据生产是信息系统运行过程中通过用户交互或系统操作产生新数据的过程。随着业务的进行,会产生大量的过程数据,这些数据需要及时地写入数据库,以支持后续的业务处理和数据分析。系统的操作日志、监控信息等数据对于系统的运维管理、性能优化以及安全审计都至关重要,也是数据生产的重要组成部分。例如,电商平台上的订单信息、物流信息等都是实时产生的数据。

数据恢复是指在发生故障或数据损坏时,将数据恢复到可用状态的过程。在自然灾害、硬件故障或其他不可预见的情况下,数据库可能会遭受损坏,可以利用备份数据进行数据恢复,以减少数据丢失和服务中断的时间。在软件更新或数据变更后发现错误时,可能需要将数据库回退到之前的状态,以修复问题并保证数据的一致性。

3.1.2 学习目标

①能够查询和设置外键数据完整性检查、唯一键检查和索引检查。
②使用INSERT和REPLACE语句向数据表写入单条、多条数据记录。
③能够使用INSERT语句和子查询向数据表写入数据。
④能够使用mysql命令和source命令执行SQL脚本向数据库中写入数据。

3.1.3 基础知识

创建好数据库和数据表之后,需要将数据存储到数据库表,才能进一步使用数据库管理系统的数据处理功能。

1)临时禁用数据完整性约束检查

向数据库中写入新数据记录时,插入的数据记录必须满足表中定义的数据完整性约束条件:

• 主键值不能重复也不能为空值;

- 有外键关联的数据表,要先插入被参照表的记录,再插入参照表的相关记录,参照表外键的取值必须参考被参照表主键取值,当外键不是主属性时可以取空值;
- 有唯一约束的列的取值不能重复;
- 有非空约束的列的取值不能为空值。

如果 MySQL 数据表中创建的索引比较多,当需要对表进行插入记录的操作时,就会不断地刷新索引,自动排序数据。对于数据迁移、批量数据导入、备份或恢复等需要进行大量数据操作的情况,数据表上的外键约束、唯一性校验、索引都会影响到插入记录的速度或导致错误。

在确保数据有效性、完整性、一致性的情况下,向数据库装载数据之前,可以通过临时禁用数据完整性约束检查的办法,提高数据装载速度。在数据批量装载完成后,再启用数据完整性约束检查。

（1）禁用外键约束检查

在会话中,通过修改全局变量 FOREIGN_KEY_CHECKS 的值,可以禁用或启用外键约束检查。

- 查看外键检查变量的值

```
SHOW VARIABLES LIKE 'FOREIGN_KEY_CHECKS';
```

- 禁用外键检查

```
SET FOREIGN_KEY_CHECKS = OFF;
```

- 启用外键检查

```
SET FOREIGN_KEY_CHECKS = ON;
```

（2）禁用唯一性检查

在会话中,通过修改全局变量 UNIQUE_CHECKS 的值,可以禁用或启用唯一性检查。

- 查看唯一性检查变量的值

```
SHOW VARIABLES LIKE 'UNIQUE_CHECKS';
```

- 禁用唯一性检查

```
SET UNIQUE_CHECKS = OFF;
```

- 启用唯一性检查

```
SET UNIQUE_CHECKS = ON;
```

（3）禁用索引

禁用索引,可以解决插入数据记录时因为排序过程会降低插入记录速度的问题。在数据库迁移过程中,可以先不创建索引,等到记录都导入以后再创建索引。系统运行过程中,也要定期维护索引,以便提高数据查询效率。

- 禁用数据表上的索引

```
ALTER TABLE 表名 DISABLE KEYS;
```

• 开启数据表上的索引

```
ALTER TABLE 表名 ENABLE KEYS;
```

2)使用INSERT/REPLACE语句将数据写入数据表

REPLACE 语句和 INSERT 语句的语法格式完全相同,其差异仅在于执行逻辑上。REPLACE语句在向数据表中插入数据时,会检查是否存在具有相同主键或唯一索引的数据记录。如果已存在,它会先删除旧数据记录,然后插入新数据记录;如果不存在,则直接插入新数据记录。

(1)使用 INSERT...VALUES 增加单条数据记录

```
INSERT [INTO] 表名 (列名1,列名2,…,列名n) VALUES(值1,值2,…,值n);
```

其中,[]表示其中的内容是可选的,在 INSERT 语句的语法中表示可以省略 INTO 关键字;一般建议保留 INTO 关键字,以明确表示数据流向。使用该语句时要注意如下原则:

• 列名列表与值列表的个数、顺序保持一致,且对应列和值的数据类型一致;

• 不进行赋值的列必须是可以为空的列、有默认值的列或自动增长列等;

• 字符型和日期型值插入时要用单引号括起来。

(2)使用 INSERT...SET 语句插入单条记录

```
INSERT [INTO] 表名
SET 列名1 = 值1,列名2 = 值2,..., 列名n = 值n;
```

SET 子句通过赋值的方式显示指定列名称以及对应的值。

(3)使用 INSERT...VALUES 增加多条数据记录

```
INSERT [INTO] 表名 (列名1,列名2,…,列名n)
VALUES(值11,值12,…,值1n),(值21,值22,…,值2n),...,(值m1,值m2,…,值mn);
```

语法格式与插入单条数据相同,只是在 VALUES 关键字后跟上了多条数据记录的值列表,这些数据记录之间使用逗号分隔。每个值的顺序、数据类型必须与对应的字段相匹配。

在实践中,为了提高数据插入效率,优先使用一次新增多条数据记录的做法;或者使用事务机制,禁止事务自动提交,而是批量提交 INSERT 语句的执行。

【AI提示】在进行多次 INSERT 语句时,为什么禁止的事务自动提交能够提高数据插入效率?

(4)INSERT语句中不指定字段名

```
INSERT INTO 表名 VALUES(值1,值2,…);
```

注意,由于 INSERT 语句中没有指定字段名,添加的值的顺序必须和字段在表中定义的顺序相同。

(5)使用 INSERT 语句将子查询结果插入数据表

利用子查询,可以把查询结果插入到表中,实现数据迁移。使用子查询新增数据记录的语法如下:

```
INSERT [INTO] 表名 [(列名1,列名2,…,列名n)]
SELECT  结果列1,结果列2,…,结果列n  FROM   数据原表;
```

注意,指定插入数据的列,要与子查询返回结果列的个数、顺序、数据类型一致。在实践中,一般明确给出列名,以便校对列的个数和顺序;另外,应当先执行子查询确认待插入的数据集合,然后执行整个INSERT语句。

3)使用SQL文件导入数据

有些情况,如数据库备份等会产生SQL文件,存储了创建数据表结构和插入数据记录的脚本。

(1)使用mysql命令执行SQL语句导入数据

mysql命令是操作系统级的命令,在Windows的命令提示符界面或者Linux的命令行终端内进行。其语法形式是:

```
mysql -u 用户名 -p [数据库名] < 文件名.sql
```

注意:

- 数据库名指定了要还原数据库的名称,如果不指定,则SQL文件将在当前数据库内执行。
- 文件名.sql是需要还原的SQL脚本文件,如果不在当前路径下,需要指定该文件的全路径。
- SQL脚本文件中可能没有创建数据库和数据表的语句,在执行脚本之前,应当确认数据库和相应数据表是否存在,若不存在应当要先创建。

(2)使用source命令执行SQL语句导入数据

source命令在MySQL命令行终端中运行,用来执行SQL脚本文件,其语法如下:

```
source 备份文件.sql
```

注意:备份文件.sql是需要执行的SQL脚本文件,如果不在当前路径下,要指定该文件的完整路径。该操作的本质是执行文件中的SQL语句,因此需要检查确认文件内的SQL语句是否具备必要的准备条件。

4)数据迁移工具

数据迁移工具是用于在不同数据库、数据仓库或云存储系统之间迁移数据的软件工具。它们可以帮助企业快速、安全地将数据迁移到新的系统或平台。比如Apache NiFi、Talend、Informatica等ETL(Extract, Transform, Load)工具,通过提取、转换和加载数据来帮助迁移;MySQL Workbench、Oracle Data Pump、Navicat Data Transfer等数据库迁移工具,专门用于将数据库从一个平台迁移到另一个平台;华为云的云数据迁移(Cloud Data Migration,简称CDM)、阿里云的数据传输服务(Data Transmission Service,简称DTS)等云数据迁移工具,帮助企业将数据迁移到云存储系统或云数据库。

3.1.4 能力训练

1)操作条件

①明确知道数据库的地址、端口、用户名和密码,数据库服务必须处于运行状态,成功连接到数据库。

②当前用户具有相应的操作权限。

③检查目标表是否存在,若存在则应备份目标表之后再进行数据迁移。可使用DESC命令了解表的结构,包括字段名称、数据类型等信息,以便正确地构建查询语句。

④根据需求编写正确的SQL语句。

⑤准备好备份的数据文件,文件格式规范且包含有效数据。文件应该存放在易于访问的位置,并且路径正确无误。文本数据文件的格式与目标表结构相匹配,包括字段分隔符、行分隔符等。

2)注意事项

①在执行insert语句之前,需要选择数据库实例,并确保数据表对象存在。

②在使用数据源文件批量导入数据之前,要检查文件中涉及的数据库实例和数据表是否存在,数据记录的格式与数据表结构是否一致。

③在批量更新之前,做好数据备份以确保数据安全。

④如果有从旧系统迁移数据的需求,确保有详细的迁移计划和测试流程;迁移过程中要确保数据的完整性和一致性,避免数据丢失或损坏。

⑤在使用子查询迁移数据时,确认子查询的条件正确无误,能够返回期望的结果集;确认目标表结构与子查询返回的结果集相匹配;如果子查询复杂或返回大量数据,考虑优化查询性能,以减少插入操作的时间开销。

⑥数据迁移之前,在确保迁移数据规范的前提下,可考虑临时禁用外键约束检查,待数据全部导入之后再启用外键约束检查。

3)工作过程

【工作任务1】禁用当前会话的外键检查。

操作代码如图3.1.1所示。

```
mysql> select  @@foreign_key_checks;
+----------------------+
| @@foreign_key_checks |
+----------------------+
|                    1 |
+----------------------+
1 row in set (0.00 sec)

mysql> set foreign_key_checks = 0;
Query OK, 0 rows affected (0.00 sec)

mysql> select  @@foreign_key_checks;
+----------------------+
| @@foreign_key_checks |
+----------------------+
|                    0 |
+----------------------+
1 row in set (0.00 sec)
```

图3.1.1　禁用外键约束检查

【工作任务2】增加单条数据记录。

将学生赵刚敏的信息插入到t05_student表中,她的学号2024330301,班级号202401503,性别女。

操作代码如图3.1.2所示。

```
mysql> insert into t05_student(c05_student_code, c05_student_name, c04_class_code, c05_gender)
    -> values('2024330301', '赵刚敏', '202401503', '女');
ERROR 1452 (23000): Cannot add or update a child row: a foreign key constraint fails (`collegedb`.`t05_student`, CONSTRA
INT `fk05_c04_class_code` FOREIGN KEY (`c04_class_code`) REFERENCES `t04_class` (`c04_class_code`))
mysql>
```

图3.1.2　执行insert语句时遇到外键约束检查报错

【提示】由于设置了外键约束，在插入或更新数据时可能报出外键约束检查错误"1452 - Cannot add or update a child row: a foreign key constraint fails..."。数据之间存在复杂的联系，在数据初始化过程中，可先搁置外键约束，待完成数据初始化之后，再启用外键约束。

通过设置会话变量FOREIGN_KEY_CHECKS值，可以管理外键约束检查。如图3.1.3所示，"set foreign_key_checks = 0;"表示禁用外键约束检查，"set foreign_key_checks = 1;"表示启用外键约束检查。

```
mysql> set foreign_key_checks = 0;
Query OK, 0 rows affected (0.00 sec)

mysql> insert into t05_student(c05_student_code, c05_student_name, c04_class_code, c05_gender)
    -> values('2024330301', '赵刚敏', '202401503', '女');
Query OK, 1 row affected (0.01 sec)

mysql> set foreign_key_checks = 1;
Query OK, 0 rows affected (0.00 sec)
```

图3.1.3　禁用外键约束检查，将单条数据记录写入数据表

【工作任务3】增加多条数据记录。

信息工程学院有四位新教师入职，他们的信息分别如下：

赵菁，工号20240001，女，出生于1994年8月10日，学士学历；

李勇力，工号20240002，男，出生于1993年2月24日，硕士研究生学历；

张三丰，工号20240003，男，出生于1992年6月12日，博士研究生学历；

张权衡，工号20240004，男，出生于1995年1月4日，硕士研究生学历。

已知信息工程学院的编号是1，编写SQL语句将思维新教师数据写入t02_teacher表。

操作代码如图3.1.4所示。

```
mysql> insert into t02_teacher(c01_college_code, c02_teacher_code, c02_teacher_name, c02_gender, c02_birthday, c02_degree)
    -> values(1, '20240001', '赵菁', '女', '1994-08-10', '学士'),
    -> (1, '20240002', '李勇力', '男', '1993-02-24', '硕士'),
    -> (1, '20240003', '张三丰', '男', '1992-06-12', '博士'),
    -> (1, '20240004', '张权衡', '男', '1995-01-04', '硕士');
Query OK, 4 rows affected (0.01 sec)
Records: 4  Duplicates: 0  Warnings: 0
```

图3.1.4　将多条数据记录写入数据表

【工作任务4】语句将子查询结果插入数据表。

原有系统数据库bysdb中的院系表t_yxb字段为id、ldgh、mc、bz，分别对应编号、领导工号、名称和备注，现在需要将原表中的数据写入到新表t01_college（c01_college_code，c01_leader_code，c01_college_name，c01_remark）中，对应字段的顺序和数据类型均一致。

操作代码如图3.1.5所示。

```
mysql> insert into t01_college(c01_college_code, c01_leader_code, c01_college_name, c01_remark)
    -> select id, ldgh, mc, bz from bysdb.t_yxb;
Query OK, 10 rows affected (0.01 sec)
Records: 10  Duplicates: 0  Warnings: 0
```

图3.1.5　将子查询结果写入数据表

可使用“select * from t01_college;”查询数据表中的所有数据记录，如图3.1.6所示。

```
mysql> select * from t01_college;
+-----------------+----------------+------------------+----------------------+
| c01_college_code | c01_leader_code | c01_college_name | c01_remark          |
+-----------------+----------------+------------------+----------------------+
|               1 | 1001           | 信息技术学院       | 专注于IT技术教育       |
|               2 | 1002           | 机械工程学院       | 提供机械设计与制造课程  |
|               3 | 1003           | 经济管理学院       | 经济学与管理学课程     |
|               4 | 1004           | 艺术设计学院       | 包括视觉艺术与设计     |
|               5 | 1005           | 建筑工程学院       | 建筑设计与施工管理     |
|               6 | 1006           | 旅游与酒店管理学院  | 旅游与酒店管理专业     |
|               7 | 1007           | 电子电气工程学院    | 电子电气工程技术       |
|               8 | 1008           | 国际商务学院       | 国际贸易与商务英语     |
|               9 | 1009           | 汽车工程学院       | 汽车维修与制造        |
|              10 | 1010           | 生物医药工程学院    | 生物医药技术与研发     |
+-----------------+----------------+------------------+----------------------+
10 rows in set (0.00 sec)
```

图3.1.6　使用select语句查询数据表确认数据情况

```
insert into t01_college select * from bysdb.t_yxb;
```

可以不显示说明数据字段，但是最佳实践认为，显示说明数据字段，增加了语句的可读性，方便检查数据写入的字段个数、顺序等信息。

【工作任务5】执行SQL语句导入数据。

执行collegedb.sql文件，初始collagedb数据库。

使用mysql命令，可以指定数据库实例，登录MySQL数据库服务执行文件中的SQL语句。查看文件collegedb.sql可以看到，文件中包括创建数据库表和向数据表插入数据记录的SQL语句，但是不包括数据实例的创建语句。因此，要先在MySQL中创建一个数据库实例用于存储SQL文件中语句创建的数据表和数据，操作代码如图3.1.7所示。

注意，SQL文件在创建数据表之前，先删除已有的数据表（删除语句为“DROP TABLE IF EXISTS 't01_college';”），如果现有数据库中存在相同的数据表且有数据记录，那么在执行导入之前，务必备份好原有数据。

```
mysql> create database collegedb default character set utf8mb4 default collate utf8mb4_bin;
Query OK, 1 row affected (0.01 sec)
```

图3.1.7　创建数据库实例

执行SQL脚本文件，创建数据表并导入数据，如图3.1.8所示。

```
命令提示符

Microsoft Windows [版本 10.0.22631.4317]
(c) Microsoft Corporation。保留所有权利。

C:\Users\JohnP>mysql -u root -p collegedb < d:\backup\collegedb.sql
Enter password: *********

C:\Users\JohnP>
```

图3.1.8　执行SQL脚本文件，创建数据表并导入数据

执行导入之后，使用show tables命令可以查看数据库实例中存放的数据表情况，如图3.1.9所示。

图3.1.9 使用show tables语句查看当前数据库存放的数据表情况

【工作任务6】启动MySQL命令行客户端,使用use命令切换到collagedb数据库,使用source命令运行SQL脚本文件。

操作代码如图3.1.10所示。

图3.1.10 使用source语句执行SQL脚本文件

在MySQL命令行客户端执行SQL文件时,会展示文件中语句的执行结果。

4)问题情境

【问题情境1】数据库管理员小李在插入数据时,为了绕过外键约束检查而禁用了外键检查,但在完成数据插入后忘记重新启用外键检查。这可能导致什么问题,如何避免?

外键约束是确保数据库中引用完整性的重要机制。如果在外键检查被禁用的情况下插入了数据,可能会导致父表中不存在相应的记录,从而破坏了数据的引用完整性。一旦外键检查被禁用,后续的数据操作(如更新或删除)可能会因为数据不一致而导致错误;如果数据不符合原有的业务逻辑或规则,会增加数据库维护的难度。

为了避免此类问题发生,在完成必要的数据插入操作后应立即执行"SET foreign_key_checks = 1;"以重新启用外键检查。另外,提供清晰的操作指南文档可以帮助减少人为错误。

【问题情境2】在插入数据时,插入失败,并报出"Cannot add or update a child row: a foreign key constraint fails"的错误。可能是什么原因,如何解决?

这个错误提示的原因是,插入操作违反了外键约束。具体来说,可能有两种原因:①试图插入的子表记录中的外键值,在对应的父表中找不到匹配的主键值;②子表中外键字段的数据类型与父表中相应主键字段的数据类型不匹配,即使值看起来相同,但如果数据类型不同,也会导致外键约束失败。

在进行外键约束相关的数据操作时,应当确保子表中外键字段的数据类型与父表中主键字段的数据类型完全一致;确认父表中是否存在与子表中外键相匹配的记录,如果不存在,则需要先插入父记录,然后再尝试插入子记录;在设计数据库操作流程时,确保先创建或更新父记录,再创建或更新子记录,以避免违反外键约束。

【与AI聊一聊】

信息系统上线运行的过程是怎样的,数据库管理员需要为系统上线做哪些准备?

3.1.5 学习评价

序号	评价内容	评价标准	评价结果(是/否)
1	SQL语句的正确性	能够使用insert和replace语句向数据表写入新数据	
2	外键约束管理	能够正确地管理和切换外键检查的状态(禁用和启用),并在适当的时候使用这个功能来解决数据插入过程中的问题	
3	批量数据处理能力	能够有效地使用多行插入语句或子查询结果来批量处理数据,以及这些操作是否提高了数据处理的效率	
4	数据备份意识	能够在执行可能影响数据完整性的操作前(如导入SQL脚本前),考虑到了数据备份的问题,以防止数据丢失	
5	命令行工具的使用	能够使用source命令执行SQL脚本文件	
6	异常处理与调试能力	能够在遇到错误或警告时,分析问题原因,并采取适当的措施解决问题,比如调整MySQL配置允许本地文件加载	

拓展阅读

数据库使用规范_云数据库 RDS_华为云

数据库不建议修改会话级参数 foreign_key_checks。

在创建外键的时候,如果设置为 ON,则会检查外键的规范性,例如外键不能reference同一张表中的键等。

不建议修改的原因,一方面是 foreign_key_checks 值为 ON 时,如果SQL语句无法通过该参数检查的外键，本身就是不规范的使用方法，建议优化SQL，规范数据库使用；另一方面，如果该参数线程级设置为了OFF，一些不规范的外键在主机被创建出来，但由于备机仍为ON，这些外键创建的DDL语句会在备机复制时执行不通过，导致复制异常。

单机实例也建议遵循foreign_key_checks为ON的外键规范性检查。

3.1.6　课后作业

1.有一个包含多个新教师的信息列表，需要将这些信息批量插入到CollegeDB数据库的t02_teacher表中。请编写SQL语句，将以下教师信息插入到t02_teacher表中。

工号	姓名	性别	出生日期	学历	所属院系编号
20240005	王小明	男	1994-03-15	硕士	1
20240006	李小红	女	1995-07-20	博士	1
20240007	张小华	男	1993-11-30	硕士	1

2.有一个旧系统数据库old_db，其中有一个院系表t_yxb，字段为id、ldgh、mc、bz，分别对应编号、领导工号、名称和备注。现在需要将这些数据写入到新表t01_college中，对应字段的顺序和数据类型均一致。请编写SQL语句，将old_db中的数据插入到CollegeDB的t01_college表中。

工作手册3.2　整理数据表中的数据记录

3.2.1　核心概念

数据记录整理,是在关系型数据库中通过SQL语句对数据表中的记录进行更新、删除等操作,以保持数据的准确性和一致性,满足业务需求的变化。常见的操作包括更新指定字段的数据、使用子查询进行数据记录更新、删除符合条件的数据记录以及清空数据表中的所有记录。

3.2.2　学习目标

①能够根据要求使用UPDATE语句修改指定字段数据,理解WHERE子句的重要性。
②能够使用UPDATE语句结合子查询更新数据记录。
③能够使用DELETE语句删除符合条件的数据记录。
④能够使用TRUNCATE语句清空数据表,清楚TRUNCATE和DELETE的差异。
⑤了解全局变量sql_safe_updates对UPDATE和DELETE语句的影响。

3.2.3　基础知识

在日常任务处理中,需要修改数据记录。比如,补充录入用户的信息、修改员工的工资信息、填报选课的考试成绩等,就需要修改用户表、工资表和选课表中的相应记录字段的值。

当数据存入数据表之后,仍然可能存在不符合数据标准的数据记录,也需要对应修改。比如,数据库中存储了以千克为单位的货物数据,新的数据标准要求以吨为单位,那么为了统一数据的单位,就要更新获取数据。

1)修改指定字段的数据

```
UPDATE    表名
SET 列名 1 = 值 1 [, 列名 2 = 值 2,…]
[WHERE 更新条件];
```

UPDATE语句通过"表名"指定操作对象;SET关键字后跟上要设置的字段和值,可一次设置多个字段,每个字段之间用半角逗号分隔;WHERE条件是可选的,设置必要的查询条件以确保更新不超出目的范围。如果不指定WHERE条件,UPDATE语句将更新目标表的所有记录的目标字段。

在实践中,一般不会使用不带WHERE条件的更新语句。在MySQL中,全局变量

sql_safe_updates用于控制UPDATE和DELETE语句的安全性。当sql_safe_updates被设置为ON时,任何没有明确指定WHERE子句的UPDATE或DELETE语句都会被拒绝执行,以防止意外地更新或删除整个表的数据。建议始终开启sql_safe_updates,除非有特殊需求。

2)带子查询的修改语句

将子查询的结果更新到数据表中,语法格式如下所示:

```
UPDATE 表名 SET 列名 = (SELECT 表达式 FROM 子查询表[WHERE 条件])[WHERE 条件];
```

在这个语句中,SET子句使用"(SELECT 表达式 FROM 子查询表[WHERE 条件])"查询的结果更新列的值,该查询的结果必须是原始数据类型的单个值,而不能是结果集。

注意,MySQL不允许在一个UPDATE语句的FROM子句中指定要更新的目标表,这可能导致循环依赖和数据不一致。使用子查询可能会导致性能下降,尤其是在处理大量数据时。如果可能,尽量优化子查询或者使用联接查询等方法来提高查询性能。

3)删除符合条件的数据记录

删除部分数据是指根据指定条件删除表中的某一条或者某几条记录,需要使用WHERE子句来指定删除记录的条件。其语法格式如下所示:

```
DELETE FROM 表名  WHERE 条件表达式;
```

"表名"指定要执行删除操作的表,"WHERE 条件表达式"用于指定删除的条件,满足条件的记录会被删除。如果需要删除有参照关系的多个数据表,那么需要先删除参照表(子表)中的数据记录,再删除被参照表(父表)中的数据记录。

4)删除所有数据记录

(1)DELETE删除全部数据

如果没有WHERE条件,DELETE语句会删除表中的所有记录。

```
DELETE FROM 表名;
```

(2)TRUNCATE截断数据表

TRUNCATE语句用于清空一个表中的所有数据,但保留表的结构。与DELETE语句相比,TRUNCATE语句具有更高的效率,并且不记录事务日志,因此在清空大量数据时更加快速。

```
TRUNCATE [TABLE] 表名;
```

TRUNCATE语句和DELETE语句的区别如下:

- TRUNCATE语句没有WHERE子句,只能用于删除表中的所有记录,而DELETE语句的后面可以跟WHERE子句,通过指定WHERE子句中的条件表达式只删除满足条件的部分记录。
- TRUNCATE 语句会重置自增 ID,TRUNCATE 数据表后,数据表的自增字段(如AUTO_INCREMENT)被重置为初始值;使用DELETE语句删除表中所有记录后,自动增加字段的值为删除时该字段的最大值加1。

- TRUNCATE语句不记录事务日志,因此在执行时速度更快,清空的数据不能通过回滚操作恢复;DELETE清空的数据可通过事务回滚恢复。

在实践中,TRUNCATE语句通常用于开发和测试环境中的数据清理。在生产环境中应当谨慎地使用TRUNCATE语句,如果需要定期清理数据,应当考虑使用DELETE语句加上适当的WHERE子句来精确控制删除数据。

3.2.4 能力训练

1)操作条件

①数据库服务正常运行,能够通过命令行工具连接到MySQL数据服务。
②已经创建数据库和数据表,数据表中已经有数据记录。
③如果表之间存在外键关系,需要考虑级联删除的影响。
④执行TRUNCATE语句需要具有对表的DROP权限。

2)注意事项

①在执行数据修改或删除之前,先备份数据,以防万一出现错误。
②开启MySQL的sql_safe_updates变量,以防止在没有WHERE条件的情况下执行更新或删除操作。
③在执行UPDATE和DELETE语句前,使用SELECT语句测试WHERE子句,确保只选择了需要更新的行。
④谨慎使用TRUNCATE语句,除非确实需要彻底清除表中的数据。
⑤确保用户拥有足够的权限来执行UPDATE、DELETE、TRUNCATE等操作。
⑥如果更新涉及多个表之间的关联,要小心避免循环引用。
⑦如果表之间存在外键关系,删除操作可能需要级联删除或解除关联。

3)工作过程

【工作任务1】将课程编号为"B310301340050"的"Python程序设计"课程学分改为4学分。

结果如图3.2.1所示。

图3.2.1　更新课程学分

【工作任务2】将学生表 t05_student 中，学号为 2023310108 学生性别改为"女"。

结果如图 3.2.2 所示。

```
mysql> select c05_student_code, c05_student_name, c05_gender from t05_student where c05_student_code = '2023310108';
+------------------+------------------+------------+
| c05_student_code | c05_student_name | c05_gender |
+------------------+------------------+------------+
| 2023310108       | 黄丽华           | 男         |
+------------------+------------------+------------+
1 row in set (0.00 sec)

mysql> update t05_student set c05_gender = '女' where c05_student_code = '2023310108';
Query OK, 1 row affected (0.00 sec)
Rows matched: 1  Changed: 1  Warnings: 0

mysql> select c05_student_code, c05_student_name, c05_gender from t05_student where c05_student_code = '2023310108';
+------------------+------------------+------------+
| c05_student_code | c05_student_name | c05_gender |
+------------------+------------------+------------+
| 2023310108       | 黄丽华           | 女         |
+------------------+------------------+------------+
1 row in set (0.00 sec)
```

图 3.2.2　更新学生性别

【工作任务3】将"2024级智能互联网络技术3班"的负责老师改为高维老师，高老师的工号为 20200030。

结果如图 3.2.3 所示。

```
mysql> select * from t04_class where c04_class_name = '2024级智能互联网络技术3班';
+----------------+-------------------------------+----------------+-----------------+------------------+------------------+------------+
| c04_class_code | c04_class_name                | c04_enrol_date | c01_college_code | c02_teacher_code | c04_graduate_date | c04_remark |
+----------------+-------------------------------+----------------+-----------------+------------------+------------------+------------+
| 202401503      | 2024级智能互联网络技术3班     | 2024-09-01     | 1               | 20110084         | 2027-06-30       | NULL       |
+----------------+-------------------------------+----------------+-----------------+------------------+------------------+------------+
1 row in set (0.00 sec)

mysql> update t04_class set c02_teacher_code = '20200030' where c04_class_name = '2024级智能互联网络技术3班';
Query OK, 1 row affected (0.01 sec)
Rows matched: 1  Changed: 1  Warnings: 0

mysql> select * from t04_class where c04_class_name = '2024级智能互联网络技术3班';
+----------------+-------------------------------+----------------+-----------------+------------------+------------------+------------+
| c04_class_code | c04_class_name                | c04_enrol_date | c01_college_code | c02_teacher_code | c04_graduate_date | c04_remark |
+----------------+-------------------------------+----------------+-----------------+------------------+------------------+------------+
| 202401503      | 2024级智能互联网络技术3班     | 2024-09-01     | 1               | 20200030         | 2027-06-30       | NULL       |
+----------------+-------------------------------+----------------+-----------------+------------------+------------------+------------+
1 row in set (0.00 sec)
```

图 3.2.3　更新负责老师

【工作任务4】更新 t04_class 表，将信息工程学院所有 2024-09-01 入学学生的班级的毕业日期设置为 2027-07-01。

结果如图 3.2.4 所示。

```
mysql> select * from t04_class where c04_enrol_date = '2024-09-01'
    -> and c01_college_code IN (SELECT c01_college_code FROM t01_college WHERE c01_college_name = '信息工程学院');
+----------------+---------------------------+----------------+-----------------+------------------+------------------+------------+
| c04_class_code | c04_class_name            | c04_enrol_date | c01_college_code | c02_teacher_code | c04_graduate_date | c04_remark |
+----------------+---------------------------+----------------+-----------------+------------------+------------------+------------+
| 202401001      | 2024级云计算技术应用1班   | 2024-09-01     | 1               | 20200030         | 2027-06-30       | NULL       |
| 202401002      | 2024级云计算技术应用2班   | 2024-09-01     | 1               | 20200030         | 2027-06-30       | NULL       |
| 202401003      | 2024级云计算技术应用3班   | 2024-09-01     | 1               | 20200030         | 2027-06-30       | NULL       |
| 202401101      | 2024级大数据技术1班       | 2024-09-01     | 1               | 20200030         | 2027-06-30       | NULL       |
| 202401102      | 2024级大数据技术2班       | 2024-09-01     | 1               | 20200030         | 2027-06-30       | NULL       |
| 202401103      | 2024级大数据技术3班       | 2024-09-01     | 1               | 20200030         | 2027-06-30       | NULL       |
| 202401201      | 2024级物联网应用技术1班   | 2024-09-01     | 1               | 20200030         | 2027-06-30       | NULL       |
| 202401202      | 2024级物联网应用技术2班   | 2024-09-01     | 1               | 20200030         | 2027-06-30       | NULL       |
| 202401301      | 2024级计算机应用技术1班   | 2024-09-01     | 1               | 20200030         | 2027-06-30       | NULL       |
| 202401302      | 2024级计算机应用技术2班   | 2024-09-01     | 1               | 20200030         | 2027-06-30       | NULL       |
| 202401401      | 2024级计算机网络技术1班   | 2024-09-01     | 1               | 20200030         | 2027-06-30       | NULL       |
| 202401402      | 2024级计算机网络技术2班   | 2024-09-01     | 1               | 20200030         | 2027-06-30       | NULL       |
| 202401501      | 2024级智能互联网络技术1班 | 2024-09-01     | 1               | 20200030         | 2027-06-30       | NULL       |
| 202401502      | 2024级智能互联网络技术2班 | 2024-09-01     | 1               | 20200030         | 2027-06-30       | NULL       |
| 202401503      | 2024级智能互联网络技术3班 | 2024-09-01     | 1               | 20200030         | 2027-06-30       | NULL       |
+----------------+---------------------------+----------------+-----------------+------------------+------------------+------------+
15 rows in set (0.01 sec)

mysql> update t04_class set c04_graduate_date = '2027-07-01'
    -> where c04_enrol_date = '2024-09-01'
    -> and c01_college_code IN (SELECT c01_college_code FROM t01_college WHERE c01_college_name = '信息工程学院');
Query OK, 15 rows affected (0.01 sec)
Rows matched: 15  Changed: 15  Warnings: 0
```

图 3.2.4　更新毕业日期

【工作任务5】删除 t06_score 表中有成绩登记时间但没有成绩的所有记录。

先查询确认 WHERE 子句筛选的数据记录是否是需要删除的数据记录，然后以同样的

WHERE子句执行DELETE语句,如图3.2.5所示。

图3.2.5　删除有成绩登记时间但没有成绩的所有记录

【工作任务6】删除t06_score表中的所有记录。注意,先备份数据。

```
truncate table t06_score;
```

4)问题情境

【问题情境1】程序员小李在执行某些操作时,发现没有足够的权限更新或删除表中的记录。他该怎么办?

MySQL有严格的权限管理机制,以确保当前用户具有执行所需操作的权限。如果权限不足,小李可以联系数据库管理员授予相应的权限。具体参考"工作手册6.1 MySQL用户和权限管理"。

【问题情境2】程序员小李在迁移数据库过程中,对目标数据库中所有的数据表执行了TRUNCATE操作。事后发现无法找回其中误操作删除的组织结构数据表记录。他该怎么办?如何避免此类情况发生。

TRUNCATE操作会删除表中的所有记录,并且无法回滚。在执行TRUNCATE操作之前,务必备份表中的数据,保留备份一定时间后再删除备份数据。如果只是删除符合特定条件的记录,建议使用DELETE语句而不是TRUNCATE语句。

使用专业的数据恢复工具,如 MySQL Data Recovery Tool、Stellar Phoenix MySQL Database Repair 等,有时可以恢复被TRUNCATE语句删除的数据。但使用这些工具时要小心,确保它们不会进一步损坏数据。

【与AI聊一聊】

在业务数据入库之前,为了确保数据符合已有数据库表结构,一般需要进行哪些数据预处理工作?

3.2.5　学习评价

序号	评价内容	评价标准	评价结果（是/否）
1	SQL语句的正确性	能够根据要求,使用UPDATE语句更新符合特定条件的指定字段的值,确保数据的正确性和完整性	
2	子查询的使用	能够使用UPDATE语句结合子查询更新数据记录,确保子查询结果的正确性和更新操作的准确性	

序号	评价内容	评价标准	评价结果（是/否）
3	删除操作的准确性	能够使用DELETE语句删除符合条件的数据记录,确保删除操作的准确性和数据的完整性	
4	TRUNCATE语句的使用	能够使用TRUNCATE语句清空数据表,理解TRUNCATE和DELETE语句在删除数据上的差异,并在适当情况下选择合适的操作	
5	数据备份意识	在执行数据修改或删除操作前,考虑到数据备份的问题,以防止数据丢失	
6	异常处理与调试能力	能够在遇到错误或警告(如UPDATE或DELETE语句报错)时,分析问题原因,并采取适当的措施解决问题	

▶ **拓展阅读**

"删库跑路"代价惨痛

2020年10月,罗某入职某科技公司,担任平台数据编写与维护工作。两年后,罗某离职,却因对离职待遇心生不满,采取了极端报复手段——利用在职期间掌握的公司云服务器账号和密码,擅自删除了存储于云服务器后台的关键数据。这一行为导致公司不得不向合作方支付12万元经济损失赔偿,并立即报警处理。2022年6月,罗某被警方抓获,检察机关以破坏计算机信息系统罪对其提起公诉。

法院审理认为,罗某违反国家相关规定,对计算机信息系统存储数据进行删除,造成了严重后果,其行为构成破坏计算机信息系统罪。鉴于罗某家属已代为赔偿公司损失12万元并获得谅解,法院酌情对其从轻处罚,最终判处有期徒刑一年四个月。

《中华人民共和国刑法》第二百八十六条规定,违反国家规定,对计算机信息系统功能进行删除、修改、增加、干扰,造成计算机信息系统不能正常运行,后果严重的,处五年以下有期徒刑或者拘役;后果特别严重的,处五年以上有期徒刑。违反国家规定,对计算机信息系统中存储、处理或传输的数据和应用程序进行删除、修改、增加操作,后果严重的,依照前款的规定处罚。本案中,罗某的行为正属于对系统数据的非法删除,且造成了公司重大经济损失,因此构成破坏计算机信息系统罪。

3.2.6　课后作业

1.将CollegeDB数据库中t03_course表中课程编号为B310301340050的课程学分从3学分改为4学分。

2.将CollegeDB数据库中t05_student表中所有属于信息工程学院的学生的学号前缀从2023改为2024。

3.删除CollegeDB数据库中t06_score表中所有成绩为空且成绩登记时间不为空的记录。

模块 4

数据查询与使用

工作手册4.1　从数据表中查询和展示数据

4.1.1　核心概念

数据查询是数据库使用频率最高的操作。用户通过查询从数据库中获取需要的数据，以便获取有价值的信息。查询操作用于从数据表中筛选出符合需求的数据，查询得到的结果集也是关系模式，按照表的形式组织并显示。查询的结果集通常不被存储，每次查询都会从数据表中提取数据，并可进行计算、分析和统计等操作。

SQL，也就是"Structured Query Language"（结构化查询语言），是用于从关系型数据库中检索数据的程序语言。使用SELECT语句，可从一个或多个表中选择特定的字段和记录，并对结果进行排序、限制和过滤，以满足特定的查询需求。

4.1.2　学习目标

①能够使用SELECT语句查询所有字段、查询指定字段、设置字段别名。

②能够使用DISTINCT关键字去掉重复记录。

③能够使用LIMIT关键字限制查询结果的记录数量。

④能够使用ORDER BY关键字对查询结果进行排序。

⑤能够编写WHERE子句，使用BETWEEN...AND...、IN、LIKE查询符合特定要求的数据。

4.1.3　基础知识

1)SELECT语句的基本形式

MySQL使用SELECT语句实现数据查询，SELECT语句的基本语法格式如下：

```
SELECT [ALL | DISTINCT ]*| 列表达式
    FROM  表名
    [WHERE  条件表达式]
    [GROUP BY 列名 [ASC |DESC] [HAVING 条件表达式1]
    [ORDER BY 列名 [ASC | DESC],...]
    [LIMIT [偏移起始行] 限制记录数];
```

• SELECT子句:解决查什么数据的问题,表示从表中查询指定的列,当使用"*"时,显示表中所有的列。DISTINCT为可选参数,用于消除查询结果集中的重复记录。

- FROM子句:解决从哪里查数据的问题,表示查询的数据源,可以是表或视图。
- WHERE子句:解决查哪些数据的问题,用于指定查询筛选条件。
- GROUP BY子句:用于将查询结果按指定的列进行分组,其中HAVING为可选参数,用于对分组后的结果集进行筛选。
- ORDER BY子句:用于对查询结果集按指定的列进行排序。排序方式由参数ASC或DESC控制,其中ASC表示按升序排列,DESC则表示按降序排列,默认使用升序排列。
- LIMIT子句:用于限制查询结果集的行数。参数"偏移起始行"为偏移量,当偏移起始行值为0时,表示从查询结果的第1条记录开始;当偏移起始行为1时,表示查询结果从第2条记录开始;以此类推。"限制记录数"则表示结果集中包含的记录条数。

2)查询中对数据列的处理

(1)查询所有列

如果要查询数据表的所有列,可用星号"*"表示所有列,FROM指定数据表名称,语法如下:

```
SELECT * FROM  表名;
```

(2)查询指定列

用SELECT指定所有列的名称,多个列名称直接用逗号分隔,语法如下:

```
SELECT 列名1, 列名2,..., 列名n  FROM  表名;
```

指定列名称的好处是可以调整查询结果中列展示的顺序。

(3)设置列的别名

使用AS关键字可以设置列的别名,让查询结果的可读性更好,方便用户查看,语法如下:

```
SELECT  列名1 [AS] 别名1, ..., 列名n [AS] 别名n  FROM 表名;
```

3)查询中对数据记录的处理

(1)去掉重复记录

在查询字段前面使用DISTINCT关键字,可以去掉字段的重复值。DISTINCT关键字可作用于一个字段,也可作用于多个字段。当DISTINCT关键字后指定的多个关键字段值都相同,才会被认作是重复记录。其语法格式如下:

```
SELECT  DISTINCT  * | 列名1, 列名2, …
FROM 表名;
```

(2)限制查询结果的记录数量

LIMIT关键字用来限制查询结果的记录数量,语法是:

```
SELECT * | 列名1, 列名2, …
FROM 表名
LIMIT 起始行位置, 返回记录数;
```

注意,起始行位置从0开始,0为第1行,1为第2行,…,可省略,默认为0;返回记录数,用于限定返回的记录数量。比如：

```
limit 1, 5   -- 返回从第 2 行开始的 5 条数据,即第 2 至 6 条
limit 0, 5   -- 返回从第 1 行开始的 5 条数据,即第 1 至 5 条
limit 5      -- 返回从第 1 行开始的 5 条数据,即第 1 至 5 条
```

（3）查询结果排序

```
SELECT  *  |  列名 1, 列名 2, …
FROM  表名
ORDER BY  排序列名 1 ASC|DESC, 排序列名 2 ASC|DESC;
```

其中,ORDER 是"顺序,次序"的意思,BY 是"通过,经由"的意思。在上面的语法格式中,指定的排序列名 1、排序列名 2 等是对查询结果排序的依据,可依据单个字段排序,也可依据多个字段排序;ASC 表示升序,DESC 表示降序,默认是升序排序。

【提示】在按照指定列升序排列时,如果某条记录该列的值为 NULL,那么这条记录会显示在第一条。

4）带条件的数据查询

（1）关系运算符

关系运算符又叫比较运算符,用于比较两个表达式的值,可使用关系运算符来限定查询条件。

MySQL 有>、<、=、<=、>=、<>、! =、! >、! <等关系运算符,用于查询的 WHERE 子句中时,满足条件的数据记录才会被查询出来。语法格式如下：

```
SELECT  *  |  列名 1, 列名 2, …
FROM  表名  WHERE  带有关系运算的条件表达式;
```

当比较运算符作用到查询结果时,可以表示大于所有值、小于任何值等条件。

```
SELECT  *  |  列名 1, 列名 2, …
FROM  表名
WHERE  列名  |  表达式  比较运算符 [ANY | ALL]  (子查询);
```

（2）使用 BETWEEN...AND... 范围判断实现条件查询

使用 BETWEEN…AND 关键字查找介于某个范围内的数据,也可在前面加上 NOT 关键字表示查找不在某个范围内的数据。语法格式如下：

```
SELECT  *  |  列名 1, 列名 2, …
FROM  表名
WHERE  表达式 [NOT]BETWEEN  初始值  AND  终止值;
```

上面的条件子句等价于：

```
SELECT  *  |  列名 1, 列名 2, …
FROM  表名
WHERE  [NOT](表达式 >= 初始值 AND 表达式 <= 终止值);
```

用于判断字段或表达式的值是否在设定的范围内,该范围包括用户设定范围使用的开

始值和结束值。通常情况下"初始值"小于"终止值",否则查询不到任何结果。

（3）带 IN 运算符的条件查询

使用 IN 关键字指定一系列数值,列出所有可能的值,当要判断的表达式与值表中的任一个值匹配时,结果返回 TRUE,否则为 FALSE。在 IN 前面加上 NOT 关键字,表示当要判断的表达式与值表中的任一个值不匹配时,结果返回 TRUE,否则为 FALSE。语法格式如下：

```
SELECT * | 列名1, 列名2, …
FROM 表名
WHERE 表达式 [NOT] IN (值1, 值2, …, 值n);
```

IN 运算也可作用到查询结果上,用作查询条件判断某个列或表达式的值是否在子查询的结果中,可以更加灵活地获取数据。注意,子查询的结果应当与列或表达式的意义相同。

```
SELECT * | 列名1, 列名2, …
FROM 表名
WHERE 表达式 [NOT] IN (子查询);
```

（4）NULL空值相关的查询

当要判断某个字段的值是否为空值时,不能使用诸如=、<、>、!=等比较运算符来测试空值,需要使用IS NULL或IS NOT NULL,语法格式如下：

```
SELECT * | 列名1, 列名2, …
FROM 表名
WHERE 列名 IS [NOT] NULL;
```

（5）使用LIKE子句实现模糊条件查询

在查询字符串时,查询条件值经常并不能完全精准确定,可使用LIKE关键字实现模糊匹配查询。模糊匹配的运算对象可以是 char、varchar、text 等字符串类型,也可以是 date、time、datetime 等日期类型。语法格式如下：

```
SELECT * | 列名1, 列名2, …
FROM 表名
WHERE 列名 [NOT] LIKE "匹配字符串";
```

其中,"匹配字符串"指定用来匹配的字符串,其值可以是一个普通字符串,也可以是包含百分号(%)和下画线(_)的通配符。百分号(%)匹配任意长度的字符串,包含空字符串；下画线(_)匹配单个字符,配多个字符时需要使用多个下画线通配符。

（6）使用EXISTS判断查询结果是否存在

EXISTS 关键字作为查询条件,判断子查询是否有返回结果,若子查询有返回结果,则EXISTS的结果为真,否则为假。NOT EXISTS的返回值与EXISTS的值相反。

```
SELECT * | 列名1, 列名2, …
FROM 表名
WHERE [NOT] EXISTS (子查询);
```

（7）使用逻辑运算实现条件查询

逻辑运算符可以将多个查询条件连接起来组成更为复杂的查询条件。常用的逻辑运算符有NOT（非）、AND（与）和OR（或），其中NOT的优先级最高，AND次之，OR的优先级最低。语法格式如下：

```
SELECT * | 列名1，列名2，…
FROM 表名
WHERE NOT 逻辑表达式 | 逻辑表达式1 {AND|OR} 逻辑表达式2;
```

OR关键字和AND关键字可以一起使用，但是因为AND的优先级高于OR，因此先运算AND两边的条件表达式，再运算OR两边的条件表达式。

4.1.4 能力训练

1）操作条件

①已经成功连接到数据库，并且数据库服务必须处于运行状态。

②当前用户具有读取目标表的权限。

③数据表已经存在，并且表中已经有数据可供查询。可使用DESC命令了解表的结构，包括字段名称、数据类型等信息，以便正确地构建查询语句。

④根据需求编写正确的SELECT语句。确保SQL语句语法正确，没有拼写错误或其他逻辑错误。

⑤使用MySQL命令行客户端或已经安装的MySQL Workbench等图形化工具进行操作。

2）注意事项

①如果查询的表非常大，考虑使用索引来加速查询。对于经常用于过滤条件的列，建立索引可显著提高查询速度。

②避免使用SELECT * 来返回所有列，尤其是在表中有许多列或大字段（如BLOB或TEXT类型）时。只选择需要的列可减少数据传输量，提高查询效率。

③确保只有授权用户可以访问敏感数据。在开发环境中测试查询语句时，不要泄露生产环境中的真实数据。

④分析查询计划（EXPLAIN）以检查查询的执行效率。对于复杂的查询，考虑使用索引、视图等技术来优化查询性能。

⑤在正式环境中执行查询前，先在一个测试环境中验证查询语句的正确性和效果。定期审查查询语句，确保它们仍然有效且不会对数据库性能产生负面影响。

3）工作过程

【工作任务1】查询院系表的数据记录，显示所有列。

①查什么字段？对应SELECT子句。

所有字段，因此用 *，或者依次列出数据源表的所有字段，SELECT子句的写法是"select *"。

②字段来自哪些表？对应FROM子句。

查询系部表t01_college,因此FROM子句的写法是“from t01_college”。

组合起来,查询院系表的所有字段对应的语句就是:

```
select * from t01_college;
```

或者

```
select c01_college_code, c01_leader_code, c01_college_name, c01_remark
from t01_college;
```

结果如图4.1.1所示。

```
mysql> select * from t01_college;
+------------------+-----------------+----------------------+----------------------+
| c01_college_code | c01_leader_code | c01_college_name     | c01_remark           |
+------------------+-----------------+----------------------+----------------------+
|                1 | 1001            | 信息工程学院         | 专注于IT技术教育     |
|                2 | 1002            | 机械工程学院         | 提供机械设计与制造课程 |
|                3 | 1003            | 经济管理学院         | 经济学与管理学课程   |
|                4 | 1004            | 艺术设计学院         | 包括视觉艺术与设计   |
|                5 | 1005            | 建筑工程学院         | 建筑设计与施工管理   |
|                6 | 1006            | 旅游与酒店管理学院   | 旅游与酒店管理专业   |
|                7 | 1007            | 电子电气工程学院     | 电子电气工程技术     |
|                8 | 1008            | 国际商务学院         | 国际贸易与商务英语   |
|                9 | 1009            | 汽车工程学院         | 汽车维修与制造       |
|               10 | 1010            | 生物医药工程学院     | 生物医药技术与研发   |
+------------------+-----------------+----------------------+----------------------+
10 rows in set (0.00 sec)

mysql> select c01_college_code, c01_leader_code, c01_college_name, c01_remark from t01_college;
+------------------+-----------------+----------------------+----------------------+
| c01_college_code | c01_leader_code | c01_college_name     | c01_remark           |
+------------------+-----------------+----------------------+----------------------+
|                1 | 1001            | 信息工程学院         | 专注于IT技术教育     |
|                2 | 1002            | 机械工程学院         | 提供机械设计与制造课程 |
|                3 | 1003            | 经济管理学院         | 经济学与管理学课程   |
|                4 | 1004            | 艺术设计学院         | 包括视觉艺术与设计   |
|                5 | 1005            | 建筑工程学院         | 建筑设计与施工管理   |
|                6 | 1006            | 旅游与酒店管理学院   | 旅游与酒店管理专业   |
|                7 | 1007            | 电子电气工程学院     | 电子电气工程技术     |
|                8 | 1008            | 国际商务学院         | 国际贸易与商务英语   |
|                9 | 1009            | 汽车工程学院         | 汽车维修与制造       |
|               10 | 1010            | 生物医药工程学院     | 生物医药技术与研发   |
+------------------+-----------------+----------------------+----------------------+
10 rows in set (0.00 sec)
```

图4.1.1　查询数据表的所有字段

【工作任务2】查询系部编号和系部名称。

①查什么字段:系部编号和系部名称。因此可以写出“select 系部编号,系部名称”。

②字段来自哪些表:系部信息表t01_college。因此可以写出“from t01_college”。

根据desc t01_college命令的结果,确认系部编号是c01_college_code,系部名称是c01_college_name,因此,查询系部编号和系部名称对应的查询语句就是:

```
select c01_college_code, c01_college_name from t01_college;
```

结果如图4.1.2所示。

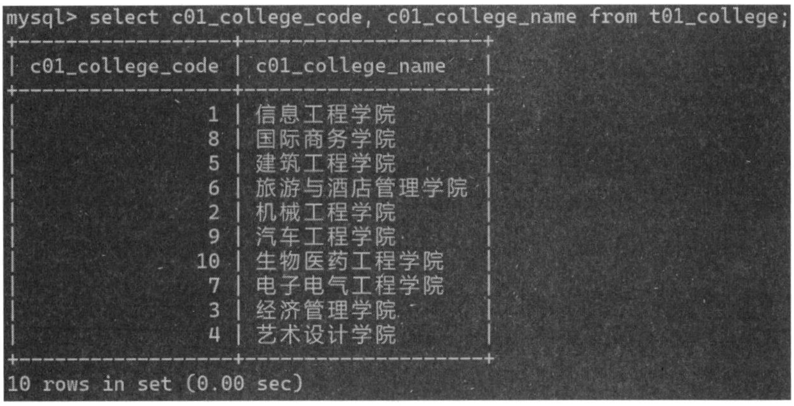

```
mysql> select c01_college_code, c01_college_name from t01_college;
+------------------+--------------------+
| c01_college_code | c01_college_name   |
+------------------+--------------------+
|                1 | 信息工程学院       |
|                8 | 国际商务学院       |
|                5 | 建筑工程学院       |
|                6 | 旅游与酒店管理学院 |
|                2 | 机械工程学院       |
|                9 | 汽车工程学院       |
|               10 | 生物医药工程学院   |
|                7 | 电子电气工程学院   |
|                3 | 经济管理学院       |
|                4 | 艺术设计学院       |
+------------------+--------------------+
10 rows in set (0.00 sec)
```

图4.1.2　查询数据表的部分字段

【工作任务3】查询系部编号和系部名称，查询结果以“系部编号”和“系部名称”为标题。

```
select c01_college_code as 系部编号, c01_college_name as 系部名称
from t01_college;
```

或者

```
select c01_college_code 系部编号, c01_college_name 系部名称 from t01_
college;
```

如图4.1.3所示。

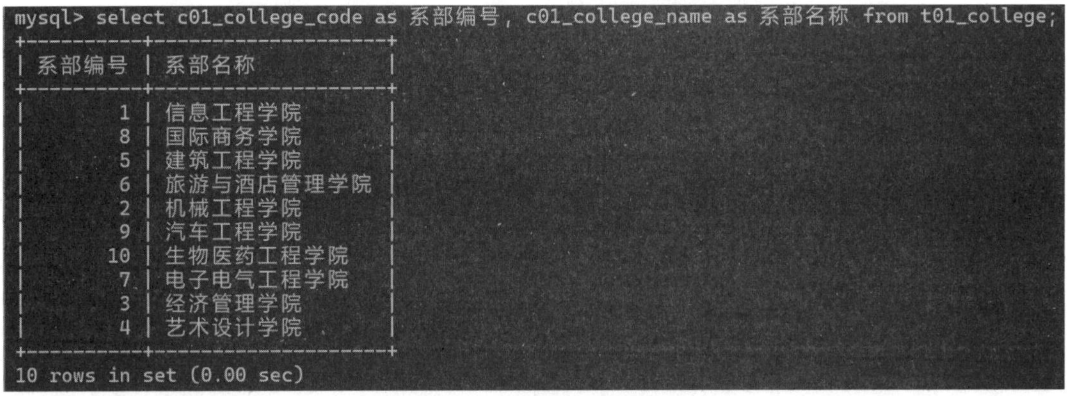

```
mysql> select c01_college_code as 系部编号, c01_college_name as 系部名称 from t01_college;
+----------+--------------------+
| 系部编号 | 系部名称           |
+----------+--------------------+
|        1 | 信息工程学院       |
|        8 | 国际商务学院       |
|        5 | 建筑工程学院       |
|        6 | 旅游与酒店管理学院 |
|        2 | 机械工程学院       |
|        9 | 汽车工程学院       |
|       10 | 生物医药工程学院   |
|        7 | 电子电气工程学院   |
|        3 | 经济管理学院       |
|        4 | 艺术设计学院       |
+----------+--------------------+
10 rows in set (0.00 sec)
```

图4.1.3　为字段设置别名

【工作任务4】查询教师都有哪些职称。

首先，查询所有老师的职称，语句如下：

```
select c02_title as 职称 from t02_teacher;
```

进一步，去掉重复的值，语句如下：

```
select distinct c02_title as 职称 from t02_teacher;
```

结果如图4.1.4所示。

```
mysql> select distinct c02_title as 职称 from t02_teacher;
+--------+
| 职称   |
+--------+
| 教授   |
| 副教授 |
| 讲师   |
| NULL   |
+--------+
4 rows in set (0.00 sec)
```

图4.1.4　去掉重复的结果

【工作任务5】查询教师的学历和职称信息。

操作代码及结果如图4.1.5所示。

```
mysql> select distinct c02_education 学历, c02_title 职称 from t02_teacher;
+--------+--------+
| 学历   | 职称   |
+--------+--------+
| 本科   | 教授   |
| 中专   | 副教授 |
| 研究生 | 教授   |
| 大专   | 副教授 |
| 中专   | 讲师   |
| 本科   | 讲师   |
| 中专   | 教授   |
| 研究生 | 副教授 |
| 大专   | 讲师   |
| 研究生 | 讲师   |
| 本科   | 副教授 |
| 大专   | 教授   |
| NULL   | NULL   |
+--------+--------+
13 rows in set (0.00 sec)
```

图4.1.5　设置别名，并去掉重复的结果

【工作任务6】查询课程信息表的前5条数据。

操作代码及结果如图4.1.6所示。

```
mysql> select * from t03_course limit 5;
+----------------+----------------------+--------------+------------------+-------------+-----------+
| c03_course_code | c03_course_name     | c03_type     | c02_teacher_code | c03_credit  | c03_remark |
+----------------+----------------------+--------------+------------------+-------------+-----------+
| B310301082530  | 企业级应用开发实践    | 专业方向课   | 20110016         |          3  | 软件      |
| B310301082540  | 智能化应用开发实践    | 专业方向课   | 20080033         |          3  | 软件      |
| B310301082550  | Vue开发项目实践       | 专业方向课   | 20080069         |          3  | 软件技术  |
| B310301082560  | 跨平台移动开发与应用  | 专业方向课   | 20130019         |          3  | 软件      |
| B310301082710  | 跨平台移动应用开发实践 | 专业方向课   | 20130076         |          3  | 软件      |
+----------------+----------------------+--------------+------------------+-------------+-----------+
5 rows in set (0.00 sec)
```

图4.1.6　限制返回结果的记录数量

【工作任务7】查询从第3条开始的5条系部数据。

操作代码及结果如图4.1.7所示。

```
mysql> select * from t03_course limit 2, 5;
+----------------+----------------------+--------------+------------------+-------------+-----------+
| c03_course_code | c03_course_name     | c03_type     | c02_teacher_code | c03_credit  | c03_remark |
+----------------+----------------------+--------------+------------------+-------------+-----------+
| B310301082550  | Vue开发项目实践       | 专业方向课   | 20080069         |          3  | 软件技术  |
| B310301082560  | 跨平台移动开发与应用  | 专业方向课   | 20130019         |          3  | 软件      |
| B310301082710  | 跨平台移动应用开发实践 | 专业方向课   | 20130076         |          3  | 软件      |
| B310301082720  | Web前端框架开发实践   | 专业方向课   | 20090039         |          3  | 软件      |
| B310301083740  | 公有云服务技术        | 专业方向课   | 20100058         |          3  | 云计算    |
+----------------+----------------------+--------------+------------------+-------------+-----------+
5 rows in set (0.00 sec)
```

图4.1.7　限制返回结果的记录数量

【工作任务8】按学历排序，显示教师的学历和职称信息。

操作代码及结果如图4.1.8所示。

图4.1.8　查询结果排序

【工作任务9】查询t05_student中2000-05-01之后出生的学生的学号、姓名、出生日期和地址。

操作代码及结果如图4.1.9所示。

图4.1.9　带有日期比较的查询

【工作任务10】查询2005年出生学生的学号、姓名、性别。

操作代码及结果如图4.1.10所示。

图4.1.10　使用BETWEEN...AND条件查询

【工作任务11】查询学历为研究生、职称为副教授或教授的老师的工号、姓名、学历和职称。

操作代码及结果如图4.1.11所示。

```
mysql> select c02_teacher_code 工号, c02_teacher_name 姓名, c02_education 学历, c02_title 职称
    -> from t02_teacher
    -> where c02_education = '研究生' and  c02_title in ('教授', '副教授');
```

工号	姓名	学历	职称
20080043	秦玉友	研究生	教授
20080069	李曼丽	研究生	教授
20090047	柯清超	研究生	副教授
20100058	万明钢	研究生	副教授
20110016	刘文清	研究生	副教授
20110031	王顺洪	研究生	教授

图4.1.11　使用IN关键字的条件查询

【工作任务12】查询课程编号为B310301082720的成绩,按照成绩从高到低、学号从小到大排序。

```
select * from t06_score
where c03_course_code = 'B310302392600'
order by c06_score desc, c05_student_code asc;
```

结果如图4.1.12所示。

```
mysql> select * from t06_score
    -> where c03_course_code = 'B310302392600'
    -> order by c06_score desc, c05_student_code asc;
```

c06_selected_id	c05_student_code	c03_course_code	c02_teacher_code	c06_selected_date	c06_score_date	c06_score	c06_remark
186	2024330303	B310302392600	20180012	2024-11-17 00:00:00	2024-12-31 00:00:00	93	NULL
197	2024330314	B310302392600	20180012	2024-12-05 00:00:00	2024-12-31 00:00:00	93	NULL
199	2024330316	B310302392600	20180012	2024-12-18 00:00:00	2024-12-31 00:00:00	93	NULL
208	2024330325	B310302392600	20180012	2024-09-05 00:00:00	2024-12-31 00:00:00	93	NULL
206	2024330323	B310302392600	20180012	2024-10-08 00:00:00	2024-12-31 00:00:00	92	NULL
222	2024330339	B310302392600	20180012	2024-09-23 00:00:00	2024-12-31 00:00:00	92	NULL
212	2024330329	B310302392600	20180012	2024-10-21 00:00:00	2024-12-31 00:00:00	91	NULL
210	2024330327	B310302392600	20180012	2024-12-15 00:00:00	2024-12-31 00:00:00	89	NULL
187	2024330304	B310302392600	20180012	2024-12-15 00:00:00	2024-12-31 00:00:00	86	NULL

图4.1.12　根据多个列排序

4)问题情境

【问题情境1】在查询CollegeDB数据库中t05_student表时,发现查询结果中出现了重复的学生记录。例如,查询所有学生的学号和姓名时,发现有些学生的记录出现了多次。

一方面,在查询语句中使用DISTINCT关键字来去除重复记录。另一方面,应当确保数据表中没有重复的数据;如果有重复数据,可使用DELETE语句删除多余的记录。

【问题情境2】在查询CollegeDB数据库中t06_score表时,查询所有成绩大于80分的学生记录时,没有返回任何结果,尽管数据库中确实存在符合条件的记录。

首先,确保查询条件是正确的,可以先单独查询条件字段,确认是否有符合条件的记录。其次,确保查询条件中的数据类型与表中字段的数据类型一致。例如,如果c06_score字段是整数类型,查询条件中也应该使用整数。

【与AI聊一聊】

在设置字段别名时,可以使用带引号的字符串常量,也可以使用不带引号的标识符,他们在使用时有什么差异?

4.1.5　学习评价

序号	评价内容	评价标准	评价结果（是/否）
1	SQL语句的准确性	能够使用SELECT语句编写脚本,完成单表的查询所有字段、查询指定字段、设置字段别名、去掉重复记录、限制查询结果的记录数量、根据字段对查询结果排序	
2	字段选择的合理性	能够根据要求选择合适的字段进行查询,而不是查询所有字段,以此提高查询效率	
3	数据过滤的有效性	能够正确使用WHERE子句来过滤数据,确保只查询到符合条件的记录	
4	排序规则的应用	能够正确使用ORDER BY子句对查询结果排序,能够实现多字段排序	
5	去重处理的能力	能够在需要的情况下正确使用DISTINCT关键字去除查询结果中的重复记录,从而得到更精确的数据统计	
6	子查询的使用	能够使用IN关键字结合子查询来筛选满足特定条件的记录,从而实现更高级的数据检索需求	
7	限制查询结果数	能够正确地使用LIMIT子句来限制查询结果的数量	

▶ **拓展阅读**

中国社会科学院新闻与传播研究所与社会科学文献出版社共同发布《青少年蓝皮书：中国未成年人互联网运用报告（2024）》。

蓝皮书指出，网络社交中，未成年人主动展示个人信息的比例较高，隐私信息保护意识不足。网络技术发展下，公私空间界限不断模糊化，这是隐私保护中面临的新问题。除了被动提交或被搜集个人信息外，还存在一种形式，即主动公布自己的信息。未成年人对个人信息或隐私具有较强的自主权，可能主动展示自己的姓名、年龄、学校等信息。调查数据显示，在互联网平台公布自己性别的未成年人最多，男生占44.8%，女生占47.9%。未成年人公布的个人信息前4位中，男生为性别、年龄、学校、姓名；女生为性别、年龄、姓名、QQ/微信号。除性别一项之外，其他个人信息的公布程度均是男生高于女生。当前，个人信息的使用存在容易被网络画像的情况。未成年人个人信息防护意识不强，对自己真实信息的公布容易引发线上线下的风险隐患。

4.1.6　课后作业

1. 查询 t02_teacher 表中教师的工号、姓名和性别,设置字段别名为"工号""姓名""性别"。

2.查询02_teacher表中学历为研究生、职称为副教授或教授的老师的工号、姓名、学历和职称。

3.查询t05_student表中2000年以后出生的学生的学号、姓名和出生日期。

4.查询t05_student表中所有选修了课程编号为B310301340050的学生的学号和姓名。

5.查询t05_student表中1999年出生的学生的学号、姓名和性别。

6.查询t06_score表中课程编号为B310301340050的成绩,按照成绩从高到低、学号从小到大排序。

工作手册4.2　从多个数据表中获取数据

从多个数据表
获取数据

4.2.1　核心概念

连接(Join),是指将两个或多个表中的行根据某些条件组合起来。常见的连接类型有内连接、左外连接、右外连接和全外连接。每种连接类型都有其特定的用途和结果集。

内连接(INNER JOIN),是最常用的多表查询方式,适用于需要获取两个表中相关联的数据的场景。只有在两个表中都有的记录才会被返回。

左外连接(LEFT JOIN),返回左表中的所有记录,以及右表中匹配的记录。如果右表中没有匹配的记录,则结果中会显示NULL。这种连接方式适用于需要获取左表的所有数据,并希望了解右表中可能存在的相关数据的情况。

右外连接(RIGHT JOIN),与左外连接相反,它返回右表中的所有记录,以及左表中匹配的记录。如果左表中没有匹配的记录,则结果中会显示NULL。这种连接适用于需要获取右表的所有数据,并希望了解左表中可能存在的相关数据的场景。

全外连接(FULL OUTER JOIN),返回两个表中的所有记录,无论是否存在匹配。如果某一表中没有匹配的记录,则结果中会显示NULL。这种连接方式适合需要获取两个表的所有数据,并希望了解它们之间关系的情况。

子查询(Subquery)是指一个查询块嵌套在SELECT、INSERT、UPDATE、DELETE等语句中的WHERE或其他子句中进行查询。SQL语言允许多层嵌套查询,即一个子查询中还可以嵌套其他子查询。

4.2.2　学习目标

①能够编写SQL语句使用INNER JOIN内连接查询获取需要的数据。
②能够编写SQL语句使用θ(theta)连接查询多个数据表中的数据记录。
③能够编写SQL语句实施外连接查询、自然连接查询获取多个数据表中的数据记录。
④能够应用连接查询和子查询技术处理复杂查询的能力。
⑤能够使用UNION合并查询结果。

4.2.3　基础知识

在概念结构设计中,通过E-R图表示数据模型,数据实体之间存在一对一、一对多或者多对多等三种联系。在逻辑结构设计中,将E-R图转换为关系模式,实体之间的联系被存放到具体的关系模式中,进而,表达数据实体之间联系的数据被存储在不同的数据表里。

多表连接查询,是根据数据查阅需求,从多个数据表中检索所需数据的操作。

1）全连接查询

表1（M行）与表2（N行）全连接，就是把表1的每一行分别与表2的每一行连接，结果集是两表所有记录的任意组合，一共M×N行，如图4.2.1所示。

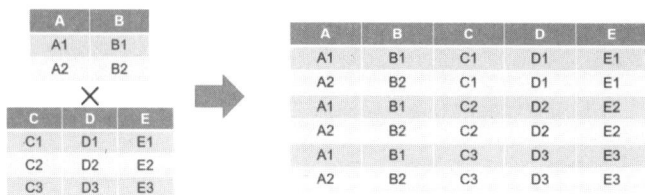

图4.2.1　数据表的全连接

交叉连接语法格式有两种，分别如下：

```
SELECT [ALL | DISTINCT ] *| 列表达式
FROM 表名1，表名2；
```

或者

```
SELECT [ALL | DISTINCT ] *| 列表达式
FROM 表名1 CROSS JOIN 表名2；
```

注意，全连接查询存在两个问题：一是全连接的结果数据可能非常多，会消耗大量的系统资源，超过一定数据量容易卡死，因此即便需要进行全连接查询，建议初始连接查询的数据表也不要超过3个；二是全连接查询的结果在大多数情况下是没有意义的。

2）内连接查询

内连接查询是使用比较运算符对两个表中的数据进行比较，并列出与连接条件匹配的数据行，组合成新的记录，也就是说在内连接查询中，只有满足条件的记录才能出现在查询结果中。

MySQL的INNER JOIN子句可将一个表中的行与其他表中的行进行匹配，并允许从两个表中查询包含列的行记录，其具体的语法格式如下所示：

```
SELECT [ALL | DISTINCT ] *| 列表达式
FROM 表名1 [INNER] JOIN 表名2 ON 表名1.列名1 = 表名2.列名2
WHERE 查询条件；
```

其中，列名1和列名2表达相同的意义；ON表示连接条件，两个表中列名1和列名2值相等的记录会用于SELECT查询。在使用INNER JOIN子句时，需要注意以下问题：

- 需要在FROM子句中指定主表。
- 为了获得更好的性能，建议连接表的数量不要超过3个。
- 使用ON关键字指出连接条件，连接条件是将主表中的行与其他表中的行进行匹配的规则。

如果ON关键字指出的连接是两个表中的两个相同名称的列相等，那么可使用USING关键字简化连接条件的书写，格式如下：

```
SELECT [ALL | DISTINCT ] *| 列表达式
```

```
FROM 表名1 [INNER] JOIN 表名2 USING(列名)
WHERE 查询条件;
```

3)θ(theta)连接查询

在查询语句的一般形式中,WHERE子句指定了查询条件,而连接条件也是查询条件的一种,依据这个思路,可从多个数据表实施θ连接查询。

```
SELECT [ALL | DISTINCT ] *| 列表达式
FROM 表1, 表2 [,..., 表n]
WHERE 连接条件 AND 查询条件;
```

θ连接查询的连接条件可与查询条件合并使用,满足多样化数据需要,在实际使用中特别广泛。在θ连接查询中数据表之间的关联条件的个数,一般是数据原表个数减一,才能保证多个数据表之间实现有效的连接。一般情况下,连接条件越多,表达的关联关系越明确,查询效率也会越高。

4)外连接查询

外连接分为左外连接、右外连接和全外连接。在使用JOIN关键字进行两个表的关联查询时,两表作连接,JOIN左边的表叫左表,JOIN右边的表叫右表。

(1)左外连接(LEFT OUTER JOIN)

左外连接的结果集是两表内连接的结果集加上左表中没有参加内连接的记录,左表这些"剩下来"的记录在结果集中右表的那些字段值全为空值(NULL)。语法格式如下:

```
SELECT [ALL | DISTINCT ] *| 列表达式
FROM 表1 LEFT [OUTER] JOIN 表2 ON 表1.列名=表2.列名;
```

(2)右外连接(RIGHT OUTER JOIN)

右外连接的结果集是两表内连接的结果集加上右表中没有参加内连接的记录,右表这些"剩下来"的记录在结果集中左表的那些字段值全为空值(NULL)。语法格式如下:

```
SELECT [ALL | DISTINCT ] *| 列表达式
FROM 表1 RIGHT [OUTER] JOIN 表2 ON 表1.列名=表2.列名;
```

5)自然连接查询

自然连接(Natrual Join),无须指定连接条件,自动将两个表中名称和数据类型相同的列作为连接条件。在使用自然连接时,应当确定能找到连接条件,否则会进行无意义的连接查询。可将自然连接理解为简化了的内连接、左连接、右连接。

```
SELECT [ALL | DISTINCT ] *| 列表达式
FROM 表1 NATURAL [{LEFT|RIGHT} [OUTER] ] JOIN 表2;
```

综合来看:

- 多表查询是指从两个或两个以上的数据表检索数据,多表查询包括内连接查询、外连接查询、联合查询等多种情况。
- θ连接比较特殊但实用,将数据表之间的连接条件放在WHERE子句中与查询条件一起使用。

- 自然连接是简化了的内连接或外连接,在自然连接查询中,MySQL自动将匹配一致的字段作为连接查询的条件,在数据表结构设计规范时,特别方便。

6)子查询

子查询返回的值要被外部查询的[NOT]IN、[NOT]EXISTS、比较运算符、ANY(SOME)、ALL等操作符使用。在执行查询语句时,首先会执行子查询中的语句,然后将返回的结果作为外层查询的过滤条件,在子查询中通常可使用IN、EXISTS、ANY、ALL操作符。

(1)[NOT]IN子查询

在嵌套查询中,子查询的结果往往是一个集合,用谓词IN判断某列值是否在集合中,这是最常用的一种子查询,IN前面加NOT表示判断某列值是否不在集合中。IN子查询一般是不相关子查询。

(2)比较子查询

带有比较运算符的子查询是指外部查询与子查询之间用比较运算符进行连接。当用户确切知道内层查询返回单个值时,可用>、<、=、>=、<=、!=或<>等比较运算符。

(3)[NOT]EXISTS子查询

使用EXISTS谓词来判断子查询是否返回任何记录,它不产生任何数据,只返回TRUE或FLASE。当子查询的结果不为空集时,返回逻辑真值TRUE;当返回值为TRUE时,外层查询才会执行。EXISTS前面可加NOT用来判断是否不存在匹配行。

(4)带ANY(或SOME)关键字的子查询

ANY(或SOME)用于指定一个条件,该条件必须对子查询返回的结果集中的至少一行成立。换句话说,如果子查询返回多个值,那么主查询中的条件只需要对这些值中的任意一个成立即可。

(5)带ALL关键字的子查询

ALL关键字要求主查询中的条件必须对子查询返回的所有行都成立。也就是说,对于>操作符来说,主查询中的值必须大于子查询返回的所有值;对于<操作符,主查询中的值必须小于子查询返回的所有值。

(6)其他子查询

子查询除了用于SELECT语句的WHERE条件比较,还可用于FROM、INSERT、UPDATE、DELETE等操作语句。

7)合并查询结果

合并查询结果,就是将多个查询结果合并到一起,显示为一个查询结果。注意,合并查询结果时,相关的子查询结果集的字段个数和数据类型要一一对应。

语法格式如下:

```
SELECT …
UNION [ALL|DISTINCT] SELECT …
UNION [ALL|DISTINCT] SELECT …
```

在上面的语法格式中,ALL表示将两个子查询的所有结果合并成一个集合,DISTINCT

表示对两个子查询的重复记录只保留一个,则默认为DISTINCT。

4.2.4　能力训练

1)操作条件

①已经成功连接到数据库,并且数据库服务必须处于运行状态。

②当前用户具有读取目标表的权限。通常情况下,SELECT权限是必需的。

③目标表已经存在,表中已经有数据可供查询。可以使用DESC命令了解表的结构,包括字段名称、数据类型等信息,以便正确地构建查询语句。

④确定数据表的连接条件字段,了解各表之间的关系,确定合适的连接类型(INNER JOIN、LEFT JOIN、RIGHT JOIN、FULL OUTER JOIN)。

⑤根据需求编写正确的SELECT语句。确保SQL语句没有拼写错误或其他逻辑错误,包括指定要查询的列、连接条件(JOIN子句)、过滤条件(WHERE子句)、排序方式(ORDER BY子句)等。

⑥使用MySQL命令行客户端或已经安装的MySQL Workbench等图形化工具进行操作。

2)注意事项

①进行全连接查询时,要谨慎选择连接的数据表数量,因为全连接结果数据量可能巨大,易消耗大量系统资源甚至导致卡死,建议初始连接的数据表不超过3个,同时要注意全连接结果在多数情况下可能无实际意义,需确保查询的必要性。

②如果查询的表非常大,考虑使用索引来加速查询;对于经常用于过滤条件的列,建立索引可以显著提高查询速度。

③避免使用SELECT * 来返回所有列,尤其是在表中有许多列或大字段(如BLOB或TEXT类型)时。只选择需要的列可以减少数据传输量,提高查询效率。

④运用θ连接查询时,要确保连接条件与查询条件合理合并,连接条件个数满足要求,以保证多个数据表之间有效连接,同时注意连接条件的准确性,防止因连接条件错误得到错误结果。

⑤使用EXPLAIN分析查询语句以检查查询的执行效率,考虑使用索引、视图等技术来优化查询性能。

⑥使用外连接查询(左外连接、右外连接)时,要清楚JOIN左右两边表的含义,明确连接结果集的构成,即内连接结果集加上相应表中未参加内连接的记录,并注意未参加内连接记录在结果集中对应字段值为空值(NULL),避免对结果集理解错误。

⑦编写子查询时,要根据具体情况选择合适的操作符(如[NOT] IN、[NOT] EXISTS、比较运算符、ANY(SOME)、ALL等),确保子查询返回的值与外部查询操作符匹配,并且在使用子查询的各种语句中,正确引用子查询结果,避免语法错误和逻辑错误。

⑧定期审查查询语句,确保它们仍然有效且不会对数据库性能产生负面影响。

3)工作过程

【工作任务1】使用INNER JOIN...ON语句查询各系部的班级列表,显示系名和班级名称。

操作代码及结果如图4.2.2所示。

```
mysql> select t01.c01_college_name '系名', t04.c04_class_name '班级'
    ->   from t01_college as t01 inner join t04_class AS t04
    ->   on t01.c01_college_code = t04.c01_college_code;
+--------------+-------------------------+
| 系名         | 班级                    |
+--------------+-------------------------+
| 信息工程学院  | 2023级云计算技术应用1班    |
| 信息工程学院  | 2023级云计算技术应用2班    |
| 信息工程学院  | 2023级云计算技术应用3班    |
+--------------+-------------------------+
```

图4.2.2　使用ON设置连接条件的内连接查询

【工作任务2】使用INNER JOIN...USING语句查询各系部的班级列表,显示系名和班级名称。

操作代码及结果如图4.2.3所示。

```
mysql> select t01.c01_college_name '系名', t04.c04_class_name '班级'
    ->   from t01_college t01 inner join t04_class t04
    ->   using(c01_college_code);
+--------------+-------------------------+
| 系名         | 班级                    |
+--------------+-------------------------+
| 信息工程学院  | 2023级云计算技术应用1班    |
| 信息工程学院  | 2023级云计算技术应用2班    |
| 信息工程学院  | 2023级云计算技术应用3班    |
+--------------+-------------------------+
```

图4.2.3　使用USING设置连接条件的内连接查询

【工作任务3】使用θ连接查询各系部的班级列表,显示系名和班级名称。

操作代码及结果如图4.2.4所示。

```
mysql> select t01.c01_college_name '系名', t04.c04_class_name '班级'
    ->   from t01_college t01, t04_class t04
    ->   where t01.c01_college_code = t04.c01_college_code;
+--------------+-------------------------+
| 系名         | 班级                    |
+--------------+-------------------------+
| 信息工程学院  | 2023级云计算技术应用1班    |
| 信息工程学院  | 2023级云计算技术应用2班    |
| 信息工程学院  | 2023级云计算技术应用3班    |
+--------------+-------------------------+
```

图4.2.4　θ连接查询

【工作任务4】查询不及格学生的姓名、课程和成绩信息。

操作代码及结果如图4.2.5所示。

```
mysql> select c05_student_name 姓名, c03_course_name 课程, c06_score 成绩
    ->   from t05_student t05, t03_course t03, t06_score t06
    ->   where t06.c05_student_code = t05.c05_student_code
    ->   and t06.c03_course_code = t03.c03_course_code and t06.c06_score < 60;
+--------+-----------------+--------+
| 姓名   | 课程            | 成绩   |
+--------+-----------------+--------+
| 罗平明  | Python程序设计   | 54     |
| 林玲明  | Python程序设计   | 55     |
| 高刚   | Python程序设计   | 52     |
+--------+-----------------+--------+
```

图4.2.5　查询不及格的学生信息

【工作任务5】查询选修了课程编号为B310302392600的学生学号和姓名。

操作代码及结果如图4.2.6所示。

```
mysql> select c05_student_code 学号, c05_student_name 姓名
    ->     from t05_student
    -> where c05_student_code in (select c05_student_code
    -> from t06_score where c03_course_code = 'B310302392600');
+------------+----------+
| 学号       | 姓名     |
+------------+----------+
| 2024330301 | 赵敏刚   |
| 2024330302 | 陈玲静   |
| 2024330303 | 林娟玲   |
```

图4.2.6　查询选修了课程编号为B310302392600的学生学号和姓名

【工作任务6】查询各系部的教师信息,包括没有教师的系部。

```
select t01.*, t02.*
from t01_college t01 left join t02_teacher t02
on t01.c01_college_code = t02.c01_college_code;
```

结果如图4.2.7所示。

c01_college_code	c01_leader_code	c01_college_nam	c01_remark	c02_teacher_cod	c02_teacher_nam	c02_id_card	c01_coll
10	1010	生物医药工程学院	生物医药技术与研	20110080	马君	3704810220777)	
10	1010	生物医药工程学院	生物医药技术与研	20090024	汪琼	3701661119831)	
10	1010	生物医药工程学院	生物医药技术与研	20080084	王小梅	2301620929995)	
11	20080061	人工智能技术学院	新建AI学院	(Null)	(Null)	(Null)	
12	20080069	数字技术学院	新建数字艺术学院	(Null)	(Null)	(Null)	
15	20090054	软件技术学院	2024年成立	(Null)	(Null)	(Null)	

图4.2.7　在图形化界面终端中执行的左外连接查询

【工作任务7】查询各系部的教师信息,包括没分配系部的老师。

```
select t01.*, t02.*
from t01_college t01 right join t02_teacher t02
on t01.c01_college_code = t02.c01_college_code;
```

结果如图4.2.8所示。

c01_college_code	c01_leader_code	c01_college_nam	c01_remark	c02_teacher_cod	c02_teacher_nam	c02_id_card	c01_college_code	c02_gender	c02_birthday	c02_pho
(Null)	(Null)	(Null)	(Null)	20080033	刘复兴	3717740128182)	(Null)	男	1993-05-21	1385019
5	1005	建筑工程学院	建筑设计与施工管	20080036	罗红艳	3703950601668)	5	男	1975-04-17	1385466
(Null)	(Null)	(Null)	(Null)	20080043	秦玉友	3710770812251)	(Null)	男	1988-08-12	1382575
(Null)	(Null)	(Null)	(Null)	20080057	马永红	3702951229555)	(Null)	男	1967-10-10	138830
5	1005	建筑工程学院	建筑设计与施工管	20080061	孙杰远	3724680626264)		男	1985-07-27	1386603

图4.2.8　在图形化界面终端中执行的右外连接查询

【工作任务8】使用自然连接,查询各系部的班级列表,显示系名和班级名称。

操作代码及结果如图4.2.9所示。

```
mysql> select c01_college_name '系名', c04_class_name '班级'
    -> from t01_college natural join t04_class;
+--------------+--------------------------+
| 系名         | 班级                      |
+--------------+--------------------------+
| 信息工程学院  | 2023级云计算技术应用1班    |
| 信息工程学院  | 2023级云计算技术应用2班    |
| 信息工程学院  | 2023级云计算技术应用3班    |
+--------------+--------------------------+
```

图4.2.9　自然连接查询

【工作任务9】使用θ连接查询不及格学生的姓名、课程和成绩信息。

操作代码及结果如图4.2.10所示。

```
mysql> select c05_student_name 姓名, c03_course_name 课程, c06_score 成绩
    -> from t05_student t05, t03_course t03, t06_score t06
    -> where t06.c05_student_code = t05.c05_student_code
    -> and t06.c03_course_code = t03.c03_course_code and t06.c06_score < 60;
+--------+----------------+--------+
| 姓名    | 课程            | 成绩    |
+--------+----------------+--------+
| 罗平明  | Python程序设计   |   54   |
| 林玲明  | Python程序设计   |   55   |
| 高刚    | Python程序设计   |   52   |
+--------+----------------+--------+
```

图4.2.10　θ连接查询

【工作任务10】查询所有选过课程的学生信息。

操作代码及结果如图4.2.11所示。

```
mysql> select s.c05_student_code, s.c05_student_name, s.c05_gender, s.c05_address
    -> from t05_student s
    -> where s.c05_student_code in (select sc.c05_student_code from t06_score sc);
+-----------------+-------------------+------------+--------------------------------+
| c05_student_code | c05_student_name | c05_gender | c05_address                    |
+-----------------+-------------------+------------+--------------------------------+
| 2023310105      | 张杰敏            | 男         | 山东省临沂市兰陵县解放路801号    |
| 2024330301      | 赵敏刚            | 女         | 山东省德州市武城县和平路453号    |
| 2024330302      | 陈玲静            | 女         | 山东省德州市临邑县文化路997号    |
+-----------------+-------------------+------------+--------------------------------+
```

图4.2.11　IN子查询

【工作任务11】查询所有未选过课程的学生信息。

操作代码及结果如图4.2.12所示。

```
mysql> select s.c05_student_code, s.c05_student_name, s.c05_gender, s.c05_address
    -> from t05_student s
    -> where s.c05_student_code not in (SELECT sc.c05_student_code FROM t06_score sc)
+-----------------+-------------------+------------+--------------------------------+
| c05_student_code | c05_student_name | c05_gender | c05_address                    |
+-----------------+-------------------+------------+--------------------------------+
| 2023310101      | 王勇玲            | 女         | 山东省枣庄市市中区人民路772号    |
| 2023310102      | 吴勇波            | 女         | 山东省济南市槐荫区和平路1号      |
| 2023310103      | 陈丽静            | 男         | 山东省济南市济阳区和平路391号    |
+-----------------+-------------------+------------+--------------------------------+
```

图4.2.12　NOT IN子查询

【工作任务12】使用EXISTS查询选过课的学生信息。

操作代码及结果如图4.2.13所示。

```
mysql> select s.c05_student_code, s.c05_student_name, s.c05_gender, s.c05_address
    -> from t05_student s
    -> where exists (select 1 from t06_score sc where sc.c05_student_code = s.c05_student_code);
+------------------+------------------+------------+--------------------------------+
| c05_student_code | c05_student_name | c05_gender | c05_address                    |
+------------------+------------------+------------+--------------------------------+
| 2023310105       | 张杰敏           | 男         | 山东省临沂市兰陵县解放路801号   |
| 2024330301       | 赵敏刚           | 女         | 山东省德州市武城县和平路453号   |
| 2024330302       | 陈玲静           | 女         | 山东省德州市临邑县文化路997号   |
+------------------+------------------+------------+--------------------------------+
```

图4.2.13　EXISTS子查询

【工作任务13】查询成绩高于所有学生平均成绩的学生信息,平均成绩保留一位小数。操作代码及结果如图4.2.14所示。

```
mysql> select s.c05_student_code, s.c05_student_name, round(avg(sc.c06_score), 1) as avg_score
    -> from t05_student s join t06_score sc on s.c05_student_code = sc.c05_student_code
    -> group by s.c05_student_code, s.c05_student_name
    -> having avg_score > all (select avg(c06_score) from t06_score);
+------------------+------------------+-----------+
| c05_student_code | c05_student_name | avg_score |
+------------------+------------------+-----------+
| 2024330301       | 赵敏刚           |        80 |
| 2024330302       | 陈玲静           |      75.8 |
| 2024330303       | 林娟玲           |      82.3 |
+------------------+------------------+-----------+
```

图4.2.14　比较运算符和ALL子查询

【工作任务14】查询任意一门课程成绩大于平均成绩的学生信息,平均成绩保留一位小数。

操作代码及结果如图4.2.15所示。

```
mysql> select s.c05_student_code, s.c05_student_name, round(avg(sc.c06_score), 1) as avg_score
    -> from t05_student s join t06_score sc on s.c05_student_code = sc.c05_student_code
    -> group by s.c05_student_code, s.c05_student_name
    -> having avg_score > any (select avg(c06_score) from t06_score group by c03_course_code);
+------------------+------------------+-----------+
| c05_student_code | c05_student_name | avg_score |
+------------------+------------------+-----------+
| 2024330301       | 赵敏刚           |        80 |
| 2024330302       | 陈玲静           |      75.8 |
| 2024330303       | 林娟玲           |      82.3 |
+------------------+------------------+-----------+
```

图4.2.15　比较运算符和ANY子查询

【工作任务15】查询每个班的最高成绩和对应的学号。

操作代码及结果如图4.2.16所示。

```
mysql> select c.c04_class_code, c.c04_class_name, s.c05_student_code, max(sc.c06_score) as max_score
    -> from t04_class c join t05_student s on c.c04_class_code = s.c04_class_code
    -> join t06_score sc on s.c05_student_code = sc.c05_student_code
    -> group by c.c04_class_code, c.c04_class_name, s.c05_student_code
    -> having max_score = (select max(c06_score) from t06_score where c05_student_code = s.c05_student_code);
+----------------+----------------------------+------------------+-----------+
| c04_class_code | c04_class_name             | c05_student_code | max_score |
+----------------+----------------------------+------------------+-----------+
| 2023301003     | 2023级云计算技术应用3班     | 2023310105       |      85.5 |
| 2024401503     | 2024级智能互联网络技术3班   | 2024330301       |        95 |
| 2024401503     | 2024级智能互联网络技术3班   | 2024330302       |        95 |
+----------------+----------------------------+------------------+-----------+
```

图4.2.16　等值比较子查询

4)问题情境

【问题情境1】在查询CollegeDB数据库中所有选修了课程编号为B310301340050的学生

的学号、姓名和成绩时,发现有些学生的成绩记录没有出现在结果中,尽管这些学生确实选修了该课程。

首先,要检查表之间的关联关系,确保 t06_score 表中的 c05_student_code 字段与 t05_student 表中的 c05_student_code 字段正确关联;其次,单独查询 t06_score 表中该课程编号的记录,确保 t06_score 表中确实存在所有选修了该课程的学生的记录。最后,为了保障数据的一致性,应当检查确认 t06_score 表中的 c05_student_code 字段上有外键约束,以防止插入无效的学生记录。

【问题情境2】在查询 CollegeDB 数据库中所有选修了课程编号为 B310301340050 的学生的学号、姓名和成绩时,发现有些学生的成绩被错误地关联到了其他学生的记录上。

首先,要检查表之间的关联关系,单独查询 t05_student 和 t06_score 表,确认连接字段的值是否一致;其次,分别查询 t05_student 和 t06_score 表,确保表中没有错误的数据。

【与AI聊一聊】

在多表查询中,连接条件如果设置错误会产生什么样的后果? 如何确定正确的连接条件?

4.2.5 学习评价

序号	评价内容	评价标准	评价结果(是否)
1	SQL语句的准确性	能够正确使用SELECT、FROM、WHERE等子句实施数据查询,并且字段名、表名正确无误	
2	连接条件的正确性	能够使用ON或USING子句设置多表关联查询条件,连接条件中的列名和数据类型一致	
3	外连接查询的使用	能够正确使用外连接(LEFT JOIN、RIGHT JOIN)来获取两个表中的所有记录,对于不匹配的记录能够正确填充 NULL 值	
4	θ连接的使用	能够正确使用θ连接查询多个表中的数据,连接条件与查询条件合并使用,满足多样化数据需求	
5	自然连接的使用	能够正确使用自然连接简化内连接或外连接的查询语句,自动将两个表中名称和数据类型相同的列作为连接条件	
6	子查询的使用	能够使用子查询筛选满足特定条件的记录,实现更高级的数据检索需求	
7	合并查询结果	能够根据要求合并查询结果集合,保留或去掉重复记录	

拓展阅读

数据库技术中分解与整合的哲学道理

在数据库设计中，将现实世界的概念模式分解为多个关系模式是基于规范化理论的。这类似于将一个复杂的整体分解为多个相对简单、功能明确的部分。其哲理在于"分而治之"，通过把复杂的信息结构拆分成多个表，降低数据冗余，提高数据的一致性和完整性。例如，在一个学校的信息系统中，将学生信息、课程信息、教师信息分别放在不同的表中，避免了把所有信息都堆积在一个表中导致的数据重复和更新异常。

多表查询则是整合的过程，体现了从局部到整体的思考方式，就像拼图一样，每个表是一块拼图，多表查询就是把这些拼图按照一定的规则（连接条件）拼接起来，以还原或获取现实世界中的完整信息场景。比如，要查询某学生所选课程的教师姓名，就需要通过学生选课表和教师授课表之间的连接（如通过课程编号作为连接条件）来整合信息，这反映了事物之间相互关联的本质，即使信息被分散存储，它们在现实世界中的内在联系依然可以通过适当的方式重建。

4.2.6　课后作业

1.查询所有学分为4的课程的课程编号、课程名称和授课教师工号，并按课程名称降序排列。

2.使用子查询，查询出大数据技术专业的学生信息。

3.使用子查询，查询出"Python程序设计"成绩最好的同学的各科成绩。

4.查询所有选修了课程编号为B310301340050的学生的学号、姓名和成绩，并按成绩降序排列。

5.查询所有系部的班级列表，包括没有班级的系部。

6.查询年龄最小的学生的学号、姓名和生日。

7.查询年龄不是最小的学生的学号、姓名和生日。

工作手册4.3 统计分析数据表中的数据

统计分析数据表中的数据

4.3.1 核心概念

聚合函数,是数据库中用于获取数据表中某个列的统计值的函数,包括计数函数、求和函数、平均值函数和最值函数等。这些函数能够帮助用户从数据表中快速获取数据的统计信息,为数据分析提供基础支持。

分组查询(GROUP BY),是将数据表中的记录按照某个或某些列进行分组,然后施加聚合函数实现数据统计查询。分组查询能够按照不同的分组维度呈现,便于分析不同组别的数据特征和差异,可为业务决策提供数据支撑。

筛选分组结果(HAVING),是在分组统计后用于对分组结果进行筛选的条件子句,例如,WHERE用于筛选行数据,HAVING则是筛选分组后的聚合结果,能够根据设定的条件过滤出符合要求的分组,进一步精准获取所需的统计数据。

4.3.2 学习目标

①能够使用COUNT()计数函数、SUM()求和函数、AVG()均值函数、MAX()和MIN()极值函数查询数据,以满足不同的数据分析需求。

②能够使用GROUP BY子句进行分组统计,能够根据实际业务需求选择合适的列作为分组依据,对数据进行有效的分组,并结合聚合函数获取分组后的统计信息。

③掌握HAVING子句的使用,能够在分组统计的基础上,正确设置筛选条件,对分组结果进行精准过滤,提取出符合特定条件的分组数据,提升数据分析的准确性和针对性。

④能够说清楚HAVING与WHERE的区别,能够综合使用条件、分组和排序等查询操作。

4.3.3 基础知识

在实际开发中,经常需要做一些数据统计操作,例如统计某项数据的最大值、最小值、平均值,或者统计某个群体人数。统计查询要用到常用聚合函数以及GROUP BY子句和HAVING子句。

带有分组统计功能的SELECT查询语句的语法格式如下:

```
SELECT [ALL|DISTINCT] 表达式列表
FROM   表名
[WHERE   行筛选条件>
[GROUP BY 分组列名表
```

[HAVING 组筛选条件]]
[ORDER BY 排序列名表　[ASC|DESC]];
[LIMIT [起始记录,]显示的行数];

1)聚合函数

(1)COUNT( )计数函数

COUNT()用于统计组中满足条件的行数或总行数,语法格式如下:

SELECT COUNT([ALL| DISTINCT] * | 1 | 列名)[[AS] 别名] FROM 表名;

注意,ALL表示对所有值进行运算;DISTINCT表示去除重复值,默认为ALL;COUNT(1)和COUNT(*)都是统计所有行的数量,包括含有NULL值的行;COUNT(列名)统计非空值的数量。

(2)SUM( )求和函数

SUM( )用于计算一列数值的总和。

如果字段中存放的是数值型数据,SUM()函数用于计算该字段中所有值的总和。

SELECT SUM(列名)[[AS] 别名] FROM 表名;

注意,SUM()只能应用于数值类型的列,如INT、FLOAT、DECIMAL等;SUM()只会计算非空值,NULL值将不会被计入总和中。

(3)AVG( )均值函数

AVG()用于计算一列数值的平均值。

如果字段中存放的是数值型数据,AVG()计算该字段中所有值的平均数。

SELECT AVG(列名)[[AS] 别名] FROM 表名;

注意,AVG()只能应用于数值类型的列,如INT、FLOAT、DECIMAL等;AVG()只会计算非空值,NULL值将不会被计入总和中。

(4)MAX( )、MIN( )极值函数

MAX()和MIN()分别用于计算一列中的最大值和最小值,能够在进行数据分析时帮助理解和评估数据范围。语法格式如下:

SELECT MAX(列名)[[AS] 别名] FROM 表名;
SELECT MIN(列名)[[AS] 别名] FROM 表名;

MAX()和MIN()只会计算非空值,NULL值将不会被计入;如果字段是数值类型,则比较的是值的大小;如果字段是字符串类型,则根据字符排序规则比较大小。

2)分组查询GROUP BY 子句

GROUP BY 子句是根据某一列或多列的值对数据表的行进行分组,将这些列上对应值都相同的行分在同一组。GROUP BY 子句通常与聚合函数一起使用,以便对每个分组进行统计分析。语法格式如下:

SELECT 列名1, 列名2,..., 聚合函数(列名)
FROM 表名

```
GROUP BY 列名1,列名2,...;
```

注意,GROUP BY 子句在 FROM 子句之后使用;GROUP BY 子句是分小组统计数据,在 SELECT 语句的输出列中,只能包含两种目标列表达式,要么是聚合函数,要么是出现在 GROUP BY 子句中的分组字段;如果分组字段的值有 NULL,NULL 将不会被忽略掉,会进行单独的分组。

3)分组过滤 HAVING 子句

HAVING 子句和 GROUP BY 子句一起使用,用于对分组后的结果进行过滤。查询的时候只有用到 GROUP BY 子句进行分组,才能用 HAVING 子句把满足条件的组筛选出来。HAVING 关键字后可以跟上包含了聚合函数的表达式。语法格式如下:

```
SELECT 列名1,列名2,...,聚合函数
FROM 表名
GROUP BY 列名1,列名2,...
HAVING 过滤条件;
```

其中,HAVING 子句中的过滤条件可以包含聚合函数,而 WHERE 子句中则不可以。

注意,按照 SQL 标准的要求,HAVING 子句中的表达式必须能够基于分组的结果进行评估,也就是说 HAVING 必须引用 GROUP BY 子句中的列或用于聚合函数中的列。

4.3.4 能力训练

1)操作条件

①已经成功连接到数据库,并且数据库服务必须处于运行状态。

②当前用户具有读取目标表的权限。

③目标表已经存在,表中已经有数据可供查询。可使用 DESC 命令了解表的结构,包括字段名称、数据类型等信息,以便正确地构建查询语句。

④熟悉毕业生就业信息系统的数据表结构,明确各个表中的字段含义、数据类型以及数据之间的关系,以便准确选择要统计分析的字段和表,正确运用统计函数和分组条件。

⑤根据需求编写正确的 SELECT 语句。确保 SQL 语句没有拼写错误或其他逻辑错误,包括指定要查询的列、过滤条件(WHERE 子句)、分组条件(GROUP BY)和分组过滤(HAVING)等。

⑥使用 MySQL 命令行客户端或已经安装的 MySQL Workbench 等图形化工具进行操作。

2)注意事项

①在进行统计查询时,确保使用的字段是数值类型,否则 COUNT( )、SUM( )、AVG( )等函数将无法正常工作。

②要清楚 COUNT(列名)、COUNT(1)和 COUNT(*)的区别,COUNT(列名)会忽略列值为 NULL 的记录,而 COUNT(1)和 COUNT(*)会计算所有记录,要根据具体需求选择合适的计数方式,避免统计结果错误。

③在进行分组统计(GROUP BY)时,要确保 SELECT 子句中除了聚合函数外,其他列必

须是GROUP BY子句中的列或者是与聚合函数相关的表达式,否则查询会出错,保证分组统计的逻辑正确性。

④HAVING子句用于对分组后的结果进行过滤,通常与GROUP BY子句一起使用;HAVING子句中的条件只能包含聚合函数或常量表达式。

⑤在进行统计查询时,注意数据的精度问题,特别是涉及浮点数计算时,可能会遇到精度损失的问题。可使用DECIMAL数据类型或者格式化输出结果来解决这个问题。

⑥当使用字符串常量指定列的别名时,不能在后续的过滤或排序中直接使用该字符串常量作为依据,应使用标识符定义列的别名,以便在过滤和排序操作中正确引用聚合函数计算结果,确保查询的顺利执行。

⑦在进行复杂的统计查询时,可考虑使用子查询或者临时表来简化查询逻辑。

3)工作过程

【工作任务1】查询系部表t01_college中的记录数。

操作代码及结果如图4.3.1所示。

```
mysql> select count(*) from t01_college;
+----------+
| count(*) |
+----------+
|       13 |
+----------+
1 row in set (0.01 sec)
```

```
mysql> select count(1) as 记录数 from t01_college;
+--------+
| 记录数 |
+--------+
|     13 |
+--------+
1 row in set (0.00 sec)
```

图4.3.1 查询系部表t01_college中的记录数

【工作任务2】统计已经评定了职称的教师人数。

操作代码及结果如图4.3.2所示。

```
mysql> select count(c02_title) as 评定了职称的教师人数 from t02_teacher;
+----------------------+
| 评定了职称的教师人数 |
+----------------------+
|                  100 |
+----------------------+
1 row in set (0.00 sec)
```

图4.3.2 统计已经评定了职称的教师人数

注意,若使用COUNT(1)或COUNT(*),则统计总教师人数。

【工作任务3】计算ID为2的企业的所有员工的年薪总和。

操作代码及结果如图4.3.3所示。

```
mysql> select sum(c14_salary_of_year) '企业员工年薪总和'
    ->   from t14_employment
    ->   where c11_employer_id = 2;
+------------------+
| 企业员工年薪总和 |
+------------------+
|          2463.00 |
+------------------+
1 row in set (0.00 sec)
```

图4.3.3 计算ID为2的企业的所有员工的年薪总和

【工作任务4】计算ID为2的企业的所有员工的平均年薪。

操作代码及结果如图4.3.4所示。

```
mysql> select round(avg(c14_salary_of_year), 2) '企业员工平均年薪'
    -> from t14_employment
    -> where c11_employer_id = 2;
+------------------+
| 企业员工平均年薪 |
+------------------+
|            54.73 |
+------------------+
1 row in set (0.00 sec)
```

图4.3.4　计算ID为2的企业的所有员工的平均年薪

【工作任务5】查询成绩表，找出课程编号"B310301340050"对应的最低分和最高分。

操作代码及结果如图4.3.5所示。

```
mysql> select min(c06_score) '最低分', max(c06_score) '最高分'
    -> from t06_score
    -> where c03_course_code = 'B310301340050';
+--------+--------+
| 最低分 | 最高分 |
+--------+--------+
|     50 |     99 |
+--------+--------+
1 row in set (0.00 sec)
```

图4.3.5　查询课程编号对应的最低分和最高分

【工作任务6】查询选修了课程的每个学生的最高分及最低分。

操作代码及结果如图4.3.6所示。

```
mysql> select c05_student_code, max(c06_score) as 最高分, min(c06_score) as 最低分
    -> from t06_score
    -> group by c05_student_code;
+------------------+--------+--------+
| c05_student_code | 最高分 | 最低分 |
+------------------+--------+--------+
| 2023310105       |   85.5 |   85.5 |
| 2024330301       |     95 |     58 |
| 2024330302       |     95 |     52 |
| 2024330303       |     94 |     58 |
| 2024330304       |     90 |     65 |
```

图4.3.6　查询每个学生的最高分和最低分

【工作任务7】统计t05_student表中男生和女生的人数。

操作代码及结果如图4.3.7所示。

```
mysql> select c05_gender as '性别', count(*) as '人数'
    -> from t05_student
    -> group by c05_gender;
+------+------+
| 性别 | 人数 |
+------+------+
| 女   |   51 |
| 男   |   34 |
+------+------+
2 rows in set (0.00 sec)
```

图4.3.7　统计男生和女生的人数

【工作任务8】统计t05_student表中各班级的男生和女生的人数。

操作代码及结果如图4.3.8所示。

```
mysql> select c04_class_name '班级', c05_gender '性别', count(*) '人数'
    ->  from t05_student t05, t04_class t04
    ->  where t04.c04_class_code = t05.c04_class_code
    ->  group by c04_class_name, c05_gender;
+---------------------------+--------+--------+
| 班级                      | 性别   | 人数   |
+---------------------------+--------+--------+
| 2023级云计算技术应用1班   | 女     |    24  |
| 2023级云计算技术应用1班   | 男     |    15  |
| 2023级云计算技术应用3班   | 男     |     1  |
| 2024级智能互联网络技术3班 | 女     |    27  |
| 2024级智能互联网络技术3班 | 男     |    18  |
+---------------------------+--------+--------+
```

图4.3.8 统计各班级男生和女生的人数

【工作任务9】统计t05_student表中超过40人的班级。

操作代码及结果如图4.3.9所示。

```
mysql> select c04_class_name '班级', count(c05_student_code) '人数'
    ->  from t05_student t05, t04_class t04
    ->  where t04.c04_class_code = t05.c04_class_code
    ->  group by c04_class_name
    ->  having count(c05_student_code) > 40;
+---------------------------+--------+
| 班级                      | 人数   |
+---------------------------+--------+
| 2024级智能互联网络技术3班 |    45  |
+---------------------------+--------+
```

图4.3.9 统计超过40人的班级

【工作任务10】统计t05_student表中超过40人的班级,结果按人数从多到少排序。

```
select c04_class_name '班级', count(c05_student_code) '人数'
 from t05_student t05, t04_class t04
 where t04.c04_class_code = t05.c04_class_code
 group by c04_class_name
 having count(c05_student_code)> 40
 order by count(c05_student_code)desc;
```

或者

```
select c04_class_name '班级', count(c05_student_code) 人数
 from t05_student t05, t04_class t04
 where t04.c04_class_code = t05.c04_class_code
 group by c04_class_name
 having 人数 > 40 order by 人数 desc;
```

结果如图4.3.10所示。

```
mysql> select c04_class_name '班级', count(c05_student_code) 人数
    -> from t05_student t05, t04_class t04
    -> where t04.c04_class_code = t05.c04_class_code
    -> group by c04_class_name
    -> having 人数 > 40 order by 人数 desc;
+-------------------------+------+
| 班级                    | 人数 |
+-------------------------+------+
| 2024级智能互联网络技术3班 |  45  |
```

图4.3.10　统计超过40人的班级，结果按人数从多到少排序

注意,在第一种查询方法中,使用字符串常量指定列的别名,那么不能用字符串常量作为过滤或排序的依据。第二种查询方法中,使用标识符定义列的别名,可以在过滤和排序时使用标识符代替聚合函数的计算。

【工作任务11】查询平均成绩最高的学生的学号和平均成绩。

操作代码及结果如图4.3.11所示。

```
mysql> select c05_student_code 平均成绩最高的学生的学号, avg(c06_score) 平均成绩
    -> from t06_score
    -> group by c05_student_code
    -> having 平均成绩 >= all (select avg(c06_score) from t06_score group by c05_student_code);
+--------------------------+----------+
| 平均成绩最高的学生的学号   | 平均成绩 |
+--------------------------+----------+
| 2023310105               |   85.5   |
+--------------------------+----------+
1 row in set (0.00 sec)
```

图4.3.11　查询平均成绩最高的学生的学号和平均成绩

4)问题情境

【问题情境1】查询CollegeDB数据库中t05_student表,尽管数据库中确实存在学生的成绩记录,但计算所有学生的平均成绩时没有返回任何结果。

首先,单独查询t06_score表,确认是否有符合条件的记录。其次,检查数据类型,确保成绩字段的数据类型是数值类型。

【问题情境2】在查询数据时,计算所有学生的平均成绩时,发现结果与手动计算的结果不一致。

首先,确保聚合函数的使用是正确的,AVG函数应该只计算非空值。其次,确保计算过程中没有精度损失。可使用DECIMAL数据类型来提高精度。

【问题情境3】在统计某个班级的学生人数时,发现结果总是比实际人数少。

检查是否存在NULL值未被统计。如果是在GROUP BY后使用COUNT(*)或COUNT(1),则不会遗漏任何记录,但如果使用的是COUNT(某个字段),则需要确保该字段没有NULL值,因为COUNT(字段)不会计算NULL值。

【与AI聊一聊】

在查询数据表中的数据时,我们使用了SELECT、FROM、WHERE、GROUP BY、HAVING、LIMIT、ORDER BY等语句,这些语句之间有严格的顺序关系吗?

4.3.5 学习评价

序号	评价内容	评价标准	评价结果（是/否）
1	SQL语句的准确性	能够正确使用COUNT( )、SUM( )、AVG( )、MAX( )和MIN( )等聚合函数查询数据	
2	分组查询的使用	能够正确使用GROUP BY子句对数据进行分组，并使用聚合函数进行统计分析	
3	分组过滤的使用	能够正确使用HAVING子句对分组后的结果进行过滤	
4	条件和排序的使用	能够综合使用WHERE子句和ORDER BY子句进行条件过滤和结果排序	
5	问题解决能力	能够在遇到统计查询问题时，分析问题原因并采取适当措施解决问题	

拓展阅读

根据第七次全国人口普查结果，2020年11月1日零时全国人口中，男性人口为723 339 956人，占51.24%；女性人口为688 438 768人，占48.76%。总人口性别比（以女性为100，男性对女性的比例）为105.07，与2010年第六次全国人口普查基本持平。

单位：万人				(10000 persons)
普查年份 Census Years	全国人口 National Population			性别比（女=100）Sex Ratio (Female=100)
	合计 Both Sexes	男 Male	女 Female	
1953	58260	30190	28070	107.56
1964	69458	35652	33806	105.46
1982	100818	51944	48874	106.30
1990	113368	58495	54873	106.60
2000	126583	65355	61228	106.74
2010	133972	68685	65287	105.20
2020	141178	72334	68844	105.07

图4.3.12 全国人口普查性别数据

全国人口中，居住在城镇的人口为901 991 162人，占63.89%（2020年我国户籍人口城镇化率为45.4%）；居住在乡村的人口为509 787 562人，占36.11%。与2010年第六次全国人口普查相比，城镇人口增加236 415 856人，乡村人口减少164 361 984人，城镇人口比重上升14.21个百分点。

单位：万人，%				(10000 persons, %)
普查年份 Census Years	城镇人口 Urban Population	乡村人口 Rural Population	全国人口 National Population	城镇人口比重 Proportion of Urban Population to National Population
1953	7726	50534	58260	13.26
1964	12710	56748	69458	18.30
1982	21082	79736	100818	20.91
1990	29971	83397	113368	26.44
2000	45844	80739	126583	36.22
2010	66557	67415	133972	49.68
2020	90199	50979	141178	63.89

图4.3.13　全国人口普查城镇和乡村人口数据

（来源：国家统计局，2020年第七次全国人口普查主要数据 https://www.stats.gov.cn/sj/pcsj/rkpc/d7c/202303/P020230301403217959330.pdf）

4.3.6　课后作业

1.查询t02_teacher表中不同学历的教师人数，显示学历和人数两个字段。

2.查询t06_score表中选修了课程的每个班级（通过学生表关联班级表获取班级信息）的平均成绩，显示班级名称和平均成绩两个字段。

3.统计t05_student表中毕业日期在2021年之前的学生人数，显示毕业日期和人数两个字段。

4.查询t06_score表中成绩高于80分的学生的学号、课程编号以及成绩，然后统计这些学生的人数，显示人数一个字段（提示：可先使用子查询找出符合条件的学生记录，再对结果进行计数统计）。

工作手册4.4　使用视图间接查询和管理数据

4.4.1　核心概念

数据表(Table)是数据库中用于存储数据的基本结构。数据表以行和列的形式组织数据,每一行代表一条记录,记录了一个特定实体或事件的相关信息;每一列则代表一个特定的属性或字段,用于描述记录的某个方面特征。

视图(View)是存储的数据查询,是从一个或多个数据表(或视图)导出的虚拟表。视图是数据库用户使用数据库的角度——相比数据表更加便于管理和使用数据;视图并不存储数据,数据库只存储视图的定义。用户可通过视图,间接查询和操作视图可见的数据表中的数据记录,有助于简化数据查询操作,控制数据操作范围和权限,从而提高数据安全性、实现逻辑数据独立性。

相对于视图是虚拟表,数据表又称为**基本表**(Base Table)。

4.4.2　学习目标

①能够熟练运用视图查看相关命令,查看数据库中的所有视图、视图的创建语句、结构和基本信息。

②能够使用CREATE VIEW和ALTER VIEW语句,根据实际需求合理定义视图的列名、查询逻辑,理解数据检查选项(WITH CHECK OPTION)的作用,创建和修改满足业务需求且数据逻辑正确的视图。

③能够在符合条件的情况下,通过视图进行数据查询、插入、修改和删除操作。

④能够理解视图操作与基本表操作的异同,清楚视图操作的限制条件,在实际应用中正确、谨慎地使用视图管理数据。

4.4.3　基础知识

出于安全的原因,有时要隐藏一些重要的数据信息。例如,查看成绩单时需要关联学生信息表,希望只显示学号、姓名等基本信息,而不显示家庭住址和身份证号码等重要信息。在有些查询中要使用聚合函数,可能还要关联好几张表,查询语句会显得比较复杂。

在上述情况下,可以创建一个视图,在学生、课程和成绩3个表关联查询的基础上重新定义一张虚拟表,选取成绩单需要的信息,屏蔽掉那些不需要,或者不想显示在成绩单上的信息;也可以把经常使用的复杂查询创建成视图,从而对使用者屏蔽了复杂的查询操作,让用户的数据查询简单化。

使用视图的优点主要包括:①简化复杂的数据查询;②实现数据结构与数据应用的隔离,用户不需要了解数据表结构,数据表的一些修改也不影响用户通过视图使用数据;③实现更多元化的权限管理,通过视图权限管理用户使用数据表的权限,增加了安全性;④视图可以依据需求组织数据,便于数据共享。

1)查看视图

(1)查看数据库中的所有视图名

```
SHOW FULL TABLES [IN 数据库名] WHERE TABLE_TYPE = 'VIEW';
```

注意,一定要指明数据库的名字,因为它不是默认显示当前数据库中的表或视图。省掉方括号部分的内容,则显示该数据库里的所有表名,包括原始数据基本表"BASE TABLE"和视图"VIEW"。方括号内的代码表示的条件用来限定显示的表的类型为"VIEW",即只显示视图,不显示基表。

(2)查看视图的创建语句

```
SHOW CREATE VIEW 视图名;
```

(3)描述视图的结构

使用DESCRIBE或DESC语句描述视图的结构:

```
DESC | DESCRIBE  视图名;
```

(4)查看视图的基本信息

```
SHOW TABLE STATUS LIKE '视图名';
```

2)创建视图

使用CREATE VIEW创建视图,创建时需要指定视图的名称和视图对应查询语句。

```
CREATE [OR REPLACE] VIEW  视图名[(列1 [, 列2,...])]
AS 子查询
[WITH CHECK OPTION];
```

- OR REPLACE子句可选,作用是如果视图存在,则替换已有的同名视图。
- 若声明视图的列,则必须声明所有子查询结果列对应的列名;若省略声明视图的列,则使用子查询的列名;
- 子查询可查询基本表(BASE TABLE),也可查询视图(VIEW);
- WITH CHECK OPTION,数据检查选项。若创建视图使用此选项,则通过视图更新数据时,数据必须符合视图的定义时的查询条件;否则视图主要用于查询,而不是强制数据一致性。

3)修改视图

(1)使用CREATE OR REPLACE VIEW修改视图

如果存在一个同名的视图,则CREATE OR REPLACE VIEW语句会重新创建一个视图替换已有视图,从而达到修改已有视图的目的。

```
CREATE OR REPLACE VIEW   视图名[(列1 [, 列2,...])]
AS 子查询
[WITH CHECK OPTION];
```

（2）使用 ALTER VIEW 语句修改视图

```
ALTER VIEW   视图名[(列1 [, 列2,...])]
AS（子查询）
[WITH CHECK OPTION];
```

注意，当数据表新增或删除了列时，数据库管理员应当及时检查和修改数据表相关的视图。

4）使用视图

视图是用户查看数据的一个视角，一般情况下仅用于数据查询操作，查询操作的方法与基本表的查询操作方法完全一致。通过视图进行新增、修改或删除数据的操作，可能会导致错误或无法预期的结果，在实践中务必谨慎使用。

有一些视图基于单个数据表创建，其操作可直接与数据表对应起来，那么就可以通过视图进行插入、修改、删除数据等操作。对视图所做的数据操作，都是对相应的原始数据表的数据操作。

（1）使用视图添加记录数据

通过视图插入数据记录，必须严格满足以下条件：

- 基表中未被视图引用的字段必须有默认值、自增值或允许为空。
- 添加的数据必须符合基表数据的各种约束规则。
- 如果视图是基于多个表创建的，则该视图只能用于查询，而不能进行数据处理。
- 如果创建视图时指定了 WITH CHECK OPTION 选项，在使用视图新增数据时，数据记录必须符合视图定义中的条件。

（2）使用视图修改记录数据

通过视图修改数据记录，也要严格满足一定的条件：

- 在一个 UPDATE 语句中修改的字段必须属于同一个基表。
- 对于基表数据的修改，必须满足在字段上设置的如主键、唯一键、是否为空等约束规则。
- 如果在视图定义中用到 WITH CHECK OPTION 子句，则通过这个视图修改时提供的数据必须满足视图定义中的条件，否则修改会被中止并返回错误信息。
- 视图中汇总函数或计算字段的值不能更改，因为它不是原始的基本数据。
- 视图定义中含有 UNION、DISTINCT、GROUP BY 等关键字时，不能用来修改记录。
- 视图定义语句中包含子查询时或来自不可更新的视图时，不能用来修改记录。

（3）使用视图删除记录数据

视图跟表一样也可以删除基表中的数据记录，但该视图一定是基于单一的原始表定义的。

5)删除视图

删除视图的命令格式如下：

```
DROP VIEW [IF EXISTS] 视图名 1[,视图名 2...];
```

IF EXISTS 为可选项，如果要删除的视图存在，就删除；如果不存在，命令也会执行成功而不提示错误信息。可以同时删除多个视图，各视图名之间使用英文逗号隔开。

4.4.4　能力训练

1)操作条件

①已经成功连接到数据库，并且数据库服务必须处于运行状态。

②当前用户具有读取目标表的权限。

③目标表已经存在，表中已经有数据可供查询。可使用DESC命令了解表的结构，包括字段名称、数据类型等信息，以便正确地构建查询语句。

④确保当前用户具有创建、修改、删除视图的权限。

⑤熟悉毕业生就业信息系统的数据库架构和数据表结构，了解各个表之间的关联关系，因为视图的创建和查询往往涉及多个表的关联操作，准确把握表结构和关系有助于正确构建视图和执行相关操作。

⑥使用MySQL命令行客户端或已经安装的MySQL Workbench等图形化工具进行操作。

2)注意事项

①创建视图时，若声明视图列，需确保与子查询结果列对应，避免列名不匹配或遗漏；使用OR REPLACE 选项时要谨慎，确认新视图定义的合理性，防止意外覆盖重要视图；创建基于多个表的视图时，要考虑后续数据操作的可行性，因为这类视图在数据更新方面存在较多限制。

②修改视图时，无论是使用CREATE OR REPLACE VIEW还是ALTER VIEW，都要仔细检查修改后的视图定义是否符合预期，要确保不会影响到现有应用程序对视图的使用。

③通过视图进行数据操作时，确保基表中的数据一致性；特别是使用 UPDATE 和DELETE操作时，确保满足基表的约束条件。

④为不同的用户分配适当的视图权限，确保数据的安全性和隔离性。

⑤当基表的结构发生变化时，及时检查和更新相关的视图定义，确保视图的正确性和可用性。

3)工作过程

【工作任务1】查看 CollegeDB 数据库中的所有表。

如图 4.4.1 所示。

```
mysql> show full tables in CollegeDB;
+-------------------+------------+
| Tables_in_collegedb | Table_type |
+-------------------+------------+
| t01_college       | BASE TABLE |
| t02_teacher       | BASE TABLE |
| t03_course        | BASE TABLE |
| t04_class         | BASE TABLE |
| t05_student       | BASE TABLE |
| t06_score         | BASE TABLE |
| t11_employer      | BASE TABLE |
| t12_department    | BASE TABLE |
| t13_employee      | BASE TABLE |
| t14_employment    | BASE TABLE |
+-------------------+------------+
10 rows in set (0.00 sec)
```

图4.4.1　查看数据库中的所有表对象

【工作任务2】创建具有高级职称的教师的视图 v_professor_teacher。

操作代码如图4.4.2所示。

```
mysql> create view v_professor_teacher(工号, 姓名, 生日, 性别, 职称, 学历)
    -> as
    -> select c02_teacher_code, c02_teacher_name, c02_birthday, c02_gender, c02_title, c02_education from t02_teacher
    -> where c02_title in ('副教授', '教授');
Query OK, 0 rows affected (0.01 sec)
```

图4.4.2　创建视图

【工作任务3】查看CollegeDB数据库中的所有视图,而不显示基表。

操作代码及结果如图4.4.3所示。

```
mysql> show full tables in CollegeDB where table_type like 'VIEW';
+-------------------+------------+
| Tables_in_collegedb | Table_type |
+-------------------+------------+
| v_professor_teacher | VIEW     |
+-------------------+------------+
1 row in set (0.00 sec)
```

图4.4.3　查看数据库中的所有视图对象

注意,数据表类型中的"VIEW"必须是大写字母。

【工作任务4】查看xsgl数据库下的 v_professor_teacher 视图的结构。

操作代码及结果如图4.4.4所示。

```
mysql> desc v_professor_teacher;
+-------+----------------------------------------+------+-----+---------+-------+
| Field | Type                                   | Null | Key | Default | Extra |
+-------+----------------------------------------+------+-----+---------+-------+
| 工号  | char(8)                                | NO   |     | NULL    |       |
| 姓名  | varchar(16)                            | NO   |     | NULL    |       |
| 生日  | date                                   | YES  |     | NULL    |       |
| 性别  | enum('男','女')                        | YES  |     | NULL    |       |
| 职称  | varchar(4)                             | YES  |     | NULL    |       |
| 学历  | enum('高中','中专','大专','本科','研究生') | YES  |     | NULL    |       |
+-------+----------------------------------------+------+-----+---------+-------+
6 rows in set (0.00 sec)
```

图4.4.4　查看视图结构

【工作任务5】修改视图 v_professor_teacher,保留工号、姓名、性别和年龄等列。

操作代码及结果如图4.4.5所示。

```
mysql> alter view v_professor_teacher(工号, 姓名, 性别, 年龄)
    ->  as
    -> select c02_teacher_code, c02_teacher_name, c02_gender, (year(now()) - year(c02_birthday))
    -> from t02_teacher
    -> where c02_title in ('副教授', '教授');
Query OK, 0 rows affected (0.01 sec)

mysql> desc v_professor_teacher;
+-------+--------------+------+-----+---------+-------+
| Field | Type         | Null | Key | Default | Extra |
+-------+--------------+------+-----+---------+-------+
| 工号  | char(8)      | NO   |     | NULL    |       |
| 姓名  | varchar(16)  | NO   |     | NULL    |       |
| 性别  | enum('男','女') | YES  |     | NULL    |       |
| 年龄  | int          | YES  |     | NULL    |       |
+-------+--------------+------+-----+---------+-------+
4 rows in set (0.00 sec)
```

图4.4.5　修改视图

【工作任务6】创建视图 v_girls,用来查看 t05_student 表中所有女生的基本信息。

操作代码如图4.4.6所示。

```
mysql> create or replace view v_girls(scode, sname, clzcode, gender, birthday, address)
    -> as
    -> select c05_student_code, c05_student_name, c04_class_code, c05_gender, c05_birthday, c05_address
    -> from t05_student
    -> where c05_gender = '女'
    -> with check option;
Query OK, 0 rows affected (0.01 sec)
```

图4.4.6　使用 WITH CHECK OPTION 选项创建视图

【工作任务7】使用视图 v_girls 查询林洁的信息。

操作代码及结果如图4.4.7所示。

```
mysql> select * from v_girls v where v.sname = '林洁';
+------------+-------+----------+--------+------------+------------------------------+
| scode      | sname | clzcode  | gender | birthday   | address                      |
+------------+-------+----------+--------+------------+------------------------------+
| 2023310109 | 林洁  | 202301001 | 女     | 2006-07-13 | 山东省淄博市博山区解放路565号  |
+------------+-------+----------+--------+------------+------------------------------+
1 row in set (0.00 sec)
```

图4.4.7　使用视图查询数据

【工作任务8】使用视图 v_girls 删除学号为2023310116的学生记录。

操作代码如图4.4.8所示。

```
mysql> delete from v_girls where scode = '2023310116';
Query OK, 1 row affected (0.01 sec)
```

图4.4.8　使用视图删除数据

【工作任务9】使用视图 v_girls,将学号为2023310119的女生的出生日期修改为2002-08-20。

操作代码如图4.4.9所示。

```
mysql> update v_girls set birthday = '2002-08-20' where scode = '2023310119';
Query OK, 1 row affected (0.00 sec)
Rows matched: 1  Changed: 1  Warnings: 0
```

图4.4.9　使用视图删除数据

【工作任务10】尝试使用视图v_girls,将学号为2023310110的男生的地址修改为"山东省临沂市北京路1号",对比更新学号为2023310119的女生的地址。

操作代码及结果如图4.4.10所示。

```
mysql> update v_girls set address = '山东省临沂市北京路1号' where scode = '2023310110';
Query OK, 0 rows affected (0.00 sec)
Rows matched: 0  Changed: 0  Warnings: 0

mysql> update v_girls set address = '山东省临沂市北京路1号' where scode = '2023310119';
Query OK, 0 rows affected (0.00 sec)
Rows matched: 1  Changed: 0  Warnings: 0

mysql> select c05_student_code, c05_student_name, c04_class_code, c05_gender, c05_birthday, c05_address
    -> from t05_student
    -> where c05_student_code in('2023310110', '2023310119');
+------------------+------------------+----------------+------------+--------------+----------------------------+
| c05_student_code | c05_student_name | c04_class_code | c05_gender | c05_birthday | c05_address                |
+------------------+------------------+----------------+------------+--------------+----------------------------+
| 2023310110       | 罗强刚           | 202301001      | 男         | 2005-12-01   | 山东省枣庄市滕州市文化路330号  |
| 2023310119       | 马杰平           | 202301001      | 女         | 2002-08-20   | 山东省临沂市北京路1号          |
+------------------+------------------+----------------+------------+--------------+----------------------------+
2 rows in set (0.00 sec)
```

图4.4.10　使用视图更新数据的测试

从执行结果可以看到,由于v_girls视图限制了性别为女,因此无法通过该视图操作性别为男的学生数据。

【工作任务11】删除视图v_professor_teacher。

操作代码如图4.4.11所示。

```
mysql> drop view v_professor_teacher;
Query OK, 0 rows affected (0.01 sec)
```

图4.4.11　删除视图

4)问题情境

【问题情境1】在查询CollegeDB数据库中创建的视图v_professor_teacher时,发现查询结果为空,但是数据库中确实存在符合条件的记录。

视图数据来自基本表。如果查询视图结果为空,那么可能是视图创建或者数据表本身的问题。首先,使用SHOW CREATE VIEW命令检查视图定义,确保视图的定义是正确的。其次,检查基表t02_teacher中是否存在符合条件的记录。

【问题情境2】尝试通过视图插入数据时,报错"Cannot add or update a child row: a foreign key constraint fails"。

检查视图所依赖的基础表中的外键约束,确保插入的数据符合外键约束的要求。例如,如果视图包含了一个外键字段,确保插入的值在相应的父表中存在。

【与AI聊一聊】

在极端情况下,有些金融机构为了数据保密,将数据表和数据字段的名称全部设置为没有直观意义的字符串,再通过单独的数据字典文档记录数据表结构信息。你认同这样的做法吗? 这种做法有哪些好处和不足?

4.4.5 学习评价

序号	评价内容	评价标准	评价结果(是/否)
1	视图创建的准确性	能够正确使用CREATE VIEW语句创建视图,并指定视图的列和查询条件	
2	视图修改的准确性	能够正确使用CREATE OR REPLACE VIEW或ALTER VIEW语句修改视图	
3	视图删除的准确性	能够正确使用DROP VIEW语句删除视图	
4	视图查询的准确性	能够正确使用SELECT语句通过视图查询数据	
5	视图数据操作的准确性	能够正确使用INSERT、UPDATE和DELETE语句通过视图进行数据操作	

拓展阅读

数据编织能力,直观来说,就是数据的条理性和可使用性。

随着数据量的爆炸性增长,海量数据往往分散在不同的数据中心,形成所谓的"数据孤岛",这不仅阻碍了数据的流通和共享,也降低了数据的利用效率。为了解决这一问题,先进的存储系统必须集成数据编织能力,即能够对分散的数据进行有效的归集与管理。数据编织涉及构建统一的数据视图,实现数据的整合和调度,从而使数据能够被快速地发现和访问。这一过程要求存储系统不仅要有高容量和高性能,还要具备智能的数据管理功能,包括自动化的数据分类、元数据的丰富描述以及高效的数据检索算法。数据编织能够打破"数据孤岛",实现数据的流动性和可用性,从而促进数据驱动的决策制定。

4.4.6 课后作业

1.创建视图 v_top_students,显示每个课程的最高分学生信息,包括学号、姓名、课程名称和成绩。

2.创建视图 v_dept_students,显示每个系部的学生信息,包括系名、学号、姓名和性别。

3.创建视图 v_class_teachers,显示每个班级的教师信息,包括班级号、班级名称、教师姓名和职称。

4.创建视图 v_teacher_courses,显示每个教师所教授的课程信息,包括教师姓名、课程名称和学分。

5.查看视图 v_top_students 的定义语句。

6.删除视图 v_top_students 和 v_class_teachers。

工作手册4.5　使用索引提高查询速度

4.5.1　核心概念

索引是一个单独的、物理的数据库结构,它是表中一个或多个列的值及其数据页的位置的清单。索引是创建在数据表上的,可用来快速查询数据库表中的特定记录。表的存储由两部分组成,一部分是表的数据页面,另一部分是索引页面,索引就存储在索引页面上。

慢查询(Slow Query)是在 MySQL 中执行时间超过特定阈值(默认为10秒)的SQL查询。慢查询会消耗较多系统资源,可能导致性能瓶颈。通过记录慢查询日志并分析慢查询的原因,如全表扫描、索引未使用或选择不当、复杂查询逻辑等,可针对性地优化查询语句和数据库结构,提升数据库性能。

查询优化是指为了提高查询速度而对数据查询语句进行的分析和调整,以有效地提高MySQL数据库的性能。对查询优化的处理,不仅会影响数据库的工作效率,还会给数据库用户带来实实在在的效益。

执行计划(Execution Plan),是通过 EXPLAIN 或 DESCRIBE 语句获取的SQL查询执行过程的详细描述,包括查询块顺序(id)、查询类型(select_type)、操作表名(table)、访问类型(type)、可能和实际使用的索引(possible_keys、key)、索引字节数(key_len)、参考列或常量(ref)、预估检查行数(rows)、过滤后返回行数百分比(filtered)以及额外信息(Extra)等,为查询优化提供重要依据,帮助理解MySQL优化器如何执行查询并做出调优决策。

4.5.2　学习目标

①能够选择合适的索引类型,使用CREATE TABLE、ALTER TABLE、CREATE INDEX等语句为数据表创建索引,确保索引创建正确且有效。

②能够使用ALTER TABLE和DROP INDEX语句删除不再需要的索引,以优化数据库性能,避免过多无用索引影响数据更新速度和数据库性能。

③能够使用EXPLAIN和DESCRIBE语句分析查询执行计划中的各项信息,如查询类型、访问类型、索引使用情况等,根据分析结果评估查询性能,找出潜在的优化点,进而优化查询语句。

4.5.3　基础知识

1)认识索引

索引的本质是将数据列的取值排序,使得在使用排序之后的列查询数据时速度更快。

如果没有索引,MySQL就必须从第一行开始读取整个表以找到相关的行。表格行越多,时间花费越多。如果表中有相关字段的索引,MySQL就可以快速确定要查找的行的位置,而不必查看所有数据,这比顺序读取每一行要快得多。

MySQL中常用索引的类型有如下4种:

- 普通索引(Index),最基本的索引类型,只要不与约束冲突就允许在索引列中插入重复值或空值。
- 唯一索引(Unique),即唯一约束,索引列称为唯一键或替代键,索引列的值必须唯一,可以是空值。在一张表上可以创建多个UNIQUE索引。
- 主键索引(Primary Key),一种特殊的唯一索引,一般是在建立主键时自动创建,也可通过修改表的方法增加主键索引,但一张表只能有一个主键索引,主键索引列的值不能重复也不能为空值。
- 全文索引(Full Text),用于查找文本中的关键字,只能对CHAR、VARCHAR和TEXT类型的列创建索引,索引列可以插入重复值和空值。

创建索引可以加快数据的检索速度,但也有相应的代价,一是,在数据库建立过程中,需要花费时间建立和维护索引;二是,索引需要占用物理空间;三是,当对数据进行增、删、改操作时,也需要对索引进行相应的维护,降低了数据维护速度,并且随着数据总量的增加,所花费的时间将不断增加。

在实践中,可参考如下的索引设计原则,结合实际情况综合考虑设置索引:

- 为经常需要排序、分组和联合操作的列创建索引。
- 为经常作为查询条件且该值比较零散的列创建索引。
- 对取值有唯一性要求的列创建唯一索引。
- 尽量不要对含有大量重复的值的列创建索引,在诸如"性别"这样的列上创建索引将不会有什么帮助,相反还有可能降低数据库的性能。
- 数据记录较少的数据表不适合创建索引,数据记录要足够多,使用索引提高查询效率才更明显。
- 删除不再使用或者很少使用的索引。

2)创建索引

在MySQL中,使用CREATE TABLE语句、ALTER TABLE语句和CREATE INDEX语句都可以创建索引。

(1)在创建数据表时设置索引

```
CREATE TABLE 表名(
列名1 数据类型1 [列级完整性约束1]
[,列名2 数据类型2 [列级完整性约束2]][,…]
[,表级完整性约束1][,…]
,[UNIQUE|FULLTEXT|SPATIAL]INDEX|KEY [索引名](列名[(长度)] [ASC|DESC])
    );
```

在MySQL8.0中,为数据表设置主键、唯一键和外键等数据约束时,会在相应的列上自动创建索引。上述创建表的语句中,KEY和INDEX是一样的意思。

```
[UNIQUE|FULLTEXT|SPATIAL]INDEX|KEY [索引名](列名[(长度)] [ASC|DESC])
```

其中，UNIQUE、FULLTEXT、SPATIAL分别表示唯一索引、全文索引和空间索引；INDEX和KEY任选一个；若不指定索引名，则默认字段名为索引名；列名后的长度，是针对字符串类型的列，指定使用多少个字符创建索引；ASC或DESC是创建索引的排序方式，可以不选。

（2）通过修改数据表创建索引

通过修改数据表可以为已创建数据表的列创建索引，语法如下：

```
ALTER TABLE 表名
ADD [UNIQUE|FULLTEXT|SPATIAL]INDEX|KEY [索引名](列名[(长度)] [ASC|DESC]);
```

（3）使用CREATE INDEX语句创建索引

通过CREATE INDEX语句可以为已创建数据表的列创建索引，语法如下：

```
CREATE [UNIQUE|FULLTEXT|SPATIAL]INDEX|KEY [索引名];
ON 表名(列名[(长度)] [ASC|DESC]);
```

3）查看索引

（1）查看数据表上的索引信息

使用SHOW INDEX查看表中创建的索引情况，语法如下：

```
SHOW INDEX FROM 表名;
```

（2）查看查询语句中索引的使用情况

使用EXPLAIN关键字，可以查看查询时索引是否被使用，语法如下：

```
EXPLAIN  SELECT 语句;
```

执行该语句后，通过结果中possible_keys和key两个列的值来判断是否使用了索引。

4）删除索引

索引的存在，会降低数据表更新的速度，影响数据库的性能。可以通过修改数据表或者DROP INDEX语句删除不需要的索引。

（1）使用ALTER TABLE语句删除索引

```
ALTER TABLE 表名 DROP INDEX 索引名;
```

（2）使用DROP INDEX语句删除索引

```
DROP INDEX 索引名 ON 表名;
```

5）子查询和多表查询

子查询是在一个查询语句中嵌套另一个查询语句。内层查询（子查询）的结果通常作为外层查询的一个条件。子查询可以出现在SELECT，FROM，WHERE，HAVING子句中。

进行子查询时，需要创建临时表来存储内层查询的结果，增加了查询的开销；如果外层查询中有多个行需要评估，子查询可能会被多次执行，导致性能问题。因此，子查询的速度会受到一定的影响，当查询的数据量增大时，这种影响也会随之增大。

在MySQL中可以使用连接查询来替代子查询。在查询过程中，用户将表中的一个或多个共同字段进行连接,定义查询条件,返回统一的查询结果。多表查询能够减少临时表的创建,通常只需要一次执行即可获得所有需要的数据。对于大型数据集,JOIN查询通常比子查询更快。

在实践中,应根据具体情况选择最适合的查询方式,并定期审查慢查询日志来发现问题并进行调整。

6)慢查询

MySQL中的慢查询是指那些执行时间超过一定阈值(默认为10秒)的SQL查询。慢查询通常会消耗较多的系统资源,并可能导致性能瓶颈。了解和优化慢查询是数据库管理的重要组成部分。MySQL 8.0支持将执行比较慢的SQL语句记录下来。

慢查询的原因有很多,以下是一些常见的原因及解决方法:

①全表扫描。应当为常用的查询条件创建索引,避免全表扫描。

②索引未被使用。应当检查查询条件是否符合索引的使用规则,确保索引能够被利用。

③索引选择不当。应当调整索引策略,为多条件查询创建多列索引。

④JOIN操作。应当尽量减少JOIN操作的数量,使用内连接(INNER JOIN)代替外连接(OUTER JOIN),必要时可以考虑分区或使用子查询。

⑤大数据量操作。应当对于涉及大量数据的操作,可以考虑使用分区表或分批处理。

⑥复杂查询。应当简化查询逻辑,避免使用过多的嵌套查询或复杂的条件。

⑦大事务。应当缩短事务的执行时间,减少锁竞争。

⑧不适当的排序操作。应当优化ORDER BY和GROUP BY子句,确保使用索引。

⑨高并发环境:应当优化并发控制机制,如调整隔离级别、使用乐观锁或悲观锁等。

慢查询相关的系统配置有3个,分别如下:

- long_query_time:设置慢查询的时间判断阈值,MySQL会将执行时间超过该阈值的查询写入日志;默认的是10秒,设置为0时记录所有的查询。
- slow_query_log:设置慢查询日志状态,ON表示打开,OFF表示关闭。
- slow_query_log_file:设置慢查询日志文件保存的位置,在Windows系统上默认是"C:\ProgramData\MySQL\ MySQL Server 8.0\Data\"。

查看相关系统变量,查询系统默认状态(图4.5.1)。

```
show variables like 'long%';
```

将查询时间超过5秒的查询设置为慢查询(图4.5.2)。

```
set long_query_time=5;
```

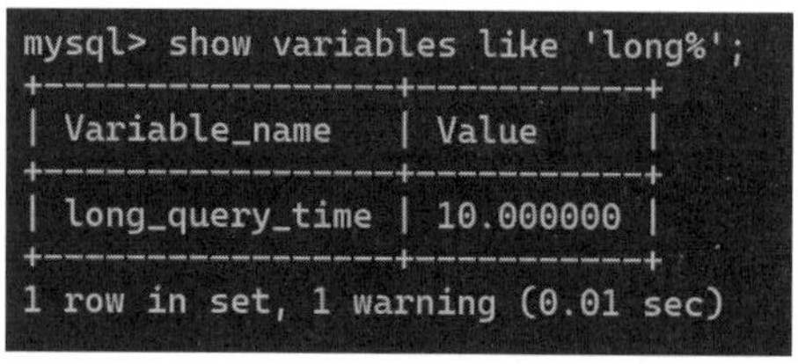

```
mysql> show variables like 'long%';
+-----------------+-----------+
| Variable_name   | Value     |
+-----------------+-----------+
| long_query_time | 10.000000 |
+-----------------+-----------+
1 row in set, 1 warning (0.01 sec)
```

图4.5.1　查看慢查询的时间判断阈值

```
mysql> set long_query_time=5;
Query OK, 0 rows affected (0.00 sec)
```

图4.5.2　设置慢查询的时间判断阈值

启动慢查询日志记录，一旦slow_query_log变量被设置为ON，MySQL会立即开始记录。

```
set global slow_query_log='ON';
```

再次查看慢查询信息，运行结果表明，慢查询已经启用，日志记录在JOHNBOOK-slow.log文件中，如图4.5.3—图4.5.4所示。

```
mysql> show variables like 'long%';
+-----------------+----------+
| Variable_name   | Value    |
+-----------------+----------+
| long_query_time | 5.000000 |
+-----------------+----------+
1 row in set, 1 warning (0.00 sec)
```

图4.5.3　再次查看慢查询的时间判断阈值

```
mysql> show variables like '%slow_query%';
+---------------------+------------------+
| Variable_name       | Value            |
+---------------------+------------------+
| slow_query_log      | ON               |
| slow_query_log_file | JOHNBOOK-slow.log |
+---------------------+------------------+
2 rows in set, 1 warning (0.00 sec)
```

图4.5.4　查看慢查询状态和日志文件名

7)解析查询语句

执行计划是SQL语句调优的一个重要依据。使用EXPLAIN语句和DESCRIBE语句，能够查看SQL语句的查询执行计划，从而了解MySQL优化器是如何执行SQL语句的，以进一步做出调优决策。

DESCRIBE语句与EXPLAIN语句的使用方法是一样的，语法格式如下：

```
EXPLAIN | DESCRIBE | DESC  SELECT 语句;
```

其执行结果见表4.5.1。

表4.5.1　查询语句的分析结果

列名	描述
id	查询块的标识符，表示查询块的顺序
select_type	查询类型，包括SIMPLE(简单查询)、PRIMARY(主查询)、DEPENDENT SUBQUERY(依赖子查询)等
table	操作的表名
partitions	使用的分区(如果有)
type	访问类型，包括ALL(全表扫描)、index(索引扫描)、range(范围扫描)、ref(引用)等
possible_keys	可能使用的索引，可以有一个或多个，如果没有，值为NULL
key	实际使用的索引，如果没有使用索引，值为NULL
key_len	索引中使用的字节数
ref	使用的参考列或常量
rows	MySQL预估需要检查的行数
filtered	MySQL预估经过过滤后返回的行数百分比
Extra	额外的信息，如using where(使用WHERE子句过滤)、using index(使用索引)等

8)优化查询的原则

在数据库中SELECT语句是最常执行的操作，遵照一些常用的原则，可以提升SELECT

查询效率。

（1）明确指定查询的列

避免使用SELECT *，因为这会返回表中的所有列，即使不需要所有数据。明确列出所需的列可以减少传输的数据量，提高查询效率。

（2）限制返回的行数

使用LIMIT子句来限制返回的行数，特别是当只需要前几条记录时。

（3）使用索引优化查询

使用索引可以提高查询效率；对于多条件查询，合理创建多列索引可以显著提高查询速度。

使用索引优化查询时要注意：

- 避免在索引列上使用函数，因为使用函数会使得索引失效。
- 避免使用OR条件，除非两边都有索引，因为OR会使索引失效。
- 使用BETWEEN...AND...而不是IN或者多个OR条件，因为BETWEEN...AND...可以利用索引。

（4）优化JOIN操作

- 尽量减少JOIN操作的数量。
- INNER JOIN的性能通常优于OUTER JOIN，尽量使用INNER JOIN。
- 确保JOIN涉及的列上有索引。

（5）避免使用SELECT DISTINCT

DISTINCT会增加排序成本，因此除非绝对必要，否则应避免使用DISTINCT。

（6）优化ORDER BY和GROUP BY

- 确保ORDER BY和GROUP BY的列上有索引。
- 减少ORDER BY的行数，如果可能，只对有限的行进行排序。

9)使用索引优化查询

MySQL中提高性能的一个最有效的方式是对数据表设计合理的索引。如果查询时没有使用索引，查询语句将扫描表中的所有记录；在数据量大的情况下，查询效率会很低。如果使用索引进行查询，查询语句可以根据索引快速定位到待查询记录，从而减少查询的记录数，达到提高查询速度的目的。

使用索引可以快速定位到符合条件的字段的值，提高查询的效率。使用索引优化查询的原则是：最大化利用索引，尽可能地避免全表扫描，减少对无效数据的查询。

4.5.4 能力训练

1)操作条件

①已经成功连接到数据库，并且数据库服务必须处于运行状态。
②当前用户具有读取目标表的权限。
③目标表已经存在，表中已经有数据可供查询。可以使用DESC命令了解表的结构，包

括字段名称、数据类型等信息,以便正确地构建查询语句。

④确保当前用户具有创建、修改、删除索引的权限。

⑤熟悉毕业生就业信息系统的数据表结构、数据类型以及数据之间的关系。

⑥使用MySQL命令行客户端或已经安装的MySQL Workbench等图形化工具进行操作。

2)注意事项

①合理选择需要创建索引的列,避免对不必要的列创建索引,以减少存储空间和维护成本。

②在数据表进行大量插入、删除或更新操作时,索引会自动维护,这可能会影响性能。因此,需要定期检查和优化索引。

③删除不再使用的索引,以释放存储空间并提高数据表的更新性能。

④根据实际需求选择合适的索引类型(普通索引、唯一索引、全文索引等)。

⑤确保查询条件明确,避免使用模糊查询和复杂的子查询,以提高查询效率。

⑥使用EXPLAIN命令检查查询计划,确保查询语句能够有效利用索引。

3)工作过程

【工作任务1】为t05_student表c05_student_code列创建唯一索引i05_unique_code。

```
create table t05_student (
 c05_student_id int(11)not null primary key comment '学生ID',
 c05_student_code varchar(16)not null comment '学生学号',
 c05_student_name varchar(32)not null comment '学生姓名',
 c04_class_id int(11)not null comment '班级ID,参照班级表',
 c05_gender enum('男','女')default null comment '性别',
 c05_birthday date null comment '生日',
 c05_phone varchar(16)comment '联系电话',
 c05_image blob null comment '相片',
 unique index i05_unique_code(c05_student_code)
);
```

【工作任务2】为t05_student表c05_student_name列创建普通索引i05_name。操作代码如图4.5.5所示。

```
mysql> create index i05_name on t05_student(c05_student_name);
Query OK, 0 rows affected (0.03 sec)
Records: 0  Duplicates: 0  Warnings: 0
```

图4.5.5　使用CREATE INDEX创建索引

【工作任务3】为t05_student表c05_address列创建全文索引i05_address。操作代码如图4.5.6所示。

```
mysql> alter table t05_student add fulltext index i05_address(c05_address);
Query OK, 0 rows affected (0.09 sec)
Records: 0  Duplicates: 0  Warnings: 0
```

图4.5.6　使用ALTER TABLE创建索引

【工作任务4】查看t05_student表上的索引。

```
show index from t05_student;
```

【工作任务5】查看查询t05_student表中姓名为"林洁"的记录时是否使用了索引。

```
explain select * from t05_student where c05_student_name = '林洁';
```

如图4.5.7所示。

图4.5.7　使用EXLPLAIN语句解析查询语句

【工作任务6】使用ALTER TABLE命令删除t05_student表上的索引i05_address。
操作代码如图4.5.8所示。

图4.5.8　使用ALTER TABLE删除索引

【工作任务7】查询MySQL服务器的慢查询次数。
如图4.5.9所示。

图4.5.9　查看慢查询次数

慢查询次数参数可结合慢查询日志找出慢查询语句,然后针对慢查询语句进行表结构优化或者查询语句优化。

【工作任务8】使用EXPLAIN语句分析多表关联查询的查询语句。

```
explain select c05_student_name 姓名, c03_course_name 课程, c06_score
成绩
from t05_student t05, t03_course t03, t06_score t06
where t06.c05_student_code = t05.c05_student_code
    and t06.c03_course_code = t03.c03_course_code ;
```

如图4.5.10所示。

图4.5.10　使用EXPLAIN语句分析多表关联查询

【工作任务9】使用DESCIBE语句分析一个查询语句。

```
describe select * from t05_student where c05_address like '山东%';
```

如图4.5.11所示。

```
mysql> describe select * from t05_student where c05_address like '山东%';
+----+-------------+-------------+------------+------+---------------+------+---------+------+------+----------+-------------+
| id | select_type | table       | partitions | type | possible_keys | key  | key_len | ref  | rows | filtered | Extra       |
+----+-------------+-------------+------------+------+---------------+------+---------+------+------+----------+-------------+
|  1 | SIMPLE      | t05_student | NULL       | ALL  | i05_address   | NULL | NULL    | NULL |   84 |    11.11 | Using where |
+----+-------------+-------------+------------+------+---------------+------+---------+------+------+----------+-------------+
1 row in set, 1 warning (0.00 sec)
```

图4.5.11　使用DESCIBE语句分析查询语句

【工作任务10】对比子查询方式和表连接方式的查询分析参数。

```
explain select c05_student_code, c05_student_name
        from t05_student where c05_student_code
               in (select c05_student_code from t06_score where
c06_score >= 90 );
```

结果如图4.5.12所示。

Result Grid | Filter Rows: | Export: | Wrap Cell Content:

id	select_type	table	partitions	type	possible_keys	key	key_len	ref	rows	filtered	Extra
1	SIMPLE	t05_student	NULL	index	PRIMARY	i05_name	66	NULL	84	100.00	Using index
1	SIMPLE	<subquery2>	NULL	eq_ref	<auto_distinct_key>	<auto_distinct_key>	66	collegedb.t05_student.c05_student_code	1	100.00	NULL
2	MATERIALIZED	t06_score	NULL	ALL	fk06_c05_student_code	NULL	NULL	NULL	260	33.33	Using where

图4.5.12　使用EXPLAIN语句分析嵌套查询

```
explain select  t05.c05_student_code, t05.c05_student_name
          from  t05_student t05, t06_score t06
          where  t05. c05_student_code  =  t06. c05_student_code  and
c06_score >= 90;
```

结果如图4.5.13所示。

Result Grid | Filter Rows: | Export: | Wrap Cell Content:

id	select_type	table	partitions	type	possible_keys	key	key_len	ref	rows	filtered	Extra
1	SIMPLE	t06	NULL	ALL	fk06_c05_student_code	NULL	NULL	NULL	260	33.33	Using where
1	SIMPLE	t05	NULL	eq_ref	PRIMARY	PRIMARY	66	collegedb.t06.c05_student_code	1	100.00	NULL

图4.5.13　使用EXPLAIN语句分析关联查询

相对于连接查询，使用子查询的方式，会生成临时表<subquery2>。在查询时，子查询方式会检索3个表，对t05和t06两个表进行全表扫描，对临时表进行等值连接查询(eq_ref)；而连接查询方式，对t06表进行全表扫描，对t05表进行等值连接查询。也就是说，子查询的方式多一个临时表，并且多扫描一个表，效率低于连接查询。

4)问题情境

【问题情境1】程序员小李在进行成绩查询时用到了t03_course、t05_student和t06_score三个表，他写了一条查询语句，但执行速度特别慢。可能是什么原因，他该怎么办？

小李遇到的问题，可能的原因包括查询涉及的列没有创建索引、创建了索引但查询时索引失效、查询语句的复杂度较高或数据量大。从数据表结构方面看,小李应当使用EXPLAIN命令查看查询计划,确认查询是否使用了索引;如果没有使用索引或者数据表没有创建索引,那么应当创建且保证查询语句使用了索引。从查询技术方面看,小李应当尽量简化查询语句,避免不必要的子查询和连接操作;如果查询结果集很大,使用分页查询,减少每次查询的数据量。从MySQL服务器方面看,小李应当检查MySQL服务器的硬件配置,确保有足够的内存和CPU资源;优化MySQL的innodb_buffer_pool_size、query_cache_size等配置参数。

【问题情境2】程序员小李在对CollegeDB数据库中t05_student表进行大量插入、删除或更新操作时,发现性能明显下降。

数据库性能下降的原因是多方面的,如果仅是t05_student表进行大量插入、删除或更新操作时性能明显下降,可能是在t05_student表上创建了过多的索引,MySQL会在数据插入或更新时重新整理索引信息——这种操作会影响操作性能。一方面,对于频繁插入、删除或更新数据的表,应当删除不必要的索引,减少索引维护的成本。另一方面,要定期使用optimize关键字优化数据表结构,提升索引维护效率。

【问题情境3】程序员小李在执行带"where c05_address like '%临沂%';"的查询时,数据库检索速度很慢。于是,他在c05_address列上创建了普通索引i05_address,但是,再次执行上述LIKE查询时,查询性能仍然没有改善。可能是什么原因,该怎么办?

当LIKE运算符使用前缀通配符时,MySQL无法利用索引进行高效的查找。这是因为,索引是按照字典顺序存储的,前缀通配符表示匹配任何字符序列,这使得MySQL必须扫描整个索引树,无法直接定位到具体的索引节点。由于索引无法有效利用,MySQL会选择全表扫描的方式来查找符合条件的记录。全表扫描会遍历表中的每一行数据,导致查询性能大幅下降。

为了解决该问题,可考虑使用全文索引(FULLTEXT)。全文索引专门用于处理类似LIKE运算符的模糊查询,能够提供更好的性能。

【与AI聊一聊】

创建索引可以提升查询速度,但是有些查询却不能有效地利用索引。在编写查询语句时,如何充分利用索引,如何避免索引失效呢?

4.5.5 学习评价

序号	评价内容	评价标准	评价结果(是/否)
1	索引创建的准确性	能够正确使用CREATE INDEX、ALTER TABLE和CREATE TABLE语句创建索引	
2	索引查看的准确性	能够正确使用SHOW INDEX和EXPLAIN命令查看索引信息和查询计划	
3	索引删除的准确性	能够正确使用DROP INDEX和ALTER TABLE语句删除索引	

序号	评价内容	评价标准	评价结果 （是/否）
4	索引优化的能力	能够根据实际情况优化索引,提高查询和更新性能	
5	问题解决能力	能够在遇到索引相关问题时,分析问题原因并采取适当措施解决问题	

拓展阅读

华为云 RDS 数据库索引设计规范

每个 InnoDB 表强烈建议有一个主键,且不使用更新频繁的列作为主键,不使用多列主键,不使用 UUID、MD5、字符串列作为主键。建议选择值的顺序是连续增长的列作为主键,所以建议选择使用自增 ID 列作为主键。

限制每张表上的索引数量,建议单张表索引不超过 5 个。索引并不是越多越好,索引可以提高查询的效率,但会降低写数据的效率。有时不恰当的索引还会降低查询的效率。

禁止给表中的每一列都建立单独的索引。设计良好的联合索引比每一列上的单独索引效率要高出很多。

建议在下面的列上建立索引:①在 SELECT, UPDATE, DELETE 语句的 WHERE 从句上的列;②在 ORDER BY, GROUP BY, DISTINCT 上的列;③多表 JOIN 的关联列。

避免冗余的索引,如 primary key (id), index (id), unique index (id)。

避免重复的索引,如 index (a, b, c), index (a, b), index (a),重复的和冗余的索引会降低查询效率,因为 RDS for MySQL 查询优化器无法选择使用目标索引。

在 VARCHAR 字段上建立索引时,需指定索引长度,没必要对全字段建立索引,根据实际文本区分度决定索引长度即可。

一般对字符串类型数据,长度为 20 的索引,区分度会高达 90% 以上,可使用 count (distinct left (列名, 索引长度)) /count (*) 的区分度来确定。

对于频繁查询优先考虑使用覆盖索引。

覆盖索引指包含了所有查询字段的索引,不仅包含 WHERE 从句和 GROUP BY 从句中的列,也包含 SELECT 查询的列组合,避免对 InnoDB 表进行索引的二次查询。

4.5.6　课后作业

1. 为 CollegeDB 数据库中的 t03_course 表的 c03_course_code 列创建一个唯一索引。

2. 为 CollegeDB 数据库中的 t02_teacher 表的 c02_teacher_name 列创建一个全文索引。

3. 查看 CollegeDB 数据库中的 t04_class 表上的所有索引信息。

4. 查看 CollegeDB 数据库中查询 t06_score 表中成绩大于等于 90 分的记录时是否使用了索引。

模块5

MySQL 数据库编程

工作手册5.1　学习MySQL编程基础

MySQL编程基础

5.1.1　核心概念

标识符(Identifier),在MySQL编程中,是用于给数据库对象(如表、列、索引、存储过程等)命名的字符串。其组成有一定的规则,可包含字母、数字和下画线,但不能以数字开头,长度通常受限,且有大小写区分规则;同时,为保证代码质量,应遵循望文知义、统一命名约定、避免使用保留字、保持大小写风格一致及尽量少用特殊字符的原则,这有助于提高代码可读性、可维护性,减少潜在问题。

注释(Comment),是对程序代码添加的注解说明或提示信息,仅供开发人员和维护人员阅读,不被计算机执行。在调试程序时,注释还可用于暂时禁用某些语句,以帮助定位和解决问题。

常量(Constant),是在SQL语句中直接使用的固定值,其值在执行过程中不会改变,数据类型决定其定义格式,用于表示特定的、不变的数据,如固定的数值、字符串、日期等。

变量(Variable),是在程序执行过程中其值可改变的量,由变量名和变量值构成,类型与常量相关。变量可分为系统变量和用户自定义变量。

函数(Function),是MySQL提供的用于对数据进行快速计算处理的工具,包括数学函数、字符串函数、数据类型转换函数和日期函数等,通过输入参数并按照特定算法返回结果,增强了数据处理能力和灵活性。除了使用MySQL内置函数,用户也可自定义函数。

5.1.2　学习目标

①能够正确命名数据库对象,避免因命名不当导致的语法错误或代码可读性差的问题,创建出规范、易懂的数据库对象名称。

②能够正确使用常量表示固定数据,熟练声明和使用用户自定义变量,并在SQL编程中合理运用变量存储和处理数据。

③熟悉常见内置函数(数学、字符串、日期等)的功能和使用示例,能够根据实际需求准确选择和运用合适的函数对数据进行计算、处理和转换。

④能够在会话中查询和设定系统变量。

5.1.3　基础知识

MySQL编程基础包括常量、变量、运算符、表达式、选择、循环和游标等知识,为存储过程、存储函数、触发器和事件等存储程序的编写奠定基础。MySQL还将计算平均值、最大值和最小值等常用的数据处理逻辑封装成了内置函数,用户可在查询中使用内置函数,快速实现数据处理。

1）标识符

在 MySQL 编程中，标识符是用来给数据库对象命名的字符串，这些对象包括表、列、索引、键、别名、存储过程、函数、触发器等。正确地使用标识符是进行有效数据库编程的关键。

在 MySQL 中，标识符的一般命名规则如下：

- 标识符可由字母（A–Z, a–z）、数字（0–9）和下划线（_）组成，但不能以数字开头。
- MySQL 标识符的最大长度取决于具体的存储引擎。通常情况下，标识符的最大长度为 64 个字符。
- SELECT，FROM，WHERE 等 MySQL 保留字不能直接用作标识符。
- 如果标识符包含特殊字符或关键字，或者想要使用区分大小写的方式，可使用反引号（`）来转义标识符。
- MySQL 标识符区分大小写，这取决于服务器的运行平台。在 Linux 系统中，MySQL 标识符默认是区分大小写的；而在 Windows 系统中，默认是不区分大小写的。可通过设置 lower_case_table_names 系统变量来改变这一行为。

2）注释

注释是对程序代码的注解说明或提示信息，以帮助开发人员和维护人员更好地理解代码的目的和逻辑。注释是给人读的，并不被计算机执行；在某些调试场景下，程序员会通过注释命令使得某个语句暂时不执行，以达成调试目的。

（1）单行注释

MySQL 支持两种单行注释符号：井号（#）和双连字符（––）。

（2）多行注释

使用"*"和"*"括起来可连续书写多行注释语句。

3）常量与变量

常量和变量是 SQL 编程的重要组成部分，用于存储数据并在查询或程序中引用。常量和变量往往与数据类型关系密切。

（1）常量

常量是在 SQL 语句中直接使用的固定值，它们不会在执行过程中发生变化，又称为文字值或标量值。定义常量的格式取决于它所表示的值的数据类型。

（2）变量

变量就是在程序执行过程中，其值可以改变的量。变量的作用是在程序执行过程中暂时存储中间数据，保存临时性的用户输入、计算结果、对象状态等数据。

根据变量的产生原因，可将变量分为系统变量和用户自定义变量。

系统全局变量（Global Variables）是 MySQL 系统根据配置文件等设定提供并赋值的变量，也可在运行时通过 SET GLOBAL 语句进行动态设置。使用全局变量时，要以两个@符号开头加上变量名称，比如@@connect_timeout 是连接超时时间限制变量。

当用户连接到 MySQL 并在命令行终端等进行查询操作时，可使用 SET 关键字修改全局变量的值,但修改仅对当前会话有效。使用SELECT语句或者SHOW VARIABLES语句可查看系统变量的值,语法如下:

```
SELECT @@系统变量名称;
SHOW VARIABLES LIKE '系统变量名称';
```

比如查看连接超时时间限制变量connect_timeout的值的语句如下:

```
select @@connect_timeout;
show variables like 'connect_timeout';
```

结果如图5.1.1所示。

```
mysql> select @@connect_timeout;
+-------------------+
| @@connect_timeout |
+-------------------+
|                10 |
+-------------------+
1 row in set (0.00 sec)

mysql> show variables like 'connect_timeout';
+-----------------+-------+
| Variable_name   | Value |
+-----------------+-------+
| connect_timeout | 10    |
+-----------------+-------+
1 row in set, 1 warning (0.00 sec)
```

图5.1.1 查看系统变量的值

用户自定义变量是用户在存储过程等内部对象中定义和使用变量,其作用域局限在一定范围内,由开发人员在程序中自主定义和使用。比如下面的程序,在存储过程中example定义和使用了局部变量v_count,数据类型是INT,设置初始值为10,然后输出了变量值。

```
DELIMITER //
CREATE PROCEDURE example()
BEGIN
DECLARE v_count INT;  -- 声明局部变量v_count
    SET v_count = 10;  -- 初始化变量值
    SELECT v_count;  -- 输出变量值
END //
DELIMITER ;
```

当用户连接到MySQL并在命令行终端进行查询操作时,用户也可以定义变量。此时的变量需要使用一个@开头,可称为会话变量(Session Variables)。会话变量在整个会话期间有效,可以在不同的SQL语句之间共享数据。在整个会话期间都是可用的,但会话变量的生命周期从客户端连接到数据库开始,直到断开连接为止,仅对当前会话有效。

如图5.1.2所示。

```
mysql> set @count = 10; -- 声明并初始化会话变量
Query OK, 0 rows affected (0.00 sec)

mysql> select @count; -- 输出变量的值
+--------+
| @count |
+--------+
|     10 |
+--------+
1 row in set (0.00 sec)
```

图5.1.2　在会话中用户自定义变量

4)函数

MySQL提供了数学函数、字符串函数、数据类型转换函数和日期函数等几类内置函数，方便用户对数据进行快速的计算处理。

(1)数学函数

表5.1.1　数学函数

函数名称	函数功能	使用示例	示例返回值
ABS(x)	绝对值函数	ABS(-32)	32
CEIL(x)或CEILING(x)	向上取整函数	CEILING(1.23)	2
FLOOR(x)	向下取整函数	FLOOR(-1.23)	-2
MOD(m, n)	求整除的余数	MOD(29,9)	2
PI()	圆周率的值	PI()+0.0000000	3.1415926
POW(m, n)或POWER(m, n)	幂函数	POW(2,2)	4
RAND()	随机值函数	RAND()	0到1之间的随机值
ROUND(x, n)	四舍五入函数	ROUND(1.298, 1)	1.3
SQRT(n)	求解算术平方根	SQRT(4)	2
TRUNCATE(x, n)	数值截断函数	TRUNCATE(1.223,1)	1.2

(2)字符串函数

表5.1.2　字符串函数

函数名称	函数功能	使用示例	示例返回值
ASCII(str)	求字符串最左字符的ASCII值	ASCII('dx')	100
BIN(N)	整数转二进制字符串	BIN(12)	'1100'
CHAR_LENGTH(str) CHARACTER_LENGTH(str)	字符串的字符长度	CHAR_LENGTH('海豚')	2
CONCAT(str1,str2,...)	拼接字符串	CONCAT('My', 'S', 'QL')	'MySQL'

续表

函数名称	函数功能	使用示例	示例返回值
LENGTH(str)	字符串的字节长度	LENGTH('海豚')	6
SPACE(N)	空格函数	SPACE(6)	' '
LEFT(str,len)	左侧子串	LEFT('foobarbar', 5)	'fooba'
RIGHT(str,len)	左侧子串	RIGHT('foobarbar', 4)	'rbar'
SUBSTR(str,pos)	子串	SUBSTRING('Sakila', -3)	'ila'
SUBSTR(str,pos,len)	子串	SUBSTRING('Quadratically',5,6)	'ratica'
SUBSTRING_INDEX(str,delim,count)	分割取子串	SUBSTRING_INDEX('www.mysql.com', '.', 2)	'www.mysql'
LOCATE(substr,str)	子串位置	LOCATE('bar', 'foobarbar')	4
LOCATE(substr,str,pos)	子串位置	LOCATE('bar', 'foobarbar', 5)	7
LOWER(str)或 LCASE(str)	英文字母转小写	LOWER('QUADRATIC')	'quadratic'
UPPER(str)或 UCASE(str)	英文字母转大写	UPPER('abc')	'ABC'
LTRIM(str)	去除左侧空格	LTRIM(' barbar')	'barbar'
RTRIM(str)	去除右侧空格	RTRIM('barbar ')	'barbar'
TRIM([{BOTH|LEADING|TRAILING}][remstr]FROM]str)	去掉子串	TRIM(TRAILING 'xyz' FROM 'barxxyz')	'barx'
TRIM([remstr FROM]str)	去掉子串	TRIM(' bar ')	'bar'
STRCMP(expr1,expr2)	比较字符串	STRCMP('text', 'text2')	-1

（3）日期时间函数

表5.1.3 日期时间函数

函数名称	函数功能	使用示例	示例返回值
NOW() SYSDATE() CURRENT_TIMESTAMP()	当前日期和时间	NOW()	'2022-10-15 20:50:26'
CURDATE() CURRENT_DATE()	当前日期	CURDATE()	'2022-10-15'
CURTIME() CURRENT_TIME()	当前时间	CURTIME()	'20:50:26'
DAYOFWEEK(date)	日期的星期数字 7表示 星期天	DAYOFWEEK('2022-10-16')	7
DAYNAME(date)	日期的星期描述	DAYNAME('2022-10-15')	'Saturday'

函数名称	函数功能	使用示例	示例返回值
DAYOFYEAR(date)	日期是当年第多少天	DAYOFYEAR('2007-02-03')	34
WEEKOFYEAR(date)	日期在当年第多少周	WEEKOFYEAR('2008-02-20')	7
ADDDATE(date, INTERVAL expr unit) ADDDATE(date,days)	日期加法	ADDDATE('2008-01-02', INTERVAL 31 DAY)	'2008-02-02'
DATE_ADD(date, INTERVAL expr unit),	日期加法	DATE_ADD('2008-01-02', INTERVAL 31 DAY)	'2008-02-02'
SUBDATE(date,INTERVAL expr unit) SUBDATE(expr,days)	日期减法	SUBDATE('2008-01-02', INTERVAL 31 DAY)	'2007-12-02'
DATE_SUB(date, INTERVAL expr unit)	日期减法	DATE_SUB('2025-01-01 00:00:00', INTERVAL '1 1:1:1' DAY_SECOND)	'2024-12-30 22:58:59'
DATEDIFF(expr1,expr2)	日期天数差	DATEDIFF('2007-12-31 23:59:59', '2007-12-30')	1

5)控制流程函数

控制流程函数的作用是进行条件判断。根据判断条件,执行不同的分支并将运算结果返回给用户,见表5.1.4。

表5.1.4 控制流程函数

函数名	参数类型	距离说明
IF(condition, true_expr, false_expr)	condition: boolean, true_expr, false_expr: any	如果 condition 为真,则返回 true_expr,否则返回 false_expr
IFNULL(expr1, expr2)	expr1, expr2: any	如果 expr1 是 NULL,则返回 expr2,否则返回 expr1
NULLIF(expr1, expr2)	expr1, expr2: any	如果 expr1 等于 expr2,则返回 NULL,否则返回 expr1
COALESCE(expr1, expr2,...)	expr1, expr2,...: any	返回列表中第一个非 NULL 的表达式
LEAST(expr1, expr2,...)	expr1, expr2,...: any	返回列表中最小的表达式
GREATEST(expr1, expr2,...)	expr1, expr2,...: any	返回列表中最大的表达式

6)使用DELIMITER关键字设置SQL语句的结束符

在 MySQL 中,DELIMITER 关键字用于更改 SQL 语句的默认结束符。默认情况下,MySQL命令行工具使用分号(;)作为SQL语句的结束符。但是,在编写存储过程或函数时,由于这些结构中可能包含分号,因此需要更改结束符以避免提前终止语句。这时就需要使用DELIMITER命令来更改SQL语句的结束符。更改结束后,就使用新的结束符来标记SQL语句的结束。一旦完成,可再将结束符改回默认的分号。

常用的SQL语句结束符号有分号(;)、双斜杠(//)、双井号(##)和双美元符号($$)。

比如下面的代码,在创建存储过程之前,将SQL语句结束符改为双美元符号。在存储过程实现语句内BEGIN和END之间是存储过程的实现语句,内部使用分号结束语句。END之后跟双美元符号,表示创建存储过程的语句结束了。最后一行代码,将SQL语句结束符改回分号。

```
DELIMITER $$
CREATE PROCEDURE sp_print_teacher_course(IN tcode VARCHAR(16))
BEGIN
  SELECT c02_teacher_name 姓名, c03_course_name 课程, c03_score 学分
   FROM t02_teacher NATURAL JOIN  t03_course
  WHERE c02_teacher_code = tcode;
END $$
DELIMITER;
```

7)流程控制语句

(1)BEGIN…END语句

BEGIN…END用于定义SQL语句块,语句块内的一组语句作为一个组合执行,允许语句嵌套。其语法格式如下:

```
BEGIN
SQL 语句|SQL语句块;
END
```

(2)IF…ELSE 语句

IF…ELSE用于指定 SQL 语句的执行条件。如果条件为真,则执行条件表达式后面的SQL语句。当条件为假时,可用ELSE关键字指定要执行的SQL语句。其语法格式如下:

```
IF 条件 1 THEN 语句序列 1
[ELSEIF 条件 2 THEN 语句序列 2]
…
[ELSE 语句序列]
END IF;
```

若条件1计算结果为TRUE,则执行语句序列1,否则转到END IF并继续。可选多重条件判断,整个条件语句是一个语句块。

在上述语法格式中,当某一个条件的值为TRUE时,就会执行该条件对应的关键字THEN后面的语句;若所有条件的值均为FALSE,则执行关键字ELSE后面的语句。

(3)CASE 语句

CASE关键字可根据表达式的真假来确定是否返回某个值,可以允许在表达式的任何位

置使用这一关键字。使用CASE语句可以进行多个分支的选择。CASE语句具有如下两种格式：

CASE 表达式

```
WHEN 值1  THEN 语句序列1
[WHEN 值2  THEN 语句序列2]…
[ELSE 语句序列]
END CASE;
```

或者

```
CASE
WHEN 条件1  THEN 语句序列1
[WHEN 条件2  THEN 语句序列2]…
[ELSE 语句序列]
END CASE;
```

在上述语法格式中，当某一个条件的值为TRUE时，会执行该条件对应关键字THEN后面的语句；若所有条件的值均为FALSE，则执行关键字ELSE后面的语句。

（4）WHILE语句

WHILE语句设置重复执行SQL语句或语句块的条件，当指定条件为真时，重复执行循环语句，语法如下：

```
标签名: WHILE 循环条件 DO
循环体;
END WHILE 标签名
```

在以上语法格式中，标签名是其后循环结构的名称。当循环条件的值为TRUE时，会执行循环体中的语句；否则结束循环，执行END WHILE后面的语句。

（5）REPEAT语句

REPEAT语句先执行语句序列，然后查看设置的循环条件是否成立，语法如下：

```
REPEAT
语句序列;
UNTIL 条件
END REPEAT;
```

（6）LOOP语句

LOOP语句实现循环结构，但语句本身没有停止循环的判断条件，需要使用LEAVE跳出循环，如果是在存储函数中，也可使用RETURN跳出循环并跳出存储函数本身。

```
LOOP
语句序列;
END LOOP;
```

5.1.4 能力训练

1)操作条件

①MySQL服务能够正常使用,具备命令行客户端或可视化数据库管理工具等执行SQL语句的环境。

②数据表已经存在,并且表中已经有数据可供查询。可使用DESC命令了解表的结构,包括字段名称、数据类型等信息,以便正确地构建查询语句。

③对SQL的基本语法有一定了解,熟悉常见的SQL查询语句(如SELECT、FROM、WHERE等)、数据操作语句(如INSERT、UPDATE、DELETE等)的基本结构和用法。

④了解MySQL中常见的数据类型,如INT、VARCHAR、DATE等。

2)注意事项

①命名标识符时,要严格遵循命名规则,避免使用MySQL保留字作为标识符;注意区分大小写问题,尤其是在不同操作系统下的默认行为差异,保持命名风格的一致性,提高代码的可移植性和可读性。

②操作变量时,明确变量的作用域(系统变量、用户自定义局部变量、会话变量),避免在不适当的范围使用变量导致错误;在修改系统变量时,要谨慎操作,了解其对整个数据库系统的影响,防止因不当修改引发系统故障或性能问题。

③使用函数时,注意函数的参数要求和返回值类型,确保传入参数的数据类型正确,以免出现函数执行错误或返回意外结果的情况。

④在使用流程控制语句时,仔细检查条件表达式的逻辑正确性,确保分支和循环逻辑符合预期。

⑤使用DELIMITER关键字更改SQL语句结束符时,要牢记在存储过程或函数定义完成后将结束符改回默认的分号,否则可能影响后续其他SQL语句的正常执行。

3)工作过程

【工作任务1】显示当前使用的MySQL版本信息。

```
select @@version;
show variables like 'version';
```

结果如图5.1.3所示。

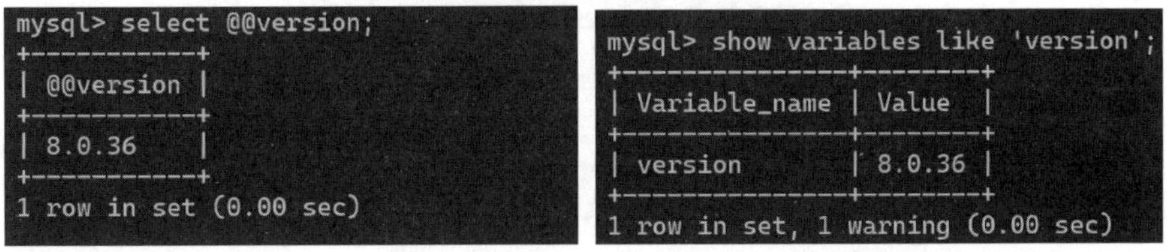

图5.1.3 在MySQL命令行客户端查询系统变量的值

【工作任务2】打开MySQL安全更新模式,以要求所有UPDATE语句必须带有使用键查询条件的WHERE语句。

```
set @@sql_safe_updates=1;
set global @@sql_safe_updates=1;
```

　　加上GLOBAL关键字,修改会对整个数据库环境生效,直至变量被修改或数据库服务重启并重新读取配置文件中的设定;如果没有GLOBAL关键字,修改仅对当前会话有效。操作步骤如图5.1.4—图5.1.5所示。

```
mysql> set @@sql_safe_updates=1;
Query OK, 0 rows affected (0.00 sec)
```

图5.1.4　设置系统变量的值

```
mysql> use collegedb;
Database changed
mysql> update t01_college set c01_remark = '测试没有WHERE条件的更新语句';
ERROR 1175 (HY000): You are using safe update mode and you tried to update a table without a WHERE that uses a KEY column.
```

图5.1.5　开启安全更新后测试没有WHERE子句的更新语句

　　【工作任务3】定义一个用户变量@name,赋值为"李飞飞"。

　　操作代码及结果如图5.1.6所示。

```
mysql> set @name="李飞飞";
Query OK, 0 rows affected (0,00 sec)

mysql> select @name;
+--------+
| @name  |
+--------+
| 李飞飞  |
+--------+
1 row in set (0.00 sec)
```

图5.1.6　在MySQL命令行终端内定义和使用变量

　　【工作任务4】查询学生表t05_student的学生姓名及性别,性别为"女"时显示"女士",为"男"时显示"绅士"。

　　操作代码及结果如图5.1.7所示。

```
mysql> select c05_student_name 姓名,
    -> case c05_gender
    -> when '女' then '女士'
    -> when '男' then '绅士'
    -> end 性别
    -> from t05_student;
+--------+--------+
| 姓名   | 性别   |
+--------+--------+
| 王勇玲 | 女士   |
| 吴勇波 | 女士   |
| 陈丽静 | 绅士   |
```

图5.1.7　使用CASE语句处理查询结果

　　【工作任务5】查询选课成绩表t06_score中所有及格的成绩记录:80分以上显示"优良",其他显示"合格"。

　　操作代码及结果如图5.1.8所示。

```
mysql> select c05_student_code, c03_course_code, c06_score,
    ->        if(c06_score >= 80, '优良', '合格') as 成绩等级
    ->   from t06_score
    ->  where c06_score >= 60;
+------------------+-------------------+-----------+----------+
| c05_student_code | c03_course_code   | c06_score | 成绩等级 |
+------------------+-------------------+-----------+----------+
| 2024330301       | B310301340050     |        94 | 优良     |
| 2024330302       | B310301340050     |        84 | 优良     |
| 2024330303       | B310301340050     |        73 | 合格     |
| 2024330304       | B310301340050     |        90 | 优良     |
| 2024330305       | B310301340050     |        61 | 合格     |
```

图5.1.8　使用IF函数处理查询结果

【工作任务6】查询当前系统的日期、时间。

操作代码及结果如图5.1.9所示。

```
mysql> select now(), curdate(), curtime();
+---------------------+------------+-----------+
| now()               | curdate()  | curtime() |
+---------------------+------------+-----------+
| 2024-10-02 22:07:44 | 2024-10-02 | 22:07:44  |
+---------------------+------------+-----------+
1 row in set (0.00 sec)
```

图5.1.9　使用系统函数查看当前系统的日期、时间

【工作任务7】获取当前时间及其对应的的年份、季度、月份和日期。

操作代码及结果如图5.1.10所示。

```
mysql> select now(), year(now()), quarter(now()), month(now()), day(now());
+---------------------+-------------+----------------+--------------+------------+
| now()               | year(now()) | quarter(now()) | month(now()) | day(now()) |
+---------------------+-------------+----------------+--------------+------------+
| 2024-11-07 14:25:34 |        2024 |              4 |           11 |          7 |
+---------------------+-------------+----------------+--------------+------------+
1 row in set (0.00 sec)
```

图5.1.10　使用系统函数获取系统的日期、时间

【工作任务8】使用字符串函数,将字符串'Hello World'中的'World'替换为'MySQL'。

操作代码及结果如图5.1.11所示。

```
mysql> select replace('Hello World', 'World', 'MySQL') as '将World替换为MySQL';
+-------------------+
| 将World替换为MySQL |
+-------------------+
| Hello MySQL       |
+-------------------+
1 row in set (0.00 sec)
```

图5.1.11　使用系统函数替换字符串中的部分字符

【工作任务9】获取0到1之间的随机数、10以内的随机整数。

操作代码及结果如图5.1.12所示。

```
mysql> select rand(), rand()*10, rand(10);
+--------------------+--------------------+--------------------+
| rand()             | rand()*10          | rand(10)           |
+--------------------+--------------------+--------------------+
| 0.6903946108095298 | 0.6130021909372901 | 0.6570515219653505 |
+--------------------+--------------------+--------------------+
1 row in set (0.00 sec)
```

图5.1.12　使用随机函数获取数据

【工作任务10】求学生的平均成绩,成绩保留1位小数。

操作代码及结果如图5.1.13所示。

```
mysql> select c05_student_code, round(avg(c06_score), 1) from t06_score group by c05_student_code;
+------------------+--------------------------+
| c05_student_code | round(avg(c06_score), 1) |
+------------------+--------------------------+
| 2023310105       |                     85.5 |
| 2024330301       |                       80 |
| 2024330302       |                     75.8 |
| 2024330303       |                     82.3 |
| 2024330304       |                     76.2 |
```

图5.1.13　使用ROUND函数处理数据

【工作任务11】使用日期函数计算t05_student表中每个学生的年龄,显示姓名、出生日期和年龄。

操作代码及结果如图5.1.14所示。

```
mysql> select c05_student_name as 姓名, c05_birthday 出生日期,
    -> year(curdate()) - year(c05_birthday)
    -> - (case when month(curdate()) < month(c05_birthday) then 1 else 0 end) as 年龄
    -> from t05_student;
+--------+------------+------+
| 姓名   | 出生日期   | 年龄 |
+--------+------------+------+
| 王勇玲 | 2005-03-20 |   19 |
| 吴勇波 | 2006-10-26 |   18 |
| 陈丽静 | 2005-12-14 |   18 |
| 胡涛   | 2006-12-21 |   17 |
| 张杰敏 | 2006-01-23 |   18 |
```

图5.1.14　根据出生日期计算年龄

在上述语句中,YEAR(CURDATE())获取当前年份,YEAR(c05_birthday)获取学生出生年份,两者相减得到初步的年龄差值。然后通过CASE WHEN MONTH(CURDATE())< MONTH(c05_birthday)THEN 1 ELSE 0 END来判断当前月份是否小于学生生日月份,如果是,则年龄需要减1——生日还未到,不算满一岁。

4)问题情境

数据库管理员小李为了维护数据,临时关闭了安全更新选项(set @@sql_safe_updates= OFF),但是,当他再次登录数据库执行不带WHERE条件的UPDATE语句时,MySQL仍然提示错误。这是为什么?

在会话中使用set @@sql_safe_updates=OFF;临时关闭安全更新限制,仅在当前会话中有效。小李再次登录MySQL数据库时,MySQL仍然按照配置文件中的安全更新设置管控不带WHERE条件的更新。如果MySQL服务器的配置文件中设置了sql_safe_updates为ON,那么

每次新的会话都会继承这个设置。

【与AI聊一聊】

在MySQL中编程时,应当遵循哪些编码规范?

5.1.5 学习评价

序号	评价内容	评价标准	评价结果（是/否）
1	代码的规范性	能够按照标识符命名规则和最佳实践命名数据库，注释对代码进行解释说明	
2	查询和使用系统变量	能够在会话中查询和设置系统变量的值	
3	设置语句结束符号	能够使用delimiter设置SQL语句结束符	
4	使用语句块	能够使用begin...end定义语句块	
5	使用内置函数	能够正确使用MySQL的常用内置函数	

▶ **拓展阅读**

每日科技名词——程序

程序（program），是描述计算任务的处理对象和处理规则的计算机语言代码。此处计算任务指任何以计算机为处理工具的任务，处理对象指数据或信息，处理规则一般指处理动作和步骤。

在计算机中，程序是一组计算机能识别和执行的指令序列，通常用某种高级程序设计语言编写（如，C语言、Python、Java），运行于某种目标体系结构上，用于完成特定的任务，满足人们某种需求的信息化工具。除此之外，从编程的角度来理解，程序还有一种更加简洁的定义，"程序=算法+数据结构"。通常，由高级程序设计语言编写的计算机程序要经过编译和连接，成为一种人们不易看清但计算机可解读的格式（机器语言），然后再运行。

为了一个程序运行，计算机要加载程序代码，可能还要加载数据，从而初始化成一个开始状态，然后调用某种启动机制。程序之间可以顺序执行，这种方式具有顺序性、封闭性和可再现性；程序之间也可以并发执行，但这种方式具有间断性、失去封闭性和不可再现性。程序可按其设计目的的不同分为两类：一类是系统程序，它是为了使用方便和充分发挥计算机系统效能而设计的程序，如操作系统、编译程序等；另一类是应用程序，它是为解决用户特定问题而设计的程序，通常由专业软件公司或用户自己设计，如手机应用程序"国家反诈骗中心"、"学习强国"学习平台等。

如今随着科技的进步，社会生活的方方面面，小到人们的衣食住行，大到国家层面的重大事务，无不依靠我们人类编写的程序驱动，如网上购物、地图导航、铁路12306购票系统、交通治理操纵系统等等。程序已经揭去了神秘面纱，它不再是专业从业者的必备知识，而是服务大众的基本工具。

5.1.6　课后作业

1.将 MySQL 语句结束标志设置为" $ "。

2.查询 t05_student 表中学生的学号、姓名、性别、年龄等信息，要求使用出生日期计算年龄，计算后的年龄向上取整数。

3.使用字符串函数，查询 t05_student 表中所有学生的姓氏和名字(假设都是单字姓氏)。

4.创建一个用户变量@age，赋值为25，然后使用控制流程函数判断@age 是否大于等于18，如果是，显示"成年"，否则显示"未成年"。

5.使用字符串函数将字符串"MySQL is great"转换为大写形式，并计算其字符长度。

6.使用循环语句(WHILE 或 REPEAT)计算1到10的累加和，并输出结果。

工作手册5.2　使用存储函数查询数据

5.2.1　核心概念

存储函数(Function),是一组编译好的SQL语句,存储在数据库中,可通过简单的函数调用方式在SQL查询中重复使用。存储函数可以接受参数,执行复杂的逻辑处理,并返回一个单一的结果值。存储函数提高了代码的重用性和模块化,减少了网络传输量,提升了查询性能。通过使用存储函数,可以将复杂的业务逻辑封装在数据库层,简化应用程序的开发和维护。

MySQL有系统定义好的函数,包括聚合函数、数值计算函数、字符串函数、日期和时间函数。用户也可自定义存储函数。

5.2.2　学习目标

①能够使用 SHOW FUNCTION STATUS 查看函数状态和使用 SHOW CREATE FUNCTION查看函数定义,以及从information_schema.Routines表中获取函数详细信息。

②能够根据不同的数据查询需求准确创建存储函数,包括正确定义函数名、参数(类型、个数)、返回值类型,以及编写有效的函数体SQL逻辑。

③能够正确调用存储函数,能够在SQL查询中准确传入参数(如有)并获取和正确处理返回值,理解存储函数返回值在查询中的作用,能够将其用于进一步的数据展示、计算或条件判断等操作。

④能够在确定存储函数不再需要时使用DROP FUNCTION语句安全、准确地删除存储函数。

5.2.3　基础知识

1)创建存储函数

使用CREATE FUNCTION语句创建存储函数,语法格式如下:

```
CREATE FUNCTION 的语法格式如下:
CREATE FUNCTION    函数名([参数名    数据类型[,…]] )
RETURNS 数据类型
BEGIN
语句序列
END SQL 语句结束符
```

其中,可以有0或多个参数,参数由名称和数据类型组成;RETURNS声明函数返回值的数据类型,BEGIN和END之间是函数功能的实现语句;函数体必须包含一个有效的RETURN语句。注意,存储过程不加参数,名称后面的括号也是不可省略的。

2)查看存储函数

在MySQL中创建存储函数后,使用SHOW FUNCTION STATUS语句查看存储函数的状态,使用SHOW CREATE FUNCTION语句查看存储函数的定义。

（1）使用SHOW FUNCTION STATUS语句查看存储函数的状态

在MySQL中,SHOW FUNCTION STATUS语句可以查询到存储函数的创建时间、修改时间和字符集等信息,语法如下:

```
SHOW FUNCTION STATUS LIKE '存储函数名';
```

或者

```
SHOW FUNCTION STATUS LIKE '存储函数名' \G
```

其中,关键字LIKE用来匹配存储过程的名称,不能省略;存储过程名必须使用单引号引起来;使用"\G"的形式,既可以起到语句结束标志的作用,又可以用于将查询结果按列输出。

（2）使用SHOW CREATE FUNCTION语句查看存储函数的定义

在MySQL中可以通过SHOW CREATE FUNCTION语句查看存储函数的定义,其语法格式如下:

```
SHOW CREATE FUNCTION 存储函数名;
```

（3）从information_schema.Routines表中查看存储函数的信息

```
SELECT  *  FROM information_schema.Routines r
 WHERE r.ROUTINE_SCHEMA = '数据库实例名'
       AND  r.ROUTINE_TYPE = 'FUNCTION';
```

3)调用存储函数

如同系统提供的内置函数,使用SELECT关键字调用用户自定义函数,语法如下:

```
SELECT 存储函数名称 ([实参[,…]]);
```

4)删除存储函数

使用DROP FUNCTION语句删除数据库中不需要的存储函数,语法如下:

```
DROP FUNCTION [IF EXISTS] 存储函数名;
```

5.2.4 能力训练

1)操作条件

①已经成功连接到数据库,并且数据库服务必须处于运行状态。

②当前用户具有创建、修改、删除存储函数的权限,以及存储函数实现中SQL语句相应

的权限。

③数据表已经存在,并且表中已经有数据可供查询。可使用DESC命令了解表的结构,包括字段名称、数据类型等信息,以便正确地构建查询语句。

④使用MySQL命令行客户端或已经安装的MySQL Workbench等图形化工具进行操作。

2)注意事项

①创建存储函数时,确保存储函数命名符合MySQL的命名规范,注意函数名的规范性和唯一性,避免与数据库中的其他对象名冲突;避免使用保留关键字。

②在定义变量和常量时,确保数据类型正确,避免类型不匹配导致的错误。

③调用存储函数时,准确传递参数(如果有),确保参数的数据类型和格式与函数定义一致;在处理函数返回值时,根据返回值类型进行正确的操作。

④尽量避免使用复杂的查询和循环操作,以提高性能。

⑤在进行编程操作时,备份重要数据,防止误操作导致数据丢失。

3)工作过程

【工作任务1】创建名为f_get_student_name的存储函数,参数为varchar(16)类型的学号,返回学生姓名。

操作代码如图5.2.1所示。

```
mysql> delimiter $$
mysql> create function f_get_student_name (sno varchar(16))
    -> returns varchar(32)
    -> reads sql data
    -> begin
    ->   return (select c05_student_name from t05_student where c05_student_code = sno);
    -> end $$
Query OK, 0 rows affected (0.01 sec)

mysql> delimiter ;
mysql>
```

图5.2.1 创建带参数的存储函数

【工作任务2】调用存储函数f_get_student_name,获取学号为2023310103的学生姓名

如图5.2.2所示。

```
mysql> select f_get_student_name('2023310103');
+----------------------------------+
| f_get_student_name('2023310103') |
+----------------------------------+
| 陈丽静                           |
+----------------------------------+
1 row in set, 1 warning (0.00 sec)
```

图5.2.2 调用带参数的存储函数

【工作任务3】使用SHOW FUNCTION STATUS语句查看存储函数f_get_student_name的状态。

如图5.2.3所示。

```
mysql> show function status like 'f_get_student_name' \G
*************************** 1. row ***************************
                  Db: collegedb
                Name: f_get_student_name
                Type: FUNCTION
             Definer: root@%
            Modified: 2024-11-07 15:22:00
             Created: 2024-11-07 15:22:00
       Security_type: DEFINER
             Comment:
character_set_client: gbk
collation_connection: gbk_chinese_ci
  Database Collation: utf8mb4_bin
1 row in set (0.00 sec)
```

图5.2.3　查看存储函数的状态信息

从图中可以看出,查询到了存储函数的创建时间、修改时间和字符集等信息。

【工作任务4】使用SHOW CREATE FUNCTION语句查看存储函数f_get_student_name的定义。

如图5.2.4所示。

```
mysql> show create function f_get_student_name \G
*************************** 1. row ***************************
            Function: f_get_student_name
            sql_mode: ONLY_FULL_GROUP_BY,STRICT_TRANS_TABLES,NO_ZERO_IN_DATE,NO_ZERO_DATE,ERROR_FOR_DIVISION_BY_ZERO,NO_ENGINE_SUBSTITUTION
     Create Function: CREATE DEFINER=`root`@`%` FUNCTION `f_get_student_name`(sno varchar(16)) RETURNS varchar(32) CHARSET utf8mb4 COLLATE utf8mb4_bin
    READS SQL DATA
begin
  return (select c05_student_name from t05_student where c05_student_code = sno);
end
character_set_client: gbk
collation_connection: gbk_chinese_ci
  Database Collation: utf8mb4_bin
1 row in set (0.00 sec)
```

图5.2.4　查看存储函数的创建信息

【工作任务5】从information_schema.Routines表中查看数据库collegedb中存储函数的信息。

```
select r.routine_name, r.routine_schema, r.routine_type, r.data_type,
r.created, r.sql_data_access, r.definer
from information_schema.routines r
where r.routine_schema = 'CollegeDB' and r.routine_type = 'FUNCTION';
```

如图5.2.5所示。

```
mysql> select r.routine_name, r.routine_schema, r.routine_type, r.data_type, r.created, r.sql_data_access, r.definer
    -> from information_schema.routines r
    -> where r.routine_schema = 'CollegeDB' and r.routine_type = 'FUNCTION';
+--------------------+----------------+--------------+-----------+---------------------+-----------------+---------+
| ROUTINE_NAME       | ROUTINE_SCHEMA | ROUTINE_TYPE | DATA_TYPE | CREATED             | SQL_DATA_ACCESS | DEFINER |
+--------------------+----------------+--------------+-----------+---------------------+-----------------+---------+
| f_get_student_name | collegedb      | FUNCTION     | varchar   | 2024-11-07 15:22:00 | READS SQL DATA  | root@%  |
+--------------------+----------------+--------------+-----------+---------------------+-----------------+---------+
1 row in set (0.00 sec)
```

图5.2.5　从information_schema.Routines表查询存储函数的信息

注意,routine_type的“FUNCTION”必须全部大写。

【工作任务6】创建一个不带参数的函数f_count_student,用于查询并返回学生表中的学生总数。

操作代码如图5.2.6所示。

```
mysql> delimiter //
mysql> create function f_count_student()
    -> returns int
    -> reads sql data
    -> begin
    ->     declare num int;
    ->     select count(*) into num from t05_student;
    ->     return num;
    -> end //
Query OK, 0 rows affected (0.01 sec)

mysql> delimiter ;
```

图 5.2.6 创建不带参数的存储函数

【工作任务7】调用存储函数 f_count_student,获取学生人数。

如图 5.2.7 所示。

```
mysql> select f_count_student();
+-------------------+
| f_count_student() |
+-------------------+
|                84 |
+-------------------+
1 row in set (0.01 sec)
```

图 5.2.7 调用不带参数的存储函数

【工作任务8】删除存储函数 f_count_student。

操作代码如图 5.2.8 所示。

```
mysql> drop function f_count_student;
Query OK, 0 rows affected (0.01 sec)
```

图 5.2.8 删除存储函数

4)问题情境

【问题情境1】在创建存储函数时遇到错误,"ERROR 1418(HY000): This function has none of DETERMINISTIC, NO SQL, or READS SQL DATA in its declaration and binary logging is enabled(you *might* want to use the less safe log_bin_trust_function_creators variable)"。

这意味着 MySQL 服务器启用了二进制日志记录,而创建的存储函数没有明确声明其行为特性。为了确保数据的一致性和可恢复性,MySQL 要求在创建存储函数时明确指定其行为特性。在创建存储函数时,明确指定其行为特性。可选择以下三个选项之一:

- DETERMINISTIC:表示函数对于相同的输入总是返回相同的结果。
- NO SQL:表示函数不包含 SQL 语句。
- READS SQL DATA:表示函数包含读取数据的 SQL 语句,但不包含修改数据的 SQL 语句。

【问题情境2】数据库管理员小李创建了一个存储函数 f_get_student_name,但在调用时提示"未知函数"。

首先,检查存储函数是否存在,确保存储函数已成功创建;其次,检查拼写错误,确保调用函数时的名称拼写正确。

【问题情境3】创建存储函数时提示"Access denied for user 'username'@'localhost' to create routine"（其中 'username'为实际用户名）。

这表明当前用户没有创建存储函数的权限。首先，以具有足够权限的用户（如数据库管理员）登录到数据库管理系统。然后，使用GRANT语句为当前用户授予创建存储函数的权限，例如"GRANT CREATE ROUTINE ON *.* TO 'username'@'localhost';"（根据实际情况调整用户名和主机地址）。授予权限后，再次尝试创建存储函数，应该可以成功创建（前提是函数定义语法正确）。

> 【与AI聊一聊】
>
> 如何给数据库用户dbu赋予在CollegeDB数据库创建和使用存储函数的权限？

5.2.5　学习评价

序号	评价内容	评价标准	评价结果（是/否）
1	存储函数的创建	能够正确使用CREATE FUNCTION语句创建存储函数	
2	存储函数的调用	能够正确使用SELECT语句调用存储函数	
3	存储函数的查看	能够使用SHOW FUNCTION STATUS和SHOW CREATE FUNCTION命令查看存储函数的状态和定义	
4	存储函数的删除	能够使用DROP FUNCTION语句删除存储函数	
5	存储函数的优化	能够优化存储函数中的查询语句，提高查询效率	

▶ **拓展阅读**

函数与模块化设计

模块化设计思想的核心是"分而治之"，将一个复杂的系统或程序按照功能、逻辑等因素分解为多个相对独立的模块。就像搭建积木一样，每个积木块（模块）都有自己的形状和功能，通过合理的组合方式构建出一个完整的造型（软件系统）。这种思想有助于应对复杂问题，把大问题转化为多个小问题分别解决。

例如，在开发一个大型的企业管理软件时，面对复杂的业务流程，如人力资源管理、财务管理、供应链管理等诸多功能，可以将这些功能分别划分为独立的模块。每个模块专注于解决一个特定的业务领域的问题，从而降低了整个系统的复杂性。

在模块化程序设计中，函数就像一个个小巧的积木块，它将一段具有特定功能的代码封装起来。通过定义函数，系统开发人员把复杂的程序逻辑分解为多个独立的、功能明确的部分。这些函数各自完成特定的任务，它们通过参数和返回值与其他函数或模块进行交互，就如同模块之间通过接口实现交互一样。这种方式使得程序的结构更加清晰，易于理解、开发和维护，并且方便代码的复用，不同的函数可以在程序的多个地方或者不同的程序中根据需要进行调用，大大提高了软件开发的效率。

5.2.6　课后作业

1.创建并调用存储函数 f_get_student_info，该函数接受一个学生编号作为参数，返回该学生的姓名。

2.创建并调用存储函数 f_get_average_score，该函数接受一个学生编号作为参数，返回该学生的平均成绩。

3.创建并调用存储函数 f_get_score_grade，参数列表中有 sno 学号和 cno 课程号两个参数，根据参数的值返回对应的成绩等级；如果成绩大于或等于90，返回"A"；如果成绩大于等于75且小于90，返回"B"；如果成绩大于等于60且小于75，返回"C"；如果成绩小于60分，返回"D"。

4.删除存储函数 f_get_average_score，查看数据库中存放的存储函数情况。

工作手册5.3 使用存储过程管理维护数据

5.3.1 核心概念

存储过程,是在MySQL中定义的一段完成特定功能的SQL语句集,经编译后存储在数据库中,用户可通过调用其名称并传递参数来执行。存储过程可包含复杂的逻辑和多个SQL语句,用于执行特定的任务。通过存储过程,可将业务逻辑封装在数据库层,简化应用程序的开发和维护。

5.3.2 学习目标

①能够掌握创建存储过程的语法和步骤。
②能够在存储过程中使用输入参数、输出参数和输入/输出参数。
③能够掌握查看存储过程的状态和定义的方法。
④能够调用存储过程,正确给定输入参数和输出参数。
⑤能够删除指定名称的存储过程。

5.3.3 基础知识

使用存储过程的优点有如下几个方面:

- 存储过程被创建后,可在程序中被多次调用,而不必重新编写该存储过程的SQL语句,提高了代码的重用性和模块化。
- 存储过程可用流控制语句编写,有很强的灵活性,可完成复杂的判断和复杂的运算。
- 系统管理员通过设置某一存储过程的权限,能够实现对相应数据的访问权限限制,避免了非授权用户对数据的访问,保证了数据的安全。

1)创建存储过程

在MySQL中可以使用CREATE PROCEDURE语句创建存储过程。其语法格式如下:

```
CREATE PROCEDURE 过程名([参数[,…]] )
  BEGIN
    语句序列
  END SQL语句结束符
```

其中,参数可选,可以不带参数,也可以有多个参数。如果有参数,必须是IN、OUT、INOUT三种类型之一,对应输入参数、输出参数和输入/输出参数。输入参数用于传递数据给存储过程,输出参数用于返回结果,输入/输出参数兼具两项功能。注意,存储过程不加参数,名称后面的括号也是不可省略的。

2)查看存储过程

在MySQL中创建存储过程后,使用SHOW PROCEDURE STATUS语句来查看存储过程的状态,使用SHOW CREATE PROCEDURE语句来查看存储过程的定义。

(1)查看存储过程的状态

查看存储过程状态的语法格式如下:

```
SHOW PROCEDURE STATUS LIKE '存储过程名';
```

或者

```
SHOW PROCEDURE STATUS LIKE '存储过程名' \G
```

其中,关键字LIKE用来匹配存储过程的名称,不能省略;存储过程名必须使用单引号引起来;"\G"起到语句结束标志的作用,以更好地显示查询结果。

(2)查看存储过程定义

查看存储过程定义的语法格式如下:

```
SHOW CREATE PROCEDURE 存储过程名;
SHOW CREATE PROCEDURE 存储过程名 \G
```

(3)从information_schema.Routines表中查看存储过程的信息

从系统表information_schema.routines中查看存储过程的信息,语法格式如下:

```
SELECT * FROM information_schema.Routines r
WHERE r.ROUTINE_SCHEMA = '数据库名称' AND r.ROUTINE_TYPE = 'PROCEDURE';
```

3)使用存储过程

在MySQL中,使用CALL语句调用已经创建的存储过程,语法格式如下:

```
CALL [数据库名 .]存储过程名([参数1[,参数2,…]]);
```

注意,如果是调用其他数据库的存储过程,则需加上该数据库的名称;参数要与存储过程创建时的参数相对应;当参数被指定为IN时,则实参值可为变量或是直接的数据,但是当参数被指定为OUT或INOUT时,调用时相应的实参值必须是一个变量,以便接收返回给调用者的数据。

4)删除存储过程

删除存储过程的语法格式如下:

```
DROP PROCEDURE [IF EXISTS] 存储过程名;
```

删除存储过程时,应当先确认该存储过程没有任何依赖关系,不会导致其他与之关联的存储过程无法运行。IFEXISTS子句可以在删除不存在的存储过程时防止错误的发生。

5.3.4 能力训练

1)操作条件

①已经成功连接到数据库,并且数据库服务必须处于运行状态。

②当前用户具有创建、修改、删除存储过程的权限,以及存储过程实现中SQL语句相应的权限。

③数据表已经存在,并且表中已经有数据可供查询。可以使用DESC命令了解表的结构,包括字段名称、数据类型等信息,以便正确地构建查询语句。

④使用MySQL命令行客户端或已经安装的MySQL Workbench等图形化工具进行操作。

2)注意事项

①确保存储过程命名符合MySQL的命名规范,避免使用保留关键字。

②在定义变量和常量时,确保数据类型正确,避免类型不匹配导致的错误。

③在编写程序时,添加错误处理逻辑,确保程序的健壮性。

④尽量避免使用复杂的查询和循环操作,以提高性能。

⑤在进行编程操作时,备份重要数据,防止误操作导致数据丢失。

3)工作过程

【工作任务1】创建不带参数的存储过程sp_count_student,实现查询student表中学生人数的功能。

操作代码如图5.3.1所示。

```
mysql> create procedure sp_count_student()
    ->    select count(*) from t05_student;
Query OK, 0 rows affected (0.01 sec)
```

图5.3.1 创建存储过程

【工作任务2】使用SHOW PROCEDURE STATUS查看存储过程的信息。

如图5.3.2所示。

```
mysql> show procedure status like 'sp%' \G
*************************** 1. row ***************************
                  Db: collegedb
                Name: sp_count_student
                Type: PROCEDURE
             Definer: root@%
            Modified: 2024-11-07 17:50:19
             Created: 2024-11-07 17:50:19
       Security_type: DEFINER
             Comment:
character_set_client: gbk
collation_connection: gbk_chinese_ci
  Database Collation: utf8mb4_bin
1 row in set (0.00 sec)
```

图5.3.2 查看存储过程的状态信息

【工作任务3】使用SHOW CREATE PROCEDURE查看存储过程sp_count_student的创建信息。

如图 5.3.3 所示。

图 5.3.3　查看存储过程的创建信息

【工作任务 4】从 information_schema.routines 中查看存储过程的信息。

```
select r.routine_name, r.routine_schema, r.routine_type, r.data_type,
r.created, r.sql_data_access, r.definer
from information_schema.routines r
where r.routine_schema = 'CollegeDB' and r.routine_type = 'PROCEDURE';
```

如图 5.3.4 所示。

图 5.3.4　从 information_schema.routines 中查看存储过程的信息

【工作任务 5】调用存储过程 sp_count_student。

如图 5.3.5 所示。

图 5.3.5　调用没有参数的存储过程

从图中可以看出,调用存储过程 sp_count_student 实际上就是执行其存储过程体中的 SQL 语句,即实现查询 student 表中学生人数的功能。

【工作任务 6】创建存储过程 sp_get_student_number,实现查询 student 表中学生人数的功能,该存储过程带输出参数 num。

操作代码如图 5.3.6 所示。

```
mysql> delimiter //
mysql> create procedure sp_get_student_number(out num int)
    -> begin
    -> select count(*) into num from t05_student;
    -> end //
Query OK, 0 rows affected (0.01 sec)

mysql> delimiter ;
```

图5.3.6　创建有输出参数的存储过程

【工作任务7】调用存储过程sp_get_student_number,将查询结果保存到变量stu_num中。如图5.3.7所示。

```
mysql> set @stu_num= 0;
Query OK, 0 rows affected (0.00 sec)

mysql> call sp_get_student_number(@stu_num);
Query OK, 1 row affected (0.00 sec)

mysql> select @stu_num;
+----------+
| @stu_num |
+----------+
|       84 |
+----------+
1 row in set (0.00 sec)
```

图5.3.7　调用有输出参数的存储过程

【工作任务8】创建存储过程,根据输入参数——教工号,打印教师的姓名、任教课程和课程学分。

操作代码如图5.3.8所示。

```
mysql> delimiter $$
mysql> create procedure sp_print_teacher_course(in tcode varchar(16))
    -> begin
    -> select c02_teacher_name 姓名, c03_course_name 课程, c03_credit 学分
    -> from t02_teacher natural join t03_course
    -> where c02_teacher_code = tcode;
    -> end $$
Query OK, 0 rows affected (0.00 sec)
```

图5.3.8　创建有输入参数的存储过程

创建的存储过程带有一个参数,其格式为"IN tcode VARCHAR(16)"。在调用该存储过程时需要传入一个VARCHAR(16)类型的值,如传入的值为教工号,调用该存储过程就会查询出所有教工号对应的教师的姓名、任教课程和课程学分,具体的调用方式请参考实例。另外,在创建存储过程时使用的参数也称为形式参数,实例中的tcode就是一个形式参数。

【工作任务9】调用存储过程sp_print_teacher_course,查询工号为20180013的教师的任教课程和课程学分。

如图5.3.9所示。

```
mysql> call sp_print_teacher_course('20080033');
+--------+--------------------+------+
| 姓名   | 课程               | 学分 |
+--------+--------------------+------+
| 刘复兴 | 智能化应用开发实践 |    3 |
| 刘复兴 | 计算机网络基础     |    3 |
| 刘复兴 | 云平台配置与管理   |    4 |
| 刘复兴 | 云应用系统开发实训 |    3 |
| 刘复兴 | MyBatis数据持久化  |    3 |
+--------+--------------------+------+
5 rows in set (0.00 sec)
```

图5.3.9 调用有输入参数的存储过程

存储过程sp_print_teacher_course的参数列表中存在一个IN模式的VARCHAR(16)类型的参数tcode，因此调用存储过程sp_print_teacher_course时需要传入一个VARCHAR(16))类型的值或者变量。调用存储过程时传入的值或者变量称为实际参数，是实际调用存储过程时使用的数据。在实例中，调用存储过程sp_print_teacher_course时传入的实际参数为教工号，其用于将形式参数tcode的值设置为教工号。

在调用存储过程sp_print_teacher_course时，MySQL先将实际参数教工号传给形式参数tcode再执行存储过程体中的SQL语句，此时tcode中保存的数据为通过教工号筛选出的相应教师的姓名、任教课程和课程学分的信息。

【工作任务10】创建存储过程update_student_score的示例，接受学生编号、课程编号和新的成绩作为参数，更新该学生的成绩记录。

操作代码如图5.3.10所示。

```
mysql> delimiter //
mysql> create procedure update_student_score(
    -> in p_student_code varchar(16),
    -> in p_course_code varchar(16),
    -> in p_score decimal(5,2) )
    -> begin
    -> -- 更新t06_score表中指定学生编号的成绩
    -> update t06_score set c06_score = p_score
    -> where c05_student_code = p_student_code and c03_course_code = p_course_code;
    -> end //
Query OK, 0 rows affected (0.01 sec)

mysql> delimiter ;
```

图5.3.10 创建带有多个输入参数的存储过程

【工作任务11】调用存储过程update_student_score，将学生2024330315(学号)的课程B310301340050(课程号)课程的成绩改为95分。

操作代码如图5.3.11所示。

```
mysql> call update_student_score('2024330315', 'B310301340050', 95.00);
Query OK, 1 row affected (0.01 sec)
```

图5.3.11 调用带有多个输入参数的存储过程

【工作任务12】删除存储过程sp_print_teacher_course。

操作代码如图5.3.12所示。

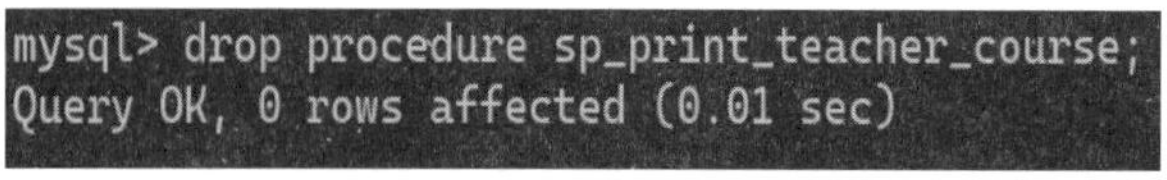

```
mysql> drop procedure sp_print_teacher_course;
Query OK, 0 rows affected (0.01 sec)
```

图 5.3.12　删除存储过程

4)问题情境

【问题情境1】创建了存储过程update_student_score,但在调用时提示"未知存储过程"。

首先,使用SHOW PROCEDURE STATUS语句检查存储过程是否存在,确保存储过程已成功创建;其次,检查拼写错误,确保调用存储过程时的名称拼写正确。

【问题情境2】创建了一个存储过程get_student_info,但在调用时返回错误结果。

首先,检查查询语句,确保存储过程中的查询语句正确;其次,检查变量初始化,确保初始化正确。

【问题情境3】在创建存储过程时,由于内部包含多条SQL语句且都以分号结尾,导致创建过程出错,提示语法错误。

这是因为默认情况下分号被视为SQL语句的结束符,而存储过程中的多条语句需要作为一个整体处理。使用DELIMITER关键字将SQL语句结束符临时更改为其他符号(如双美元符号$$),在存储过程定义完成后再将结束符改回分号。

【与AI聊一聊】

在MySQL中,存储函数与存储过程有什么异同,分别适用于什么场景?

5.3.5　学习评价

序号	评价内容	评价标准	评价结果(是/否)
1	存储过程的创建	能够正确使用CREATE PROCEDURE语句创建存储过程	
2	存储过程的调用	能够正确使用CALL语句调用存储过程	
3	存储过程的查看	能够使用SHOW PROCEDURE STATUS和SHOW CREATE PROCEDURE命令查看存储过程的状态和定义	
4	存储过程的删除	能够使用DROP PROCEDURE语句删除存储过程	

▶ 拓展阅读

我国数据库产业进入关键应用期

中国通信标准化协会在2024可信数据库发展大会主论坛发布《数据库发展研究报告(2024年)》(以下简称《报告》)及《中国数据库产业图谱(2024年)》,全面梳理分析全球数据库产业市场规模、地域分布、发展周期、人才规模、产品类型等关键要素,为研

究数据库应用现状及发展前景提供参考。

中国通信标准化协会互联网与应用技术工作委员会主席何宝宏说，新一轮人工智能浪潮驱动下，全球数据库产业变革不断，多强竞争格局逐步形成。得益于国家战略引领，我国数据库产业进入蓬勃发展期和关键应用期。

《报告》显示，2023年全球数据库市场规模首次突破千亿美元，中国数据库市场规模为74.1亿美元（约合522.4亿元人民币），占全球的7.34%。截至2024年6月，全球共有518家数据库产品提供商，中美企业数量均为167家，分别占比32.2%。预计到2028年，中国数据库市场总规模将达930.29亿元，市场年复合增长率达12.23%。

在发展周期方面，《报告》分析称，全球数据库在21世纪后进入蓬勃发展期，2020年左右达到发展高峰，近年新增企业数量逐渐减少。我国数据库产业与全球发展趋势一致，2013年后迎来繁荣发展，2022年以来企业新增数量呈回落态势。何宝宏认为，当前我国数据库行业正在处于由"数量型"向"质量型"发展的关键转变期。

在人才规模方面，《报告》显示，全球数据库企业从业技术人员已超10万人，我国人才规模逐年扩大。"我国数据库企业从业技术人员两万人左右，每家企业员工数量平均约200人，但数据库内核高级开发人才数量亟待提升"，何宝宏说。

在开源产品方面，《报告》分析称，开源数据库兴起于20世纪90年代，于2006年后迅速发展，其中2011—2020年进入发展高峰期，大量开源数据库产品不断推出。我国开源产品始于2010年后，2019年以来数量激增。何宝宏认为，我国开源数据库占比相较国际仍然偏低，未来发展空间广阔。

"随着我国数据库应用创新走深走实，由周边系统向核心系统逐步升级，将不断推动组织数智化转型提质增效，大力激活数据要素价值，助力培育新质生产力，促进数字经济与实体经济深度融合"，何宝宏说。

5.3.6 课后作业

1.创建并调用存储过程p_get_student_info，该存储过程接受一个学生编号作为参数，返回该学生的姓名和性别。

2.创建并调用带输入参数的存储过程p_update_dirl_score，根据指定的学号判断该学生是否为女生，若为女生则加一个学分，若为男生则不加。

3.创建存储过程p_get_student_count_by_class，接受一个班级编号作为参数，返回该班级的学生人数。

4.查看存储过程名称为"p_update_dirl_score"的存储过程的定义。

5.删除存储过程名称为"p_update_dirl_score"的存储过程。

工作手册5.4　使用触发器管理维护数据

5.4.1　核心概念

触发器(Trigger)和存储过程一样,都是嵌入 MySQL 中的一段程序,是 MySQL 中管理数据的有力工具,在 INSERT、UPDATE、DELETE 等数据库事件发生时自动执行。不同的是执行存储过程要使用 CALL 语句,而触发器的执行不需要使用 CALL 语句,也不需要手动进行,而是通过对数据表的相关操作来触发、激活。

触发器的主要用途是维护数据的一致性和完整性,以及执行复杂的业务逻辑。

5.4.2　学习目标

①了解触发器的类型和触发时机,能够正确区分 INSERT、UPDATE 和 DELETE 类型的触发器以及 BEFORE 和 AFTER 触发时机。

②掌握创建触发器的语法格式,能够创建 INSERT、UPDATE 和 DELETE 等不同类型触发器。

③能够在触发器中使用 NEW 和 OLD 关键字表示相关数据记录。

④能够使用 SHOW TRIGGERS 命令和查询 information_schema.triggers 表获取触发器信息。

⑤能够使用触发器实现数据的备份和更新。

⑥能够使用 DROP TRIGGER 语句删除不需要的触发器。

5.4.3　基础知识

触发器可用来执行业务规则、维护数据的完整性、记录日志等。触发器的特点是,可基于时间或权限限制用户的操作,提高了安全性;跟踪用户对数据库的操作,审计用户操作数据库的语句,把用户对数据库的更新写入审计表;产生比数据约束更加复杂的限制,实现表的连环更新等复杂的数据修改和非标准化的完整性检查和约束。

触发器是一种强大的工具,可实现自动化地执行复杂的业务逻辑和数据维护任务。然而,在设计触发器时应当谨慎考虑其潜在影响,避免引入复杂性或导致数据库性能变差。

1)触发器的类型和触发时机

根据触发事件,可将触发器分为 INSERT、UPDATE 和 DELETE 三种类型。触发器有两个启动时机,分别是触发事件发生之前(BEFORE)和发生之后(AFTER),相应的有 NEW 关键字和 OLD 关键字用来表示触发器事件发生时的相关数据记录,使用"NEW.列名"和"OLD.

列名"表示数据记录的列值。

- 在INSERT型触发器中,NEW表示将要或已经插入的新数据;
- 在UPDATE型触发器中,NEW表示将要或已经修改的新数据,OLD表示将要或已经被修改的原数据;
- 在DELETE型触发器中,OLD表示将要或已经被删除的原数据。

2)创建触发器

创建触发器使用CREATE TRIGGER语句,语法格式如下:

```
CREATE   TRIGGER  [数据库名.]触发器名
触发时机   触发事件
ON 数据表名 FOR EACH ROW
触发程序
```

其中:

①触发器名:触发器在当前数据库中必须具有唯一的名称。如果要在某个特定数据库中创建触发器,那么名称前面应该加上数据库的名称。

②触发时机:可用的关键字有BEFORE、AFTER,表示触发器在激活它的语句之前或之后触发。BEFORE可用于验证新数据是否满足条件,AFTER可用于在语句执行之后完成数据备份等更多的操作。

③触发事件:激活触发程序的语句的类型,包括INSERT、UPDATE和DELETE。

- INSERT:将新行插入表时激活触发器,如INSERT、LOAD DATA和REPLACE语句增加数据。
- UPDATE:更改某一行时激活触发器,如UPDATE语句修改数据。
- DELETE:从表中删除某一行时激活触发器,如DELETE和REPLACE语句删除了数据。

④数据表名:触发器相关的数据表的名称,在这个数据表上发生触发事件才会激活触发器。同一个表不能拥有两个具有相同触发时机和事件的触发器。

⑤FOR EACH ROW:指定对于受触发事件影响的每一行都要激活触发器的动作。

⑥触发程序:触发器的动作,是触发器激活时将要执行的语句。如果要执行多个语句,可使用BEGIN…END复合语句结构。

3)查看触发器

(1)使用SHOW TRIGGERS语句

在MySQL中,可通过SHOW TRIGGERS语句来查看触发器的基本信息。其语法格式如下:

```
SHOW TRIGGERS;
```

或者

```
SHOW TRIGGERS\G
```

在查询结果中,可以明显看出触发器的名称、激活触发器的事件、激活触发器的操作对象表、触发器执行的操作和触发器触发的时机,以及触发器的创建时间、SQL的模式、触发器的定义账户和字符集等其他信息。

（2）查询 information_schema 数据库中的 triggers 表

在 MySQL 中，触发器的信息都存放在 information_schema 数据库的 triggers 表中，可查询该表获取触发器信息，语法格式如下：

```
SELECT * FROM information_schema.triggers
 WHERE trigger_name='触发器名称'\G
```

其中，WHERE 条件中可以指定触发器的名称，注意名称需要用单引号引起来。

4）删除触发器

使用 DROP TRIGGER 语句来删除数据库中存在的触发器，语法格式如下：

```
DROP TRIGGER [IF EXISTS] [数据库名 .]触发器名;
```

如果删除其他数据库中的触发器，那么需要指出数据库的名称。

5.4.4　能力训练

1）操作条件

①已经成功连接到数据库，并且数据库服务必须处于运行状态。

②当前用户具有创建、修改、删除触发器的权限，以及触发器实现中 SQL 语句相应的权限。

③数据表已经存在，并且表中已经有数据可供查询。可以使用 DESC 命令了解表的结构，包括字段名称、数据类型等信息，以便正确地构建查询语句。

④使用 MySQL 命令行客户端或已经安装的 MySQL Workbench 等图形化工具进行操作。

2）注意事项

①触发器命名符合 MySQL 的命名规范，避免使用保留关键字；触发器的名称在当前数据库中唯一，避免命名冲突。

②使用触发器时需注意可能引发的级联效应，避免造成数据丢失或错误。

③在触发器程序中，注意使用 NEW 和 OLD 关键字正确引用数据。

④在删除触发器时，确认要删除的触发器确实是不需要的，避免误删影响业务。

3）工作过程

【工作任务 1】在表 t01_dept 上创建触发器 triger_t01_delete，每次执行删除操作之后，将原有记录自动备份到具有相同表结构的 t01_copy 表中。

操作代码如图 5.4.1 所示。

```
mysql> delimiter $$
mysql> create trigger trigger_t01_delete
    ->      after delete
    ->      on t01_college for each row
    -> begin
    ->      insert into t01_copy(c01_college_code, t01_leader_code, c01_college_name)
    ->      values(old.c01_college_code, old.c01_leader_code, old.c01_college_name);
    -> end$$
Query OK, 0 rows affected (0.01 sec)

mysql> delimiter ;
```

图 5.4.1　创建触发器 trigger_t01_delete

【工作任务 2】创建触发器 triger_t01_update，实现更新 t01_dept 表记录之前，先更新其复本 t01_copy 中的相应记录。

操作代码如图 5.4.2 所示。

```
mysql> delimiter $$
mysql> create trigger trigger_t01_update
    ->   before update
    ->   on t01_college for each row
    -> begin
    ->   update t01_copy
    ->   set c01_college_code = new.c01_college_code, c01_college_name = new.c01_college_name
    ->   where c01_college_code = old.c01_college_code;
    -> end $$
Query OK, 0 rows affected (0.01 sec)

mysql> delimiter ;
```

图 5.4.2　创建触发器 trigger_t01_update

【工作任务 3】创建一个触发器 triger_t05_delete，当删除 t05_student 表中某个学生的记录时，删除 t06_score 表中相应的成绩记录。

操作代码如图 5.4.3 所示。

```
mysql> delimiter $$
mysql> create trigger trigger_t05_delete
    -> after delete
    -> on t05_student for each row
    -> begin
    ->   delete from t06_score where c05_student_code = old.c05_student_code;
    -> end$$
Query OK, 0 rows affected (0.01 sec)

mysql> delimiter ;
```

图 5.4.3　创建触发器 trigger_t05_delete

【工作任务 4】验证触发器 triger_t05_delete 的功能。

删除学生表数据之前，先查看 t06_score 表中学号为 2024330340 的学生的成绩记录，如图 5.4.4 所示。

```
mysql> select * from t06_score where c05_student_code = '2024330340';
+-----------------+------------------+-----------------+------------------+---------------------+---------------------+-----------+------------+
| c06_selected_id | c05_student_code | c03_course_code | c02_teacher_code | c06_selected_date   | c06_score_date      | c06_score | c06_remark |
+-----------------+------------------+-----------------+------------------+---------------------+---------------------+-----------+------------+
|              40 | 2024330340       | B310301340050   | 20080033         | 2023-11-22 00:00:00 | 2023-12-31 00:00:00 |        88 | NULL       |
|              86 | 2024330340       | B310301340030   | 20080036         | 2024-11-14 00:00:00 | 2024-12-31 00:00:00 |        88 | NULL       |
|             131 | 2024330340       | B310301343610   | 20110016         | 2024-09-06 00:00:00 | 2024-12-31 00:00:00 |        92 | NULL       |
|             177 | 2024330340       | B310301340040   | 20120023         | 2024-11-09 00:00:00 | 2024-12-31 00:00:00 |        61 | NULL       |
|             223 | 2024330340       | B310302392600   | 20180012         | 2024-12-06 00:00:00 | 2024-12-31 00:00:00 |        55 | NULL       |
+-----------------+------------------+-----------------+------------------+---------------------+---------------------+-----------+------------+
5 rows in set (0.00 sec)

mysql> delete from t05_student where c05_student_code = '2024330340';
Query OK, 1 row affected (0.01 sec)

mysql> select * from t06_score where c05_student_code = '2024330340';
Empty set (0.00 sec)
```

图 5.4.4　删除数据表记录时激活触发器，关联删除其他表的数据记录

删除学生表中记录之后，使用SELECT语句再次查看t06_score表中的情况，可以看到已没有学号为2024330340的学生的成绩记录。

【工作任务5】备份t05_student表并命名为“t05_bak”，当t05_student表数据更新时，通过触发器调用存储过程，保证学生表数据的同步更新。

操作代码如图5.4.5所示。

```
mysql> delimiter $$
mysql> create procedure trigger_t05_update()
    -> begin
    ->   truncate table t05_bak;
    ->   replace into t05_bak select * from t05_student;
    -> end$$
Query OK, 0 rows affected (0.01 sec)

mysql> delimiter ;
```

图 5.4.5　创建触发器 trigger_t05_update

【工作任务6】删除触发器trigger_t01_delete。

操作代码如图5.4.6所示。

```
mysql> drop trigger trigger_t01_delete;
Query OK, 0 rows affected (0.01 sec)
```

图 5.4.6　删除触发器 trigger_t01_delete

4)问题情境

【问题情境1】创建了触发器triger_t01_delete，但在删除记录时触发器未被触发。

首先，使用SHOW TRIGGERS语句检查触发器是否存在，确保存储过程已成功创建；其次，确保触发事件(如AFTER DELETE)正确。

【问题情境2】创建了一个触发器triger_t03_delete，但在更新记录时查询速度非常慢。

首先，优化查询语句，避免使用复杂的子查询和连接操作，确保查询语句高效；其次，确保触发器中作为更新条件的列已创建索引。

【与AI聊一聊】

如何通过触发器防止非法数据修改或恶意数据删除，保障数据库数据的安全性？

5.4.5　学习评价

序号	评价内容	评价标准	评价结果（是/否）
1	触发器的创建	能够正确使用 CREATE TRIGGER 语句创建触发器	
2	触发器的查看	能够使用 SHOW TRIGGERS 和 SELECT * FROM information_schema. triggers 命令查看触发器的状态和定义	
3	触发器的删除	能够使用 DROP TRIGGER 语句删除触发器	
4	触发器的优化	能够优化触发器中的查询语句,提高查询效率	

▶ **拓展阅读**

2024 年 9 月 24 日，国务院总理李强签署国务院令，公布《网络数据安全管理条例》，自 2025 年 1 月 1 日起施行。

网络数据安全是指保护数据免受未经授权的访问、使用、泄露、破坏或篡改的一系列措施和技术。为了实现数据安全，通常会采用多种技术和措施，包括但不限于数据加密、访问控制、数据备份和恢复、安全审计等。这些措施旨在构建一个多层次、全方位的数据安全防护体系，以应对来自内部和外部的各种威胁。

数据安全对于个人、企业和国家都具有重要意义。对于个人而言，数据安全关系到个人隐私的保护；对于企业而言，数据安全关系到商业机密和客户信息的保护；对于国家而言，数据安全则关系到国家安全和社会稳定。因此，加强数据安全防护，提升数据安全保障能力，已成为当前社会发展的重要议题。

党中央、国务院高度重视网络数据安全管理工作。党的二十届三中全会强调，提升数据安全治理监管能力，建立高效便利安全的数据跨境流动机制。近年来，随着信息技术和人们生产生活交汇融合，数据处理活动更加频繁，数据安全风险日益聚焦在网络数据领域，违法处理网络数据活动时有发生，给经济社会发展和国家安全带来严峻挑战。拟于2025 年 1 月 1 日起施行的《网络数据安全管理条例》旨在规范网络数据处理活动，保障网络数据安全，促进网络数据依法合理有效利用，保护个人、组织的合法权益，维护国家安全和公共利益。

5.4.6　课后作业

1.创建与 t01_college 数据表具有相同表结构的 t01_copy 表。

2.创建触发器 triger_t01_delete,在删除 t01_dept 表中的记录后,将原有记录自动备份到 t01_copy 表中。

3.创建触发器 triger_t01_update,在更新 t01_dept 表中的记录前,先更新 t01_copy 中的相应记录。

4.删除触发器 triger_t01_update。

工作手册5.5　使用事件机制执行定时任务

使用事件机制
执行定时任务

5.5.1　核心概念

事件(Event),是一种定时任务机制,在指定的时间单元内执行特定的数据操作。通过事件机制,数据库备份、清理过期数据、维护数据表索引等对数据的定时性操作不再依赖外部程序,直接使用数据库本身提供的功能即可实现。

事件调度器是 MySQL 中用于实施事件机制的功能模块。通过设置全局变量event_scheduler的值,可开启或关闭事件调度器。

5.5.2　学习目标

①掌握创建事件的语法格式,能够编写SQL语句创建、修改、删除事件。
②了解事件调度器的作用和状态设置方法,能够查询和设置事件调度器的状态。
③能够修改事件的启用状态。
④能够在事件中调用存储过程或执行复杂的SQL语句。

5.5.3　基础知识

数据库管理是一项重要且烦琐的工作,数据备份、索引维护、报表分析等许多日常管理任务往往会频繁地、周期性地执行。在实际工作中,数据库管理员会定义事件对象以自动化完成类似的任务。

事件是MySQL在相应的时刻调用的过程式数据库对象。一个事件可以只启动一次,也可以周期性地启动。事件和触发器相似,但差异也显而易见。触发器的触发程序是由触发事件和触发时机共同激活的,事件则是事件调度器根据设定好的事件调度时机激活的。

1)事件调度器(Event Scheduler)

用户创建的事件生效,必须满足两个条件,除了设置事件自身处于启用状态,还要打开数据库的事件调度器。MySQL事件调度器负责调用事件,事件调度器持续监视一个事件是否需要调用。使用系统变量 event_scheduler 设置事件调度器,TRUE(或 1、ON)为打开,FALSE(或 0、OFF)为关闭。

(1)查看事件调度器的状态

```
SHOW VARIABLES LIKE 'EVENT_SCHEDULER';
```

（2）启用事件调度器

```
SET GLOBAL EVENT_SCHEDULER = 1;
```

将1替换为ON或者TRUE,语句具有同样效果。

（3）关闭时间调度器

```
SET GLOBAL EVENT_SCHEDULER = 0;
```

将0替换为OFF或者FALSE,语句具有同样效果。

2）创建事件

事件由事件调度机制和事件操作语句构成,事件操作可以执行一条SQL语句,也可以是多条SQL语句或者调用存储过程。在开启MySQL事件调度器EVENT_SCHEDULER,并设置启用事件后,事件生效,会在符合调度机制的时机执行事件动作。

使用CREATE EVENT创建事件,语法格式如下:

```
CREATE EVENT [IF NOT EXISTS] 事件名
ON SCHEDULE  事件调度机制
    [ON COMPLETION [NOT] PRESERVE]
    [ENABLE | DISABLE | DISABLE ON SLAVE]
    [COMMENT '事件的注释']
DO 事件动作;
```

其中:

- ON COMPLETION [NOT] PRESERVE:事件执行后是否保留。
- [ENABLE | DISABLE | DISABLE ON SLAVE]: 是否开启事件。
- 事件动作可以是简单的SQL语句,也可以调用存储过程。
- 调度机制选项的语法格式如下:

```
AT 时间点 [+ 时间间隔]...
    | EVERY 时间间隔
    [STARTS 开始时间点 [+ 时间间隔]...]
    [ENDS 结束时间点 [+ 时间间隔]...]
```

调度时间间隔的单位有YEAR、QUARTER、MONTH、DAY、HOUR、MINUTE、WEEK、SECOND、YEAR_MONTH、DAY_HOUR、DAY_MINUTE、DAY_SECOND、HOUR_MINUTE、HOUR_SECOND、MINUTE_SECOND等。

事件调度机制的举例说明:

- 具体时间:'2024-10-14 23:00:00'
- 每个小时:EVERY 1 HOUR STARTS '2024-10-15 00:00:00'
- 每天凌晨2点:EVERY 1 DAY STARTS '2024-10-15 02:00:00'
- 每周一的早上6点:EVERY 1 WEEK STARTS '2024-10-14 06:00:00'
- 每个月第一天的8点:EVERY 1 MONTH STARTS '2024-11-01 08:00:00'

以上的举例说明均使用具体的时间点作为事务调度机制的开始时间。在实践中,需要明确开始时间点是否符合业务需求,根据具体需求选择合适的时间间隔和执行逻辑,并确保有足够的权限和安全措施来执行这些任务。

3)查看事件

(1)查看所有事件

```
SHOW EVENTS;
SHOW EVENTS [FROM 数据名][LIKE 模式匹配串 | WHERE 条件表达式];
```

(2)查看事件创建语句

```
SHOW CREATE EVENT 事件名称;
```

4)修改事件

使用ALTER EVENT语句修改事件,语法格式如下:

```
ALTER EVENT 事件名
[ON SCHEDULE 事件机制]
[ON COMPLETION [NOT] PRESERVE]
[RENAME TO 事件的新名]
[ENABLE| DISABLE| DISABLE ON SLAVE]
[COMMENT '事件注释']
[DO 事件动作]
```

ALTER EVENT语句与CREATE EVENT语句格式基本一致。

5)启用、禁用事件

启用或禁用事件,都是修改事件的属性,使用ALTER EVENT语句。
• 启用事件:

```
ALTER EVENT 事件名 ENABLE;
```

• 禁用事件:

```
ALTER EVENT 事件名 DISABLE;
```

6)删除事件

删除事件的语法格式如下:

```
DROP EVENT [IF EXISTS] 事件名;
```

5.5.4 能力训练

1)操作条件

①已经成功连接到数据库,并且数据库服务必须处于运行状态。
②在创建事件时,确保事件调度器处于开启状态,否则事件不会生效。
③数据表已经存在,并且表中已经有数据可供查询。可使用DESC命令了解表的结构,

包括字段名称、数据类型等信息,以便正确地构建查询语句。

④根据需求编写正确的SQL语句,SQL语句语法正确,没有拼写错误或其他逻辑错误。

2)注意事项

①确保创建和执行事件的用户具有足够的权限。

②确保事件命名符合MySQL的命名规范,避免使用保留关键字。

③在定义变量和常量时,确保数据类型正确,避免类型不匹配导致的错误。

④尽量避免使用复杂的查询和循环操作,以提高性能。

⑤在进行编程操作时,备份重要数据,防止误操作导致数据丢失。

3)工作过程

【工作任务1】查看MySQL服务器事件调度器的状态。

结果如图5.5.1所示。

```
mysql> show variables like 'event_scheduler';
+-----------------+-------+
| Variable_name   | Value |
+-----------------+-------+
| event_scheduler | ON    |
+-----------------+-------+
1 row in set, 1 warning (0.01 sec)
```

图5.5.1　查看事件调度器

【工作任务2】打开MySQL服务器事件调度器。

操作代码如图5.5.2所示。

```
mysql> set global event_scheduler = on;
Query OK, 0 rows affected (0.00 sec)
```

图5.5.2　打开事件调度器

【工作任务3】创建事件event_t06_daily_bakup,每天将数据表t06_score中的数据备份到同结构的复本t06_copy表中。

操作代码如图5.5.3所示。

```
mysql> create event event_t06_daily_bakup
    -> on schedule every 1 day
    -> do
    -> insert into t06_copy select * from t06_score;
Query OK, 0 rows affected (0.01 sec)
```

图5.5.3　创建事件event_t06_daily_bakup

【工作任务4】查看CollegeDB数据库的所有事件。

结果如图5.5.4所示。

```
mysql> use CollegeDB;
Database changed
mysql> show events \G
*************************** 1. row ***************************
                  Db: collegedb
                Name: event_t06_daily_bakup
             Definer: root@localhost
           Time zone: SYSTEM
                Type: RECURRING
          Execute at: NULL
      Interval value: 1
      Interval field: DAY
              Starts: 2024-11-02 15:57:29
                Ends: NULL
              Status: ENABLED
          Originator: 1
character_set_client: utf8mb4
collation_connection: utf8mb4_0900_ai_ci
  Database Collation: utf8mb4_bin
1 row in set (0.00 sec)
```

图5.5.4　使用SHOW EVENTS查看数据库中的事件

【工作任务5】查看event_t06_daily_bakup的创建信息。

```
show create event event_t06_daily_bakup \G
```

结果如图5.5.5所示。

```
mysql> show create event event_t06_daily_bakup \G
*************************** 1. row ***************************
               Event: event_t06_daily_bakup
            sql_mode: ONLY_FULL_GROUP_BY,STRICT_TRANS_TABLES,NO_ZERO_IN_DATE,NO_ZERO_DATE,ERROR_FOR_DIVISION_BY_ZERO,NO_ENGINE_SUBSTITUTION
           time_zone: SYSTEM
        Create Event: CREATE DEFINER=`root`@`%` EVENT `event_t06_daily_bakup` ON SCHEDULE EVERY 1 DAY STARTS '2024-11-07 19:32:52' ON COMPLETION
NOT PRESERVE ENABLE DO insert into t06_copy select * from t06_score
character_set_client: gbk
collation_connection: gbk_chinese_ci
  Database Collation: utf8mb4_bin
1 row in set (0.00 sec)
```

图5.5.5　查看时间的定义语句

【工作任务6】禁用名为event_t06_daily_bakup的事件。

```
alter event event_t06_daily_bakup disable;
```

结果如图5.5.6所示。

```
mysql> alter event event_t06_daily_bakup disable;
Query OK, 0 rows affected (0.01 sec)

mysql> show events from collegedb \G
*************************** 1. row ***************************
                  Db: collegedb
                Name: event_t06_daily_bakup
             Definer: root@%
           Time zone: SYSTEM
                Type: RECURRING
          Execute at: NULL
      Interval value: 1
      Interval field: DAY
              Starts: 2024-11-07 19:32:52
                Ends: NULL
              Status: DISABLED
          Originator: 1
character_set_client: gbk
collation_connection: gbk_chinese_ci
  Database Collation: utf8mb4_bin
1 row in set (0.00 sec)
```

图5.5.6　禁用事件并查看数据库中的所有事件

【工作任务7】启用名为event_t06_daily_bakup的事件。

```
alter event event_t06_daily_bakup enable;
```

结果如图5.5.7所示。

```
mysql> alter event event_t06_daily_bakup enable;
Query OK, 0 rows affected (0.01 sec)

mysql> show events from collegedb \G
*************************** 1. row ***************************
                  Db: collegedb
                Name: event_t06_daily_bakup
             Definer: root@%
           Time zone: SYSTEM
                Type: RECURRING
          Execute at: NULL
      Interval value: 1
      Interval field: DAY
              Starts: 2024-11-07 19:32:52
                Ends: NULL
              Status: ENABLED
          Originator: 1
character_set_client: gbk
collation_connection: gbk_chinese_ci
  Database Collation: utf8mb4_bin
1 row in set (0.00 sec)
```

图5.5.7 启用事件并查看数据库中的所有事件

【工作任务8】修改事件event_t06_daily_bakup,重命名为event_t06_weekly_bakup,执行频率改为每周执行一次,开始时间为2022年10月1日零点,结束时间为2035年9月30日23点。

```
alter event event_t06_daily_bakup
on schedule every 1 week
starts '2022-10-01 00:00:00' ends '2035-09-30 23:00:00'
rename to event_t06_weekly_bakup;
```

结果如图5.5.8所示。

```
mysql> alter event event_t06_daily_bakup
    -> on schedule every 1 week
    -> starts '2022-10-01 00:00:00' ends '2035-09-30 23:00:00'
    -> rename to event_t06_weekly_bakup;
Query OK, 0 rows affected (0.01 sec)

mysql> show events from collegedb \G
*************************** 1. row ***************************
                  Db: collegedb
                Name: event_t06_weekly_bakup
             Definer: root@%
           Time zone: SYSTEM
                Type: RECURRING
          Execute at: NULL
      Interval value: 1
      Interval field: WEEK
              Starts: 2022-10-01 00:00:00
                Ends: 2035-09-30 23:00:00
              Status: ENABLED
          Originator: 1
character_set_client: gbk
collation_connection: gbk_chinese_ci
  Database Collation: utf8mb4_bin
1 row in set (0.00 sec)
```

图5.5.8 修改事件并重命名

【工作任务9】创建事件event_t06_monthly_cleanup,每月最后一天删除t06_copy表中超过30天的数据。

操作代码如图5.5.9所示。

```
mysql> delimiter //
mysql> create event event_t06_monthly_cleanup
    -> on schedule every 1 month starts last_day(curdate())
    -> do
    -> begin
    -> delete from t06_copy where date_column < curdate() - interval 30 day;
    -> end //
Query OK, 0 rows affected (0.01 sec)

mysql> delimiter ;
```

图5.5.9   **创建事件**event_t06_monthly_cleanup

【工作任务10】删除当前数据库中的事件event_t06_daily_bakup。

操作代码如图5.5.10所示。

```
mysql> drop event event_t06_daily_bakup;
Query OK, 0 rows affected (0.00 sec)
```

图5.5.10   **删除事件**

4)问题情境

【问题情境1】创建了一个事件event_t06_daily_bakup,但在指定时间未被触发。

首先,执行SHOW VARIABLES LIKE 'event_scheduler';语句检查事件调度器的状态;其次,执行SHOW EVENTS LIKE 'event_t06_daily_bakup';语句确认事件已经启用。

【问题情境2】修改事件时提示"Error Code: 1298.Unknown event"。

确保事件名称正确,包括大小写。使用SHOW EVENTS查看当前数据库中的所有事件。

【与AI聊一聊】

在Windows系统和Linux系统中,如何执行定时任务?

5.5.5 学习评价

序号	评价内容	评价标准	评价结果（是/否）
1	事件的创建	能够正确使用CREATE EVENT语句创建事件	
2	事件的查看	能够使用SHOW EVENTS和SHOW CREATE EVENT语句查看事件	
3	事件的修改	能够使用ALTER EVENT语句修改事件	
4	事件的删除	能够使用DROP EVENT语句删除事件	
5	事件的启用和禁用	能够使用ALTER EVENT语句启用和禁用事件	
6	定时任务设计	能够根据实际需求设计合理的定时任务事件	

拓展阅读

中科大团队实现时间量子精密测量重大突破

中国科学技术大学潘建伟团队与上海技物所、新疆天文台、中国科学院国家授时中心、济南量子技术研究院和宁波大学等单位合作，首次在国际上实现百公里级的自由空间高精度时间频率传递实验，时间传递稳定度达到飞秒量级，频率传递稳定度达到千亿亿分之一。相关成果于2024年10月5日晚在线发表于国际著名学术期刊《自然》。

古往今来，人类对时间的探索贯穿整个人类文明史。如何测量时间，正是其中一个重要内容。因为原子钟的优异性能，在1967年第13届国际度量衡会议上，秒由铯原子钟重新定义。从此，时间基准所依据的不再是天体规律，而是量子世界中原子的行为，铯原子钟可以做到一亿年只有1秒误差。

铯原子钟的频率在微波波段，科学家们又开发了锶、镱等新型原子钟，它们的频率更高，在光学波段，因此被称作"光学原子钟"，简称"光钟"。光钟的测量精度已经可以达到千亿亿分之一，在整个宇宙年龄的时间尺度上，误差还不到1秒。因此，国际计量组织计划2026年讨论"秒"的重新定义。

光钟的测量精度已达到千亿亿分之一，很有可能成为下一代时间频率标准。面对于此，我们还要有与之精度相匹配的时间传递技术。如何实现精度千亿亿分之一的时间传递？全球性光钟网络的建立，急需高精度的自由空间时频传递技术。之前，这一技术最多只能实现10千米量级的传输距离且信噪比低。最近，潘建伟团队及合作者，基于光梳技术，成功地在相隔113千米的新疆南山天文台和高崖子天文台之间实现了稳定的时频传递，精度达到千亿亿分之一，满足了通过卫星进行高精度时频传递的需求。

这一突破不仅带来地面上远距离时频传递的应用，还为未来基于中高轨卫星的高精度星地时频传递奠定了基础。《自然》杂志审稿人高度评价该工作"是星地自由空间远距离光学时间频率传递领域的一项重大突破，将对暗物质探测、物理学基本常数检验、相对论检验等基础物理学研究产生重要影响"。

5.5.6　课后作业

1.简述事件与触发器的区别。

2.创建事件event_truncate_t06，在2024年10月31日9点30分20秒整清空t06_copy表。

3.创建事件event_t05_daily_backup，每天凌晨2点将数据表t05_student中的数据备份到同结构的复本t05_bak表中。

4.创建事件event_t06_yearly_archive，每年1月1日将数据表t06_score中的数据归档到t06_archive表中。

5.删除事件event_truncate_t06。

6.禁用事件event_t06_yearly_archive。

工作手册5.6　使用事务保障数据一致性

5.6.1　核心概念

事务(Transaction),是一系列的数据操作语句,这些语句只有在所有的SQL语句都执行成功后,整个事务的操作才会更新到数据库中,如果有任何一条语句执行失败,所有操作都会被取消。

事务的ACID特性:

* **原子性**(Atomicity):事务像原子一样不可分,其中的语句必须全部成功执行;如果其中有语句失败,系统将会返回到该事务开始执行前的状态——相当于全部语句都不执行。

* **一致性**(Consistency):在事务完成前后,相关数据符合业务规则和数据约束,事务不能违背定义在数据库中的任何完整性检查。

* **隔离性**(Isolation):多个事务并发执行时,事务的执行相互独立,每个事务在自己的会话空间发生,并发执行的各个事务之间不能互相干扰。该机制是通过对事务的数据访问对象加适当的锁,排斥其他事务对同一数据库对象的并发操作来实现的。

* **持久性**(Durability):一旦提交了事务,数据修改就写入了数据库对应的磁盘文件。MySQL会通过记录所有对表的更新、查询、报表等操作日志,保证数据的持久性。

5.6.2　学习目标

①理解事务的提交模式,能够根据应用场景选择合适的提交模式并进行相关设置。

②掌握事务的隔离级别,了解不同隔离级别下可能出现的数据问题,能查看和设置事务隔离级别。

③能够编写SQL脚本执行事务的操作,包括开始事务、设置保存点、提交事务和回滚事务。

④了解MySQL锁机制(表级锁、行级锁、页面锁、共享锁、排他锁),理解锁在事务处理中的作用。

⑤掌握共享锁和排他锁的设置方法,了解锁等待、死锁现象以及锁的优化策略。

5.6.3　基础知识

MySQL作为多用户的数据库管理系统,可允许多个用户同时登录数据库进行操作。当不同的用户访问同一份数据时,在一个用户更改数据的过程中可能会有其他用户同时发起更改请求,这样就会造成数据不准确。有些复杂度高的数据,其处理语句十分复杂但仍需保证所有语句一次性完成。

数据库管理系统使用事务解决以上问题。事务对于保证数据的一致性和完整性至关重要。

1)事务的提交模式

在数据库管理和事务处理中,提交模式通常指的是事务提交前的状态管理和最终确认的方式。主要的提交模式包括显式提交和隐式提交,此外还有一些辅助机制(如保存点)来帮助管理事务的状态。

(1)显式提交(Explicit Commit)

显式提交,是指用户通过 START TRANSACTION 命令开始事务,通过 COMMIT 或 ROLLBACK命令来控制事务的结束,明确地告诉数据库系统何时提交事务。

在显示提交模式下,用户可以精准控制事务,确保在合适的时间点提交或回滚事务;可以在事务内部进行多次更新操作之后再一次性提交,提高了事务的性能,适合复杂的应用程序。显示提交的主要缺点是增加了事务操作的复杂性。

(2)隐式提交(Implicit Commit)

隐式提交,是指在某些特定的操作之后,数据库系统自动提交事务。在隐式提交模式下,MySQL将一条SQL语句看作一个事务,执行完成之后会开始一个新的事务;用户无须手动管理事务的提交,减少了编程的复杂度,减少了事务管理的工作量,适合简单的应用程序。隐式提交的主要缺点是可能出现意外的提交。

(3)保存点(Savepoint)

保存点用于事务提交前恢复到某个特定的状态,是在事务内部设置的一个标记点。使用保存点可以在事务中设置多个回滚点,以便必要时恢复到某个特定的点,而不是回滚整个事务。通过保存点,可以实现更细粒度的错误恢复机制,提高了事务的灵活性和可管理性,但管理保存点也增加了事务管理的复杂度。

(4)系统变量autocommit

在 MySQL 中,通过 autocommit 配置选项来控制事务的自动提交模式。autocommit 默认是打开的,即为自动提交模式。使用SHOW VARIABLES语句查看事务自动提交模式,语句如下:

```
SELECT @@autocommit;
SHOW VARIABLES LIKE 'autocommit';
```

如果需要显式控制事务的提交,可使用SET关键字设置autocommit,从而在当前会话范围内改变事务提交模式。

```
SET autocommit = 0;  -- 0 或者 OFF,关闭事务自动提交模式
SET autocommit = 1;  -- 1 或者 ON,打开事务自动提交模式
```

2)事务的隔离级别

(1)事务并发可能出现的问题

当同一数据库系统中有多个事务并发运行时,可能产生数据不一致的问题,这些问题主

要有丢失更新、脏读、不可重复读和幻读等4种情况。

- 丢失更新(Lost Update)：一个事务覆盖了另一个事务的更新。
- 脏读(Dirty Read)：一个事务读取到了另一个事务尚未提交的数据。如果第二个事务回滚撤销更新，第一个事务读取的数据就变成了无效数据。
- 不可重复读(Unrepeatable Read)：在一个事务中多次读取同一数据时，由于其他事务的修改，导致结果不同。
- 幻读(Phantom Read)：在一个事务中多次读取同一数据集合时，由于其他事务插入或删除数据，导致结果集合发生变化。

(2)事务的隔离

数据库管理系统提供了不同的事务隔离级别来控制事务间的交互，隔离级别越高，越能保证数据的完整性和一致性，但是对并发性能的影响也越大。

表5.6.1　事务隔离级别

隔离级别	说明	脏读	不可重复读	幻读
读未提交 (Read Uncommitted)	允许事务读取其他事务未提交的结果(即允许脏读)，是事务隔离级别中等级最低的，也是最危险的，该级别很少用于实际应用	可能	可能	可能
读已提交 (Read Committed)	允许事务只能读取其他事务已经提交的结果，该隔离级别可以避免脏读，但不能避免重复读和幻读的情况		可能	可能
可重复读 (Repeatable Read)	该级别确保了同一事务的多个实例在并发读取数据时，可以读取到同样的数据行。这种级别可以避免脏读和不可重复读的问题，但不能避免幻读的问题，是MySQL默认的隔离级别			可能
可序列化 (Serializable)	强制性地对事务进行排序，使之不可能相互冲突，从而解决幻读的问题。实际上，这种方式是在每个读的数据行上加了共享锁，但这种级别可能会导致大量的超时现象和锁竞争，所以很少用于实际应用，是事务中最高的隔离级别			

(3)查看或设置事务的隔离级别

事务的隔离级别保存在系统变量transaction_isolation中，查看方式如下：

```
SELECT @@transaction_isolation;
SHOW VARIABLES LIKE 'transaction_isolation';
```

可通过设置系统变量transaction_isolation的值，设置当前会话中事务的隔离级别，语法如下：

```
SET [GLOBAL|SESSION] TRANSACTION ISOLATION LEVEL 事务隔离级别;
```

其中，事务隔离级别可选择 REPEATABLE READ、READ COMMITTED、READ UNCOMMITTED或SERIALIZABLE。

在MySQL中，使用BEGIN命令开始事务时，默认使用当前会话设置的隔离级别。如果当前会话没有显式设置,那么默认使用可重复读(REPEATABLE READ)隔离级别。

设置事务隔离级别的原则主要是,在多个事务之间要避免进行"未授权的读"操作;绝大部分应用都无须使用"可序列化"级别的隔离;对于大部分应用,可优先考虑"可重复读"级别的隔离。

3)执行事务

在MySQL系统中,事务生命周期通常包括以下阶段,相应地也有语句实施各个阶段的操作。

- 开始(Begin):事务开始执行。
- 执行(Execute):执行一系列操作。
- 提交(Commit):如果事务执行成功,可以提交事务,使其更改成为永久性的。
- 回滚(Rollback):如果事务执行过程中出现问题,可以选择回滚事务,撤销所有已执行的操作。

(1)开始事务

MySQL使用BEGIN或START TRANSACTION语句开始事务。事务开始后,所有的数据库操作都将作为一个整体执行,直到事务被提交(COMMIT)或回滚(ROLLBACK)。

使用START TRANSACTION命令开始事务时,默认事务隔离级别同样是当前会话设置的隔离级别;但是,START TRANSACTION可在开始事务的同时显式设置事务隔离级别,语法格式如下:

```
START TRANSACTION ISOLATION LEVEL 事务隔离级别;
```

如果使用BEIGN开始的事务需要设置事务隔离级别,则可通过如下语句实现:

```
BEGIN;
SET TRANSACTION ISOLATION LEVEL 事务隔离级别;
```

(2)设置保存点

在事务处理过程中,使用保存点的好处是,如果保存点之后的操作失败,可以回滚到该保存点而不是回滚整个事务。设置保存点的语法如下:

```
SAVEPOINT 保存点名称;
```

(3)提交事务

当事务正确执行完成后,使用COMMIT语句提交事务的所有操作,事务正常结束。提交事务,意味着事务自开始以来执行的所有数据修改永久成为数据库的一部分。一旦提交事务,将不能回滚事务。

```
COMMIT;
```

(4)回滚事务

在事务开始后,如果出现问题而不能正常执行一个完整的事务,则可使用ROLLBACK语句回滚事务,系统将事务回滚到事务上一次提交数据的状态,语句如下:

```
ROLLBACK;
```

如果设置了保存点,使用ROLLBACK语句可以回滚到未提交的指定保存点处,语法如下：

```
ROLLBACK TO SAVEPOINT 事务保存点;
```

注意，ROLLBACK不仅撤销了事务中所有未提交的更改，还结束了当前事务，使得后续的SQL操作不再属于同一个事务。

4）MySQL锁机制

在MySQL中，事务的各种隔离级别是靠锁（Lock）机制实现的。按照加锁的对象类型，锁可分为表级锁、行级锁、页面锁三种类型；按照锁的功能，锁可分为共享锁（Shared Locks）和排他锁（Exclusive Locks）两种。每种类型的锁都有其特定的作用和应用场景。

（1）不同粒度的锁

- 表级锁（Table-Level Locks），是最粗粒度的锁，用于管理事务对整个表的读写。表级锁会锁住整个数据表，因此并发度较低。
- 行级锁（Row-Level Locks），是对表中的单行数据加锁。相比表级锁，行级锁只锁住必要的数据行，具有更高的并发度。
- 页面锁（Page-Level Locks），是对表中的一个页面加锁。页面锁是MyISAM存储引擎中常用的一种锁类型。页面锁比行级锁粒度更大，但比表级锁粒度更小。

锁的粒度越大，开销越小，加锁越快，冲突概率也越高。

（2）不同功能的锁

- 共享锁（Shared Locks）：也称为S锁、读锁（Read Lock），允许多个事务同时读取加锁粒度的数据。
- 排他锁（Exclusive Locks）：也称为X锁、写锁（Write Lock），只允许一个事务写入数据，其他事务不能读取或写入数据。

不同的存储引擎有不同的锁机制，MySQL中常见的InnoDB引擎支持行级锁，MyISAM引擎只支持表级锁。在InnoDB中，锁的获取和释放是自动管理的，通常不需要用户干预。

5）锁的操作

（1）共享锁

多个不同的事务对一个资源共享一把共享锁。如果事务T1对行R加上S锁，那么其他事务T2,T3,…,Tn只能对行R加上S锁，不能再加上其他的锁；被加上S锁的数据，只能进行读取，不能写入（包括修改和删除）；如果需要修改数据，必须等所有的共享锁释放完。

在MySQL中，设置共享锁的语法格式如下：

```
SELECT...FROM 表名 LOCK IN SHARE MODE;
```

（2）排他锁

如果事务T1对行R加上了排他锁，则事务T1可以对行R范围内的数据进行读取和写入（包括修改和删除），其他事务都不能对行R施加任何类型的锁，而且无法进行增删改操作，直到事务T1在行R上的排他锁被释放。

在MySQL中可以使用FOR UPDATE设置排他锁，语法格式如下：

```
SELECT...FROM 表名 FOR UPDATE;
```

（3）锁等待和死锁

锁等待是指在一个事务执行过程中，一个锁需要等到上一个事务的锁释放后才可以使用该资源。如果事务获取不到需要的资源，会持续等待下去，直到超过锁等待时间，造成死锁，系统报出超时错误。

系统变量innodb_lock_wait_timeout表示锁等待时间，单位是秒。查看锁等待时间的语句如下：

```
SELECT @@innodb_lock_wait_timeout;
SHOW VARIABLES LIKE 'innodb_lock_wait_timeout';
```

（4）锁的优化

优化MySQL的锁机制可以显著提高数据库的性能和并发处理能力。以下是一些常见的优化策略和技术：

- 选择合适的存储引擎，InnoDB支持行级锁和多版本并发控制，适用于高并发场景；MyISAM只支持表级锁，适用于读多写少的场景。
- 合理设置索引，尽可能让所有的数据检索都通过索引来完成。主键索引可以加快行级锁的获取，唯一索引可以减少锁冲突。
- 控制事务的大小，减少事务中的SQL语句数量，缩减锁定的资源量。
- 将长事务拆分为多个短事务，在事务中定期提交，释放已持有的锁，避免长时间持有锁。
- 在业务环境允许的情况下，尽量使用较低级别的事务隔离。
- 在同一个事务中，尽可能做到一次性锁定需要的所有资源。
- 对于非常容易产生死锁的业务部分，可以尝试升级锁的粒度。

5.6.4　能力训练

1）操作条件

①已经成功连接到数据库，并且数据库服务必须处于运行状态。

②当前用户具有相应的权限。

③数据表已经存在，并且表中已经有数据可供查询。可使用DESC命令了解表的结构，包括字段名称、数据类型等信息，以便正确地构建查询语句。

④根据需求编写正确的SQL语句。

2）注意事项

①正确使用事务操作语句，在显示提交模式下，注意及时提交或回滚以结束事务。

②为数据表设置合适的存储引擎，以方便实施相应的锁机制；InnoDB是MySQL的默认存储引擎，支持行级锁定和外键约束，适用于高并发环境。MyISAM不支持事务和行级锁定，但在某些只读或低并发场景下表现良好。

③在事务中执行的操作可能会失败，在编写事务时，添加错误处理逻辑，提高程序的健壮性。

④了解并监控锁的使用,以减少死锁的可能性。

⑤控制事务的规模,在事务中及时提交,避免不必要的长事务,以提高性能。

⑥备份重要数据,防止误操作导致数据丢失。

3)工作过程

【工作任务1】查看事务自动提交模式。

```
select @@autocommit;
show variables like 'autocommit';
```

如图5.6.1所示。

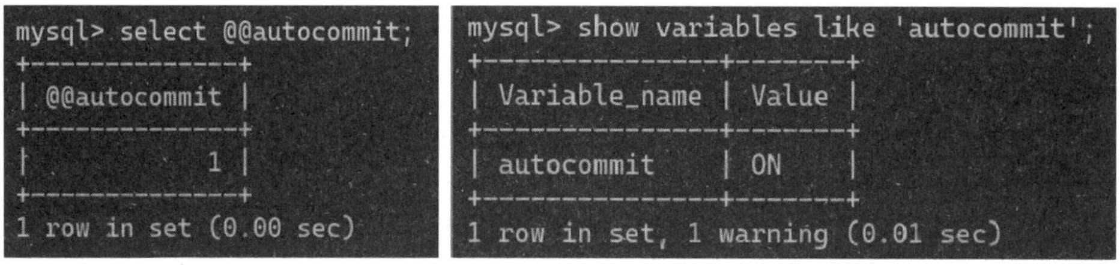

图5.6.1　查看事务自动提交模式

【工作任务2】设置关闭事务自动提交模式。

```
set autocommit = 0;
```

如图5.6.2所示。

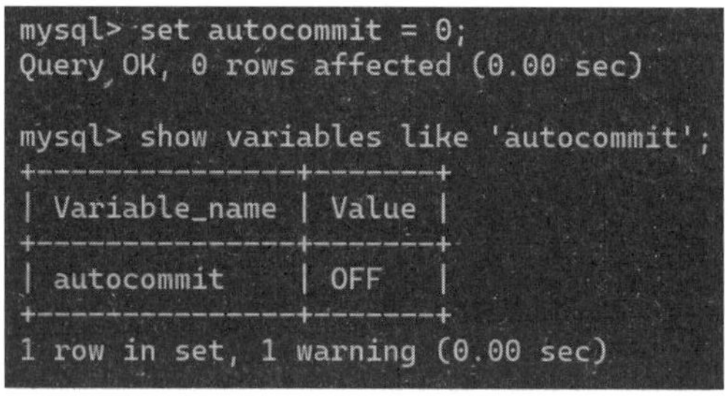

图5.6.2　关闭事务自动提交模式

【工作任务3】查看事务的隔离级别。

```
select @@transaction_isolation;
show variables like 'transaction_isolation';
```

如图5.6.3所示。

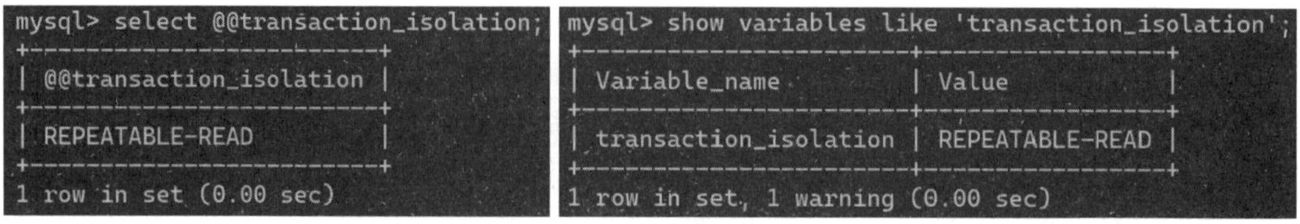

图5.6.3　查看事务的隔离级别

【工作任务 4】查看锁等待时间。

```
show variables like 'innodb_lock_wait_timeout';
```

如图 5.6.4 所示。

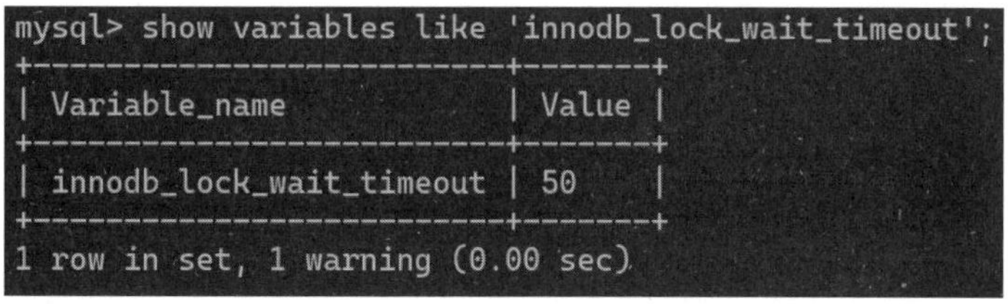

```
mysql> show variables like 'innodb_lock_wait_timeout';
+--------------------------+-------+
| Variable_name            | Value |
+--------------------------+-------+
| innodb_lock_wait_timeout | 50    |
+--------------------------+-------+
1 row in set, 1 warning (0.00 sec)
```

图 5.6.4　查看锁等待时间

【工作任务 5】设置锁等待时间为 10 秒。

```
set innodb_lock_wait_timeout = 10;
```

如图 5.6.5 所示。

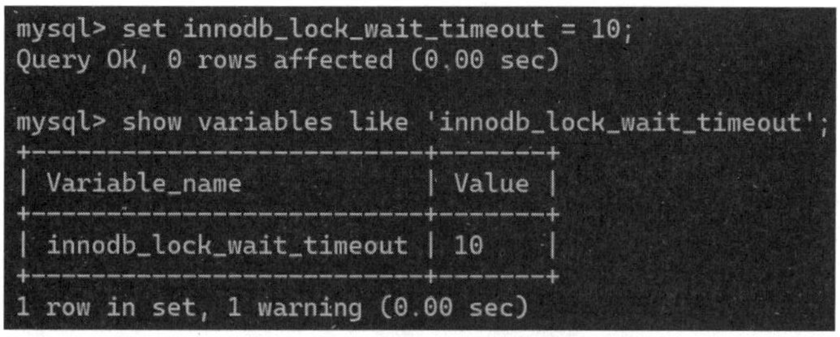

```
mysql> set innodb_lock_wait_timeout = 10;
Query OK, 0 rows affected (0.00 sec)

mysql> show variables like 'innodb_lock_wait_timeout';
+--------------------------+-------+
| Variable_name            | Value |
+--------------------------+-------+
| innodb_lock_wait_timeout | 10    |
+--------------------------+-------+
1 row in set, 1 warning (0.00 sec)
```

图 5.6.5　设置锁等待时间

【工作任务 6】现在需要更新 t02_teacher 表中某位教师的信息,教工号为 20170029,姓名为李斯。在更新数据过程中,发现教师的工号已经存在于另一条记录中,因此需要撤销更新。

```
use CollegeDB;
start transaction;
-- 更新教师信息
update t02_teacher set c02_teacher_name = '李斯'
  where c02_teacher_code = '20170029';
-- 发现有重复的工号,执行回滚
rollback;
-- 查询确认
select * from t02_teacher where c02_teacher_code = '20170029';
```

如图 5.6.6 所示。

```
mysql> use CollegeDB;
Database changed
mysql> start transaction;
Query OK, 0 rows affected (0.00 sec)

mysql> update t02_teacher set c02_teacher_name = '李斯' where c02_teacher_code = '20170029';
Query OK, 1 row affected (0.00 sec)
Rows matched: 1  Changed: 1  Warnings: 0

mysql> rollback;
Query OK, 0 rows affected (0.00 sec)

mysql> select * from t02_teacher where c02_teacher_code = '20170029';
+-----------------+-----------------+-----------------+----------------+------------+------------+
| c02_teacher_code | c02_teacher_name | c02_id_card     | c01_college_code | c02_gender | c02_birthday |
+-----------------+-----------------+-----------------+----------------+------------+------------+
| 20170029        | 杨晓辉           | 3701601220124X  |              2 | 男         | 1964-01-13 |
+-----------------+-----------------+-----------------+----------------+------------+------------+
1 row in set (0.00 sec)
```

图 5.6.6   在事务执行过程中回滚事务

【工作任务7】有两个事务同时进行,每个事务都需要访问 t01_college 表中的数据,但由于事务的并发执行,可能会导致锁等待甚至死锁的情况。

①打开一个 MySQL 命令行终端会话,开启事务 A,锁定 t01_college 表中的一条记录。

操作代码如图 5.6.7 所示。

```
mysql> use CollegeDB;
Database changed
mysql> start transaction;
Query OK, 0 rows affected (0.00 sec)

mysql> select * from t01_college where c01_college_code = 1 for update;
+------------------+----------------+------------------+----------------------+
| c01_college_code | c01_leader_code | c01_college_name | c01_remark           |
+------------------+----------------+------------------+----------------------+
|                1 | 1001           | 信息工程学院      | 专注于IT技术教育      |
+------------------+----------------+------------------+----------------------+
1 row in set (0.00 sec)
```

图 5.6.7   查询并施加写锁

②打开另一个 MySQL 命令行终端会话,开启事务 B,尝试更新同一表中另一条记录,但这条记录也被事务 A 锁定,最终因为事务 A 未释放锁而发生死锁。

操作代码如图 5.6.8 所示。

```
mysql> use collegedb;
Database changed
mysql> start transaction;
Query OK, 0 rows affected (0.00 sec)

mysql> update t01_college set c01_remark = '更新备注' where c01_college_code = 1;
ERROR 1205 (HY000): Lock wait timeout exceeded; try restarting transaction
```

图 5.6.8   更新数据表时发生死锁

③在事务 B 死锁的过程中,事务 A 执行 commit 或者 rollback 结束事务并释放锁,那么事务 B 的更新将会顺利完成。

4)问题情境

【问题情境1】小李在执行事务时,关闭了事务自动提交模式,之后进行了一些数据处理,但忘记提交事务,导致数据未保存到数据库中。

关闭了事务自动提交模式之后,事务操作必须经过显示提交才能将相关修改写入数据库,因此小李应当确保在事务操作结束后使用COMMIT语句提交事务。可设置编码自查手册,明确列出事务处理编码规范和检查点,帮助数据库管理员避免过程性错误。

【问题情境2】小李在执行事务时,未明确捕获事务中的错误并进行响应,导致部分数据被提交。

在事务中,如果某个操作失败但错误未被捕获并进行事务回滚操作,那么事务可能会继续执行并最终提交未报错部分的修改,破坏数据的一致性。因此,应当使用异常处理机制来确保在发生错误时能够回滚事务。可使用MySQL的 DECLARE EXIT HANDLER 语句来捕获异常并回滚事务。

【问题情境3】在显式提交模式下,事务执行过程中出现错误,但没有及时回滚,导致数据不一致。

检查事务中的操作逻辑和错误处理机制。可以在可能出现错误的地方添加适当的条件判断,当检测到错误时,使用ROLLBACK语句回滚事务。同时,考虑设置保存点,以便更精细地控制回滚范围。

【与 AI 聊一聊】

除了事务机制,MySQL还有什么机制保障数据的一致性呢?

5.6.5　学习评价

序号	评价内容	评价标准	评价结果（是/否）
1	正确开始和提交事务	能够使用START TRANSACTION和COMMIT语句正确开始和提交事务	
2	查看事务相关变量	能够使用SHOW VARIABLES和SELECT语句查看事务自动提交模式、事务隔离级别、锁等待时间	
3	设置事务相关变量	能够使用SET命令修改事务自动提交模式、隔离级别和锁等待时间	
4	正确回滚事务	能够使用ROLLBACK语句正确回滚事务,确保数据的一致性	
5	设置保存点	能够使用SAVEPOINT和ROLLBACK TO SAVEPOINT语句设置和回滚到保存点	
6	设置事务隔离级别	能够使用SET TRANSACTION ISOLATION LEVEL语句设置事务的隔离级别	
7	合理使用锁机制	能够使用LOCK IN SHARE MODE和FOR UPDATE语句合理使用共享锁和排他锁	

拓展阅读

数据库中间件

　　数据库中间件（database middleware），处于底层数据库和用户应用系统之间，主要用于屏蔽异构数据库的底层细节的中间件，是客户端与后台的数据库之间进行通信的桥梁。

　　数据库中间件是一类位于应用程序（客户端）与数据库系统（服务器端）之间的软件层。它的主要作用是协调和优化应用程序对数据库的访问。通过提供统一的接口，使不同的应用组件能够无缝地进行数据交换和事务处理。数据库中间件实现了应用程序与数据库之间的松散耦合，提升了系统的灵活性和可维护性。

　　数据库中间件的核心功能主要体现在三个方面。第一，数据库中间件支持不同软件组件之间的互操作性，确保分布式系统中的事务能够一致、可靠地执行，这对于需要跨多个数据库或服务进行复杂操作的应用尤为重要。第二，数据库中间件通过负载均衡、数据缓存和连接池等技术，优化数据库的性能，提升系统的可伸缩性和响应速度。在大型系统中，后端数据库常常面临高并发访问和大量数据处理的压力，数据库中间件能够使压力得到有效缓解，确保系统根据需求灵活扩展。第三，数据库中间件还提供容错机制，如自动故障转移和数据备份，保障系统在部分组件出现故障时仍能正常运作，从而提升整体的可用性。

　　数据库中间件始于早期的事务处理监控器，用于连接不同的应用程序。常见的数据库中间件技术包括开放式数据库连接（ODBC）和Java数据库连接（JDBC），它们提供了标准化的API，允许不同的应用程序通过统一的接口访问各种数据库系统。此外，各大数据库厂商也提供了自己的中间件解决方案，一些专用中间件不仅为开发者提供了便捷的编程接口，也是其他复杂数据库中间件和基于数据库的应用程序的基础。

　　近年来，随着云计算、大数据和人工智能等新兴技术的发展，数据库中间件也在不断演进。在云计算环境下，数据库中间件需要支持弹性伸缩和跨区域的数据同步，确保在不同云平台和地理位置之间的无缝数据访问。在大数据时代，数据库中间件需要处理海量数据的高效存储和快速检索，同时支持多种数据格式和多样化的数据源。人工智能的引入，使得数据库中间件开始具备智能化的特性，能够自动优化数据访问路径，动态调整资源分配，并与各种新型数据存储技术无缝集成。随着企业对数据安全和隐私保护要求的提升，数据库中间件也在加强数据加密、访问控制和合规性功能，确保数据在传输和存储过程中的安全性。

　　未来，数据库中间件将更加智能化和自动化，自主进行性能优化和故障诊断，进一步降低运维成本。同时，随着多云和混合云架构的普及，数据库中间件需要具备更强的跨平台兼容性和灵活性，以适应不同云环境和混合数据架构的需求。随着物联网和边缘计算的发展，数据库中间件将需要处理更加分布式和实时的数据流，提供更高效的数据处理和分析能力。

5.6.6　课后作业

1.简述事务的ACID属性。

2.在MySQL中,事务执行相关的语句都有哪些,分别是什么作用?

3.如果事务T获得了数据项A上的排他锁,则其他事务对数据项( )。

A.只能读取,不能写入　　　　　　　B.只能写入,不能读取

C.可以写入,也可以读取　　　　　　D.不能读取,也不能写入

4.若事务T对数据项D已加了S锁,则其他事务对数据项( )。

A.可以加S锁,但不能加X锁　　　　B.可以加X锁,但不能加S锁

C.可以加S锁,也可以加X锁　　　　D.不能加任何锁

5.参考如下语句,创建数据表t_bank建立银行账户,并初始化数据。

```
CREATE TABLE t_bank (
  id int PRIMARY KEY AUTO_INCREMENT COMMENT '账号id',
  uname VARCHAR(8)NOT NULL COMMENT '账号名称',
  balance FLOAT DEFAULT 0 COMMENT '账户余额'
);
INSERT INTO t_bank(uname, balance)
VALUES ('刘备', 10000),('关羽', 10000),('张飞', 10000);
```

关羽借给张飞100元。刘备得知三弟困难,欲借钱给三弟并代三弟还款100元给二弟,但发生了某种故障,数据库在给刘备账户扣款后未能成功给关羽、张飞的账户打款,因此需进行回滚操作。使用事务处理机制模拟上述过程,在commit和rollback语句前后执行select语句查看数据表t_bank中的数据变化情况。

```
SET autocommit = 0; -- 关闭事务自动提交
UPDATE t_bank SET balance = balance - 100 WHERE uname = '关羽';
UPDATE t_bank SET balance = balance + 100 WHERE uname = '张飞';
COMMIT; -- 提交事务操作
UPDATE t_bank SET balance = balance - 200 WHERE uname = '刘备';
ROLLBACK; -- 回滚事务操作
SET autocommit = 1; -- 打开事务自动提交
```

模块6

MySQL日常管理

工作手册6.1 MySQL用户和权限管理

6.1.1 核心概念

MySQL的权限管理是数据库管理系统中非常重要的一部分,它可以确保只有经过授权的用户才能访问数据库资源。权限管理包括多个层次的权限分配,从全局级别到具体的数据库、表、列,甚至到存储过程和函数等。

用户管理,是数据库安全管理的重要组成部分,包括创建用户、修改用户信息、授予权限、回收权限和删除用户等操作。MySQL用户包括超级用户(root)和普通用户。root用户拥有所有的权限,包括创建用户、删除用户和修改普通用户的密码等;新创建的普通用户只拥有创建该用户时赋予它的权限。

权限管理是对登录到MySQL的用户进行权限验证,限制用户登录之后的操作在允许的范围内。合理的权限管理能够保证数据库系统的安全,不合理的权限设置会给MySQL服务器带来安全隐患。

6.1.2 学习目标

①能够使用CREATE USER语句创建新的数据库用户。
②能够使用ALTER USER和SET PASSWORD语句修改用户密码。
③能够使用RENAME USER语句重命名现有用户。
④能够使用GRANT语句授予用户特定的权限。
⑤能够使用REVOKE语句回收用户的特定权限。
⑥能够使用DROP USER语句删除用户。

6.1.3 基础知识

MySQL提供了一套完整的安全性机制来保证数据的安全性,这些机制包括但不限于用户身份验证、权限管理、加密通信、防火墙设置、审计日志记录等。MySQL服务器将用户的数据以权限表的形式存储到系统默认的数据库中,存储用户权限的信息表主要有user、db、host、tables_priv、columns_priv和procs_priv等。

1)用户表mysql.user

用户信息存在系统数据库mysql的user表中。使用如下语句,查看user表中部分信息:

```
USE mysql;
SELECT * FROM user;
```

　　user表是最重要的一个权限表,记录了允许连接到服务器的账号信息以及一些全局级的权限信息,通过操作该表就可以对这些信息进行修改。user表的列可分为用户信息、权限、安全和资源控制等四类。

- **用户信息**包括Host、User,分别代表主机名、用户名。当用户与服务器建立连接时,输入的用户名、主机名和密码必须匹配user表中对应的字段,只有这三个值都匹配的时候,才允许建立连接。
- **权限列**存储全局权限和数据库级别的权限,列的名称一般带有"priv"后缀,比如Select_priv、Insert_priv、Update_priv等字段决定了用户的查询权限、修改权限、关闭服务等权限。这些权限列的数据类型是枚举类型,取值只有N或Y,其中N表示该用户没有对应权限,Y表示该用户有对应权限,默认值都为N。
- **安全列**用于管理用户的安全信息,其中ssl_type和ssl_cipher用于加密连接;x509_issuer和x509_subjec用来标识用户;authentication_string存储了用户的密码。
- **资源控制列**是用于限制用户使用的资源,其中包括4个字段,max_questions是每小时允许用户执行查询操作的次数,max_updates是每小时允许用户执行更新操作的次数,max_connections是每小时允许用户建立连接的次数,max_user_connections是允许单个用户同时建立连接的次数。

2)用户管理

(1)创建用户

使用CREATE USER语句创建用户,语法格式如下:

```
CREATE USER '用户名'@'主机名'
  [IDENTIFIED [WITH 身份验证加密规则] BY '密码'];
```

其中,用户名是登录数据库服务器使用的用户名;主机名表示允许用户从哪些机器登录MySQL,本机登录对应'localhost',远程登录对应'%';IDENTIFIED BY 子句用来设置用户登录密码;身份验证加密规则,可选择 caching_sha2_password 或 mysql_native_password。如果省略WITH子句,默认为系统变量default_authentication_plugin指定的规则。

使用CREATE USER语句创建新用户之后,服务器会自动修改相应的授权表。但是,新创建的用户没有任何权限,需要进一步授予权限才能使用。

(2)修改用户密码

- 使用 ALTER USER 语句

```
ALTER  USER  '用户名'@'主机名' IDENTIFIED BY '密码';
```

- 使用 SET PASSWORD 命令

```
SET PASSWORD [FOR '用户名'@'主机名'] = '新密码';
```

其中,FOR子句用来指定修改密码的账户。如果省略FOR关键字则表示设置当前用户密码;普通用户可用设置当前用户密码的方式修改自己的密码。

- 使用mysqladmin命令修改用户密码

mysqladmin命令通常用于执行一些管理性的工作,以及显示服务器状态等,在MySQL中

可使用该命令修改用户的密码,语法格式如下:

```
mysqladmin -u 用户名 -p'当前密码' password '新密码';
```

注意,mysqladmin是操作系统级的命令,其可执行文件位于MySQL安装目录下的bin文件夹内。

(3)修改用户名

使用RENAME USER语句修改一个已经存在的用户名,语法格式如下:

```
RENAME USER  '原用户名1'@'原主机名1'  TO '新用户名1'@'新主机名1'
           , '原用户名2'@'原主机名2'  TO '新用户名2'@'新主机名2';
```

允许一次修改多个用户名,多个修改之间用逗号分隔。

(4)删除用户

• 使用DROP USER语句删除用户

使用DROP USER语句可删除一个或多个MySQL用户,并取消其权限,语法格式如下:

```
DROP USER '用户名'@'主机名' [,…];
```

• 使用DELETE语句删除用户

使用DELETE语句删除user表中的数据时,只需指定表名为mysql.user,以及要删除的用户信息即可。在使用DELETE语句时必须拥有对mysql.user表的DELETE权限。语法格式如下:

```
DELETE FROM mysql.user WHERE Host= '主机描述' AND User= '用户名';
```

在mysql.user表中,Host和User两个字段共同确定唯一的一条记录。

3)权限管理

新的数据库用户必须被授权,才能进行相应的操作。管理权限使用用户能够管理MySQL服务器的操作,数据库权限适用于数据库及其中的所有对象。

MySQL中的权限信息被存储在MySQL数据库的user、db、host、tables_priv、column_priv和procs_priv表中,当MySQL启动时会自动加载这些权限信息,并将这些权限信息读取到内存中。

(1)查看权限

MySQL提供SHOW GRANTS语句查看权限,语法如下:

```
SHOW GRANTS FOR  '用户名'@'主机';
```

如果省略 FOR,表示当前用户查看自己的权限。具体权限见表6.1.1、表6.1.2。

表6.1.1　与数据表和字段相关的权限

权限	说明
SELECT	给予用户使用SELECT语句访问特定表的权限
INSERT	给予用户使用INSERT语句向一个特定表中添加行的权限
DELETE	给予用户使用DELETE语句从一个特定表中删除行的权限
UPDATE	给予用户使用UPDATE语句修改特定表中值的权限
REFERENCES	给予用户创建一个外键来参照特定表的权限

权限	说明
CREATE	给予用户使用特定的名字创建一个表的权限
ALTER	给予用户使用ALTER TABLE语句修改表的权限
INDEX	给予用户在表上定义索引的权限
DROP	给予用户删除表的权限
ALL 或 ALL PRIVILEGES	给予用户对表所有的权限

表6.1.2　与数据库实例相关的权限

权限	说明
SELECT	给予用户使用SELECT语句访问所有表的权限
INSERT	给予用户使用INSERT语句向所有表中添加行的权限
DELETE	给予用户使用DELETE语句从所有表中删除行的权限
UPDATE	给予用户使用UPDATE语句修改所有表中值的权限
REFERENCES	给予用户创建一个外键来参照所有的表的权限
CREATE	给予用户使用特定的名字创建一个表的权限
ALTER	给予用户使用ALTER TABLE语句修改表的权限
INDEX	给予用户在所有表上定义索引的权限
DROP	给予用户删除所有表和视图的权限
CREATE TEMPORARY TABLES	给予用户在特定数据库中创建临时表的权限
CREATE VIEW	给予用户在特定数据库中创建新的视图的权限
SHOW VIEW	给予用户查看特定数据库中已有视图的定义的权限
CREATE ROUTINE	给予用户为特定的数据库创建存储过程和存储函数等权限
ALTER ROUTINE	给予用户更新和删除数据库中已有的存储过程和存储函数等权限
EXECUTE ROUTINE	给予用户调用特定数据库的存储过程和存储函数的权限
LOCK TABLES	给予用户锁定特定数据库的已有表的权限
ALL 或 ALL PRIVILEGES	表示所有权限

（2）授予权限

使用GRANT语句授予用户权限,语法格式如下:

```
GRANT 权限[(列名列表)]  ON 库名.表名 TO '用户名'@'主机名'[,…]
[WITH with-option[with option]…];
```

WITH关键字后面可以带有多个参数with_option,这个参数有5个取值,具体如下:

● GRANT OPTION:将自己的权限授予其他用户。

● MAX_QUERIES_PER_HOUR count:设置每小时最多可以执行多少次(count)查询。

● MAX_UPDATES_PER_HOUR count:设置每小时最多可以执行多少次更新。

● MAX_CONNECTIONS_ PER_ HOUR count:设置每小时最大的连接数量。

• MAX_USER_CONNECTIONS：设置每个用户最多可以同时建立连接的数量。

（3）收回权限

收回用户不必要的权限在一定程度上可以保证数据的安全性。权限收回后,用户账户的记录将从 db、tables_priv 和 columns_priv 表中删除,但是用户账户记录仍然在 user 表中保存。

使用REVOKE语句收回用户的权限,具体又分为收回用户的指定权限和收回用户的所有权限。

• 收回指定的权限

```
REVOKE 权限[(列名列表)] ON 库名.表名    FROM '用户名'@'主机名'[,…];
```

• 收回所有的权限

一次性收回用户的所有权限,语法格式如下:

```
REVOKE ALL PRIVILEGES, GRANT OPTION  FROM '用户名'@'主机名'[,…];
```

6.1.4 能力训练

1)操作条件

①MySQL服务已正确安装并且正在运行。

②足够权限的用户登录 MySQL,并且需要拥有创建用户、修改用户、授予权限和撤销权限的权限。

③需要 MySQL命令行客户端、Navicat,或者 MySQL Workbench 等 MySQL客户端工具。

④操作的数据库和表都已经存在。

⑤在执行任何创建或修改操作之前,对现有数据库进行备份,以防意外情况导致数据丢失。

2)注意事项

①在执行任何用户和权限操作之前,建议备份数据库,以防止意外的权限丢失或用户删除。

②密码应使用强密码策略,避免使用简单或常见的密码。

③在授予权限时,尽量遵循最小权限原则,只授予用户完成任务所需的最低权限。

④在生产环境中,尽量避免使用root用户进行日常操作,而是创建具有特定权限的用户。

3)工作过程

【工作任务1】创建用户dbu_1,登录密码为One123,限定 dbu_1 在192.168.1.1机器上使用 MySQL服务。

操作代码如图6.1.1所示。

```
mysql> create user 'dbu_1'@'192.168.1.1' identified by 'One123';
Query OK, 0 rows affected (0.01 sec)
```

图6.1.1　创建用户 dbu_1

【工作任务2】创建用户dbu_2，密码为Two456，只允许本机登录。

操作代码如图6.1.2所示。

```
mysql> create user 'dbu_2'@'localhost' identified by 'Two456';
Query OK, 0 rows affected (0.01 sec)
```

图6.1.2　创建用户dbu_2

【工作任务3】查看mysql.user表中的用户信息。

如图6.1.3所示。

```
mysql> select host, user from mysql.user;
+-----------+------------------+
| host      | user             |
+-----------+------------------+
| %         | root             |
| 192.168.1.1 | dbu_1          |
| localhost | dbu_2            |
| localhost | mysql.infoschema |
| localhost | mysql.session    |
| localhost | mysql.sys        |
+-----------+------------------+
6 rows in set (0.00 sec)
```

图6.1.3　查看mysql.user表中的用户信息

【工作任务4】通过root用户修改用户dbu_1的密码，新密码为"One2024"。

```
alter user 'dbu_1'@'192.168.1.1' identified by 'One2024';
```

或者

```
set password for 'dbu_1'@'192.168.1.1' = 'One2024';
```

如图6.1.4所示。

```
mysql> set password for 'dbu_1'@'192.168.1.1' = 'One2024';
Query OK, 0 rows affected (0.01 sec)
```

图6.1.4　root用户修改其他用户的密码

【工作任务5】用户dbu_2修改自己的密码，新密码为"Two2024"。

具体步骤如图6.1.5所示。

```
C:\Users\JohnP>mysql -u dbu_2 -p
Enter password: ******
Welcome to the MySQL monitor.  Commands end with ; or \g.
Your MySQL connection id is 9
Server version: 8.0.36 MySQL Community Server - GPL

Copyright (c) 2000, 2024, Oracle and/or its affiliates.

Oracle is a registered trademark of Oracle Corporation and/or its
affiliates. Other names may be trademarks of their respective
owners.

Type 'help;' or '\h' for help. Type '\c' to clear the current input statement.

mysql> set password = 'Two2024';
Query OK, 0 rows affected (0.01 sec)
```

图6.1.5　用户修改自己的密码

【工作任务6】将用户dbu_1和dbu_2的名字改为userone和usertwo。

操作代码如图6.1.6所示。

```
mysql> rename user 'dbu_1'@'192.168.1.1' to 'userone'@'192.168.1.1',
    ->                 'dbu_2'@'localhost' to 'usertwo'@'localhost';
Query OK, 0 rows affected (0.01 sec)
```

图6.1.6　修改用户名称

【工作任务7】授予用户userone查询及修改CollegeDB数据库中所有表数据的权限,并允许其将此权限授予其他用户。

操作代码如图6.1.7所示。

```
mysql> grant select, update on collegedb.* to 'userone'@'192.168.1.1' with grant option;
Query OK, 0 rows affected (0.01 sec)
```

图6.1.7　授予用户权限并允许其授权

【工作任务8】授予用户usertwo在CollegeDB中创建表的权限。

操作代码如图6.1.8所示。

```
mysql> grant create on collegedb.* to 'usertwo'@'localhost';
Query OK, 0 rows affected (0.01 sec)
```

图6.1.8　授予用户创建表的权限

【工作任务9】授予用户userone对t05_student表的c05_student_name列和c05_address列的UPDATE权限。

操作代码如图6.1.9所示。

```
mysql> grant update(c05_student_name, c05_address) on collegedb.t05_student
    ->  to 'userone'@'192.168.1.1';
Query OK, 0 rows affected (0.01 sec)
```

图6.1.9　授予用户特定表的更新权限

【工作任务10】授予用户userone、usertwo查询、更新CollegeDB库t03_course表的权限。

操作代码如图6.1.10所示。

```
mysql> grant select, update on CollegeDB.t03_course
    ->  to 'userone'@'192.168.1.1', 'usertwo'@'localhost';
Query OK, 0 rows affected (0.00 sec)
```

图6.1.10　为多个用户授予权限

【工作任务11】授予用户usertwo在t05_student表上定义索引的权限。

操作代码如图6.1.11所示。

```
mysql> use CollegeDb;
Database changed
mysql> grant index on t05_student to 'usertwo'@'localhost';
Query OK, 0 rows affected (0.01 sec)
```

图6.1.11　授予用户创建索引的权限

【工作任务12】授予用户usertwo对CollegeDB数据库中所有表SELECT、INSERT、

UPDATE、DELETE、CREATE、DROP 的权限。

操作代码如图6.1.12所示。

```
mysql> grant select, insert, update, delete, create, drop on CollegeDB.*
    -> to 'usertwo'@'localhost';
Query OK, 0 rows affected (0.01 sec)
```

图6.1.12　授予用户对特定数据库所有数据对象的权限

【工作任务13】授予用户userone创建用户的权限。

操作代码如图6.1.13所示。

```
mysql> grant create user on *.* to 'userone'@'192.168.1.1';
Query OK, 0 rows affected (0.00 sec)
```

图6.1.13　授予用户创建用户的权限

【工作任务14】收回用户userone在CollegeDB库的SELECT权限。

操作代码如图6.1.14所示。

```
mysql> revoke select on CollegeDB.* from 'userone'@'192.168.1.1';
Query OK, 0 rows affected (0.01 sec)
```

图6.1.14　收回用户的特定权限

【工作任务15】使用SHOW GRANTS语句查询usertwo用户的权限。

结果如图6.1.15所示。

```
mysql> show grants for 'usertwo'@'localhost' \G
*************************** 1. row ***************************
Grants for usertwo@localhost: GRANT USAGE ON *.* TO 'usertwo'@'localhost'
*************************** 2. row ***************************
Grants for usertwo@localhost: GRANT CREATE ON `collagedb`.* TO 'usertwo'@'localhost'
*************************** 3. row ***************************
Grants for usertwo@localhost: GRANT SELECT, INSERT, UPDATE, DELETE, CREATE, DROP ON `collegedb`.* TO 'usertwo'@'localhost'
*************************** 4. row ***************************
Grants for usertwo@localhost: GRANT SELECT, UPDATE ON `collegedb`.`t03_course` TO 'usertwo'@'localhost'
*************************** 5. row ***************************
Grants for usertwo@localhost: GRANT INDEX ON `collegedb`.`t05_student` TO 'usertwo'@'localhost'
5 rows in set (0.00 sec)
```

图6.1.15　查看用户的权限列表

【工作任务16】收回userone、usertwo等用户的所有权限。

操作代码如图6.1.16所示。

```
mysql> revoke all privileges, grant option
    -> from 'userone'@'192.168.1.1', 'usertwo'@'localhost';
Query OK, 0 rows affected (0.01 sec)
```

图6.1.16　收回多个用户的所有权限

【工作任务17】删除userone、usertwo这两个用户。

```
drop user 'userone'@'192.168.1.1', 'usertwo'@'localhost';
```

或者

```
delete from mysql.user where host = '192.168.1.1' and user = 'userone';
delete from mysql.user where host = 'localhost' and user = 'usertwo';
```

如图6.1.17所示。

```
mysql> delete from mysql.user where host = '192.168.1.1' and user = 'userone';
Query OK, 1 row affected (0.01 sec)

mysql> delete from mysql.user where host = 'localhost' and user = 'usertwo';
Query OK, 1 row affected (0.01 sec)
```

图6.1.17 删除用户

4)问题情境

【问题情境1】在创建用户时,遇到错误"ERROR 1045(28000):Access denied for user 'root'@'localhost'(using password:YES)",可能是什么原因?

检查输入的密码是否正确,确保root用户有创建用户的权限。也可尝试重新启动MySQL服务,或者检查MySQL配置文件中的权限设置。

【问题情境2】在授予权限时,遇到错误"ERROR 1142(42000):INSERT command denied to user 'user'@'localhost' for table 'table'",可能是什么原因?

确保执行授予权限的用户有足够的权限。可使用SHOW GRANTS FOR 'user'@'localhost';查看当前用户的权限,必要时重新授予权限。

【与AI聊一聊】

在生产实践中,遵循一些最佳实践原则,可大大增强MySQL数据库的安全性,确保数据的完整性和系统的稳定性。就此话题,与AI聊一聊。

6.1.5 学习评价

序号	评价内容	评价标准	评价结果(是/否)
1	用户管理能力	能够正确创建、修改和删除用户,并设置用户密码。	
2	权限管理能力	能够正确授予权限、回收权限、查看权限,并理解不同权限的作用。	
3	密码管理能力	能够修改用户密码,设置密码策略,并确保密码的安全性。	
4	错误处理能力	面对用户和权限管理时出现的问题,能够借助错误信息及时分析并解决问题。	

▶ **拓展阅读**

《中华人民共和国保守国家秘密法》第十六条规定,"国家秘密的知悉范围,应当根据工作需要限定在最小范围。国家秘密的知悉范围能够限定到具体人员的,限定到具体人员;不能限定到具体人员的,限定到机关、单位,由机关、单位限定到具体人员。国家秘密的知悉范围以外的人员,因工作需要知悉国家秘密的,应当经过机关、单位主要负责人或者其指定的人员批准。原定密机关、单位对扩大国家秘密的知悉范围有明确规定的，应当遵守其规定。"

在信息技术领域，同样有最小权限原则。随着计算机系统和网络的发展，特别是在多用户、多任务的操作系统以及复杂的企业级软件环境中，安全威胁逐渐增加。为了应对这些威胁，保障系统和数据的安全，人们开始意识到需要对用户和程序所能访问的资源进行严格限制。

最小权限原则是指，在一个计算机系统或软件环境中，主体（用户、进程、程序等）应该被赋予完成其任务所需的最小权限集合，而不是赋予过多的、不必要的权限。比如：对于普通用户，只应该授予他们完成日常工作所需的权限；每个进程或程序也应该被限制在完成其功能所需的最小权限范围内。

6.1.6 课后作业

1. 创建用户 dbu，密码为 123123，并且只允许从本机登录。

2. 修改用户 dbu，密码为 Admin123。

3. 授权用户 dbu 查询 CollegeDB 上的 SELECT 和 INSERT 权限。

4. 查看用户 dbu 的权限。

5. 收回用户 dbu 在 CollegeDB 数据库上的所有权限。

6. 删除用户 dbu。

工作手册6.2　MySQL数据备份与恢复

6.2.1　核心概念

备份和恢复是MySQL安全管理的重要组成部分。

备份就是指对MySQL数据库或日志文件进行复制,如果数据库因意外而损坏,可使用备份文件恢复数据库。恢复就是把遭受破坏或丢失的数据或出现错误的数据库恢复到原来的正常状态,这一状态是由备份决定的。

进行备份和恢复的工作主要是由数据库管理员来完成的。

6.2.2　学习目标

①能够理解MySQL备份和恢复的核心概念及其重要性。
②能够使用mysqldump命令备份数据库和数据表,并了解其常见参数。
③能够利用mysql命令导出和恢复数据,掌握基本的SQL脚本文件操作。
④能够利用source语句在MySQL命令行中恢复表和数据库。
⑤能够使用SELECT...INTO OUTFILE导出数据文件,并理解字段和行格式设置。
⑥能够使用LOAD DATA INFILE方式导入数据文件,处理数据导入中的常见问题。
⑦能够使用二进制日志恢复数据库,了解时间点恢复的概念和方法。

6.2.3　基础知识

MySQL自身的二进制日志等数据保存了数据管理的所有语句,支持在MySQL出现临时性故障时恢复数据。但是,数据库管理员有更多选项可以备份数据。常用的数据备份措施包括定期拷贝备份数据库文件、定期导出备份数据表结构和数据、部署两套MySQL服务实现主从复制等。

【提示】数据库在运行过程中可能遭受哪些故障？又应当有哪些相应的应对措施？

1)以SQL脚本文件为载体的备份与恢复

（1）mysqldump命令备份数据表到SQL文件

mysqldump是操作系统级的命令行工具,在操作系统的命令行内执行。mysqldump默认导出的.sql文件中不仅包含表数据,还包含导出数据库中所有数据表的结构信息。

mysqldump命令备份数据的语法格式如下:

```
mysqldump [-h 数据服务器] -u 用户名 -p 数据库实例名 [数据表名] > 文件.sql
```

mysqldump命令与mysql命令的用法很相似,只是跟上了导出符号">"和目标文件名。备份导出的SQL脚本文件名,可以包含该文件所在路径,文件扩展名".sql"表示是SQL脚本文件。备份产生的SQL脚本文件中不包含创建数据库的语句,但有删除和创建数据表的语句。

- 备份单个数据库

```
mysqldump ［-h 数据服务器］ -u 用户名 -p 数据库实例名 > 文件 .sql
```

- 备份数据库中某个或某些表

```
mysqldump ［-h 数据服务器］ -u 用户名 -p 数据库实例名 表名 > 文件 .sql
```

- 备份多个数据库

```
mysqldump ［-h 数据服务器］ -u 用户名 -p --databases 数据库名 1 数据库名 2 >
文件 .sql
```

注意,databases前面有两个"-",后面跟多个数据库名称,多个数据库名之间用空格分隔。备份产生的SQL脚本文件中包含了创建数据库的语句。

- 备份所有数据库

```
mysqldump ［-h 数据服务器］ -u 用户名 -p --all-databases > 文件 .sql
```

"--all-databases"表示备份所有数据库。备份产生的SQL脚本文件中包含了创建数据库的语句。

(2)mysql命令装载SQL脚本文件

```
mysql -u 用户名 -p ［数据库名］ < 文件名 .sql
```

其中,"数据库名"是要还原数据库的名称,"文件名.sql"是需要还原的SQL脚本文件,如果不在当前路径下,则要指定该文件所在路径。注意,SQL脚本文件中可能没有创建数据库的语句,所以装载执行脚本文件之前,要确认数据库是否存在,若不存在则要先创建数据库。

(3)数据还原source语句

source是MySQL命令行终端内执行的语句,用来执行SQL脚本文件,语法格式如下:

```
source 备份文件 .sql
```

其中,"备份文件.sql"是需要还原的SQL脚本文件,如果不在当前路径下,则要指定该文件所在路径。该语句的本质是执行备份文件中的SQL语句,因此要确认当前环境与SQL语句的接续逻辑,比如是否指定了操作的数据库对象,是否需要创建数据表等情况。

2)以TXT文本文件为载体的备份还原

使用TXT文本文件作为数据库备份的载体是一种较为原始但仍然有效的方法,这种方式通常适用于较小的数据量或简单的数据迁移场景。

(1)"SELECT…INTO OUTFILE"语句备份数据

"SELECT…INTO OUTFILE"语句用于将查询结果存入文本文件,需要在MySQL命令行终端内执行,语法格式如下:

```
SELECT  INTO OUTFILE  '目标文件'
```

```
[FIELDS   [TERMINATED BY '字符']
         [[OPTIONALLY] ENCLOSED BY '字符']
         [ESCAPED BY '字符']
]
[LINES   [STARTING BY '字符串']
         [TERMINATED BY '字符串']
];
```

在上述语句中,FIELDS和LINES选项分别约定了字段和行的格式。FIELDS和LINES两个子句都是可选的,如果两个都被指定了,则FIELDS就必须位于LINES前面。

FIELDS后的"TERMINATED BY '字符'",设置字段之间的分隔字符,可以为单个或多个字符,默认是制表符'\t';"[OPTIONALLY] ENCLOSED BY '字符'",设置字段的包围字符,只能为单个字符,如果使用OPTIONALLY选项,则只在CHAR和VARCAHR等字符串类型的字段值两边添加字段包围符;"ESCAPED BY '字符'",设置如何写入或读取特殊字符,只能为单个字符,即设置转义字符,默认值为反斜杠'\'。

LINES后的"STARTING BY '字符串'",设置每行开头的字符,可以为单个或多个字符,默认情况下不使用任何字符。LINES后的"TERMINATED BY '字符串'",设置每行的结束符,可以为单个或多个字符,默认值是换行符'\n'。

注意,由于MySQL默认对导出目录设置了限制,在使用SELECT …INTO OUTFILE语句进行导出时,导出的文本文件的路径需要指定为系统变量secure_file_priv所指定的位置。

(2)"LOAD DATA…INFILE"语句还原数据

使用"LOAD DATA INFILE"语句用于使用"SELECT…INTO OUTFILE"语句导出的文件恢复数据库数据,这两个语句的参数含义一致,语法格式如下:

```
LOAD   DATA   INFILE   '文本文件'   INTO   TABLE 表名
[FIELDS   [TERMINATED BY '字符']
          [[OPTIONALLY] ENCLOSED BY '字符']
           [ESCAPED BY '字符']
]
[LINES   [STARTING BY '字符串']
          [TERMINATED BY '字符串']
 ]
[IGNORE n LINES];
```

其中,FIELDS和LINES选项功能与"SELECT…INTO OUTFILE"语句中选项的功能相同;"IGNORE n LINES"指定忽略文本文件中的前n条记录。

注意,使用"SELECT …INTO OUTFILE"语句将数据从一个数据库表导出到一个文本文件,再使用"LOAD DATA INFILE"语句从文本文件中将数据导入到数据库表时,两个命令的选项参数必须匹配,否则"LOAD DATA INFILE"语句无法解析文本文件的内容。

(3)mysqlimport程序导入数据

mysqlimport程序可以用来恢复表中的数据,提供了LOAD DATA INFILE语句的一个命令行接口,可以发送一个LOAD DATA INFILE命令到服务器运行。语法格式如下:

```
mysqlimport -u root -p 数据库名 "文本文件名 .txt"
  [--fields-terminated-by=字符]
  [--fields-enclose-by=字符]
  [--fields-optionally-enclosed-by=字符]
  [--fields-escaped-by=字符]
  [--lines-terminated-by=字符串]
  [--ignore-lines=n]
```

mysqlimport是操作系统级的命令,相当于包装了mysql命令和LOAD DATA INFILE语句,一次完成数据库登录和数据装载,其语法也融合了mysql命令和LOAD DATA INFILE语句的语法。

3)使用mysql命令导出表数据

mysql命令是操作系统级的应用程序,既可以登录MySQL,又可以将查询结果导出为各种类型的文本文件,语法格式如下:

```
mysql -u root -p [--html | --xml]--execute="SELECT 语句" 数据库名 > "
文件名"
```

其中,"--execute"选项,表示执行该选项后的语句并退出,后面的SELECT语句必须用双引号括起来;"数据库名"指定要导出数据表所在的数据库;"--html|--xml"为可选参数,指定导出格式为html文件或者xml文件,若不指定则导出为文本文件。在文本文件中,不同列之间使用制表符分隔,第一行包含各个字段的名称。

4)使用二进制日志恢复数据库

二进制文件记录了所有对数据库的修改,如果数据库因为操作不当或其他原因丢失了数据,可通过二进制文件恢复数据,命令语法如下:

```
mysqlbinlog  恢复选项  日志文件  | mysql -u root -p
```

恢复选项指定恢复数据库的时间点,可选如下两项:

- --start-datetime:指定恢复数据库的起始时间点,比如--start-datetime='2024-10-01 00:00:00'。
- --stop-datetime:指定恢复数据库的结束时间点,比如--stop-datetime='2024-10-01 23:59:59'。

6.2.4 能力训练

1)操作条件

①在硬件方面,系统有足够的磁盘空间存储备份文件。

②在软件方面,安装并配置好MySQL数据库服务,确保版本兼容。

③如果是远程备份,确保网络连接稳定。

④在导出数据时,用户应当有SELECT权限,并且导出目录存在且可写入。

⑤在恢复数据时,用户应当有INSERT权限,目标表中没有不必要的旧数据,必要时进行

清空操作。

2)注意事项

①在进行备份和恢复操作之前,建议定期备份重要数据,以防止数据丢失。

②备份文件应存储在安全的位置,并定期检查备份文件的完整性和可用性,避免未授权访问。

③备份文件应存在于指定路径,确保使用正确的命令选项,避免意外覆盖现有数据。

④在导出和导入数据时,注意文件路径的正确性,避免因路径错误导致的操作失败。

⑤使用mysql命令导入大型SQL文件时,考虑增加内存限制,防止操作超时或失败。

⑥对于生产环境的恢复操作,务必先做好充分的验证和测试,避免造成数据丢失或损坏。

3)工作过程

【工作任务1】使用mysqldump命令备份单个数据库CollegeDB。

操作代码如图6.2.1所示。

```
C:\Users\JohnP>mysqldump -u root -p collegedb > d:\collegedb2024.10.sql
Enter password: *********

C:\Users\JohnP>
```

图6.2.1 使用mysqldump备份数据库

【工作任务2】使用mysqldump命令备份CollegeDB和newdb等两个数据库,输出SQL脚本文件。

操作代码如图6.2.1所示。

```
C:\Users\JohnP>mysqldump -u root -p --databases collegedb newdb > two_database.sql
Enter password: *********

C:\Users\JohnP>
```

图6.2.2 使用mysqldump命令备份多个数据库

如果没有指定导出文件的完整路径,那么导出文件将存放在当前工作目录下。

【工作任务3】使用mysqldump命令备份所有数据库。

操作代码如图6.2.3所示。

```
C:\Users\JohnP>mysqldump -u root -p --databases > all_database.sql

C:\Users\JohnP>
```

图6.2.3 使用mysqldump命令备份所有数据库

【工作任务4】使用mysqldump命令备份数据库CollegeDB中的数据表t01_college。

操作代码如图6.2.4所示。

```
C:\Users\JohnP>mysqldump -u root -p collegedb t01_college > d:\t01_college.sql
Enter password: *********

C:\Users\JohnP>
```

图6.2.4 使用mysqldump命令备份数据表

【工作任务5】使用SQL脚本文件还原collagedb数据库。

```
mysql -u root -p collegedb < d:\backup\collegedb.sql
```

或者,启动 mysql 客户端程序并使用 use 命令切换到 collagedb 数据库,输入下面的命令:

```
source d:\backup\collegedb.sql
```

【工作任务6】查看安全文件目录位置。

操作代码及结果如图6.2.5、图6.2.6所示。

图6.2.5　查看MySQL安全文件目录

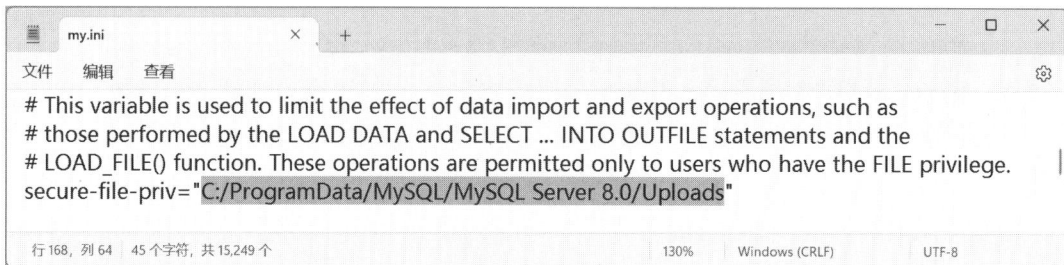

图6.2.6　MySQL配置文件中的安全文件目录配置项

【工作任务7】使用SELECT...INTO OUTFILE语句备份表t01_college的数据记录到文本文件。

操作代码及结果如图6.2.7—图6.2.9所示。

```
mysql> select * from t01_college into outfile 'C:/ProgramData/MySQL/MySQL Server 8.0/Uploads/t01_college.txt';
Query OK, 10 rows affected (0.00 sec)
```

图6.2.7　使用SELECT...INTO OUTFILE语句备份t01_college表，Windows路径符号为/

```
mysql> select * from t01_college into outfile 'C:\\ProgramData\\MySQL\\MySQL Server 8.0\\Uploads\\t01_college.txt';
Query OK, 10 rows affected (0.00 sec)
```

图6.2.8　使用SELECT...INTO OUTFILE语句备份t01_college表，Windows路径符号为\\

图6.2.9　查看SELECT...INTO OUTFILE语句的备份文件

【提示】在Windows操作系统中，文件路径可使用反斜杠(\)或正斜杠(/)作为目录分隔符。这两种符号在大多数情况下可以互换使用，Windows 系统会识别这两种符号作为路径的一部分。

【工作任务8】使用LOAD DATA导入文件t01_college.txt中的数据。

```
set foreign_key_checks = 0;   -- 临时限制使用外键
truncate table t01_college;   -- 截断数据表，务必注意备份数据
load data
infile 'C:/ProgramData/MySQL/MySQL Server 8.0/Uploads/t01_college.txt'
into table t01_college;
set foreign_key_checks = 1;   -- 重新启用使用外键
```

如图6.2.10所示。

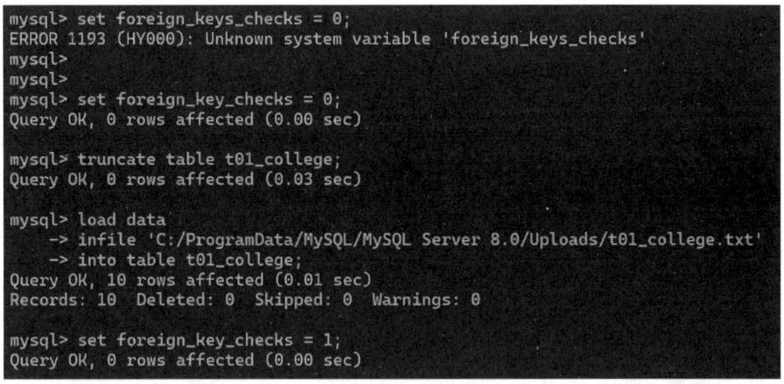

```
mysql> set foreign_keys_checks = 0;
ERROR 1193 (HY000): Unknown system variable 'foreign_keys_checks'
mysql>
mysql>
mysql> set foreign_key_checks = 0;
Query OK, 0 rows affected (0.00 sec)

mysql> truncate table t01_college;
Query OK, 0 rows affected (0.03 sec)

mysql> load data
    -> infile 'C:/ProgramData/MySQL/MySQL Server 8.0/Uploads/t01_college.txt'
    -> into table t01_college;
Query OK, 10 rows affected (0.01 sec)
Records: 10  Deleted: 0  Skipped: 0  Warnings: 0

mysql> set foreign_key_checks = 1;
Query OK, 0 rows affected (0.00 sec)
```

图6.2.10　使用LOAD DATA导入文件t01_college.txt中的数据

【工作任务9】使用SELECT …INTO OUTFILE语句备份CollegeDB中的数据表t02_teacher表的数据。要求字段之间用“|”隔开，字符型数据用双引号括起来。

操作代码及结果如图6.2.11、图6.2.12所示。

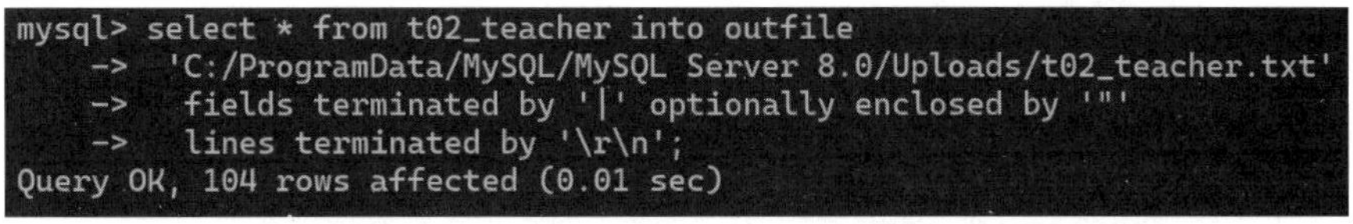

```
mysql> select * from t02_teacher into outfile
    -> 'C:/ProgramData/MySQL/MySQL Server 8.0/Uploads/t02_teacher.txt'
    -> fields terminated by '|' optionally enclosed by '"'
    -> lines terminated by '\r\n';
Query OK, 104 rows affected (0.01 sec)
```

图6.2.11　使用SELECT …INTO OUTFILE语句备份t02_teacher表的数据

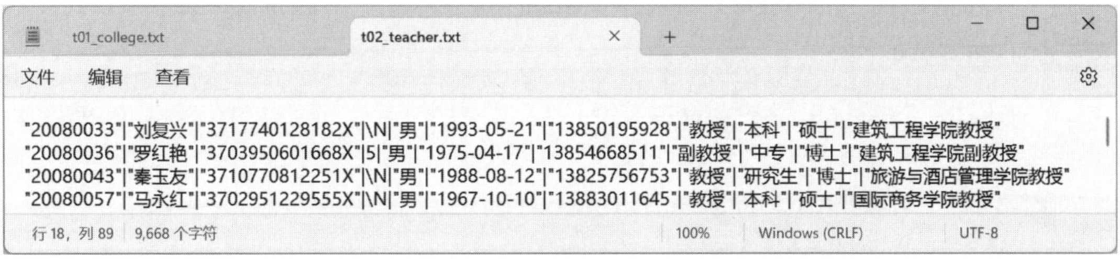

图6.2.12　使用SELECT …INTO OUTFILE语句备份的数据文件

【工作任务10】使用SELECT …INTO OUTFILE语句备份CollegeDB中的数据表t03_course表的数据。要求每行记录以字符串“>”开始、以字符串“<end>”结尾。

操作代码及结果如图6.2.13、图6.2.14所示。

```
mysql> select * from t03_course into outfile
    -> 'C:/ProgramData/MySQL/MySQL Server 8.0/Uploads/t03_course.txt'
    -> lines starting by '>' terminated by '<end>\r\n';
Query OK, 76 rows affected (0.01 sec)
```

图6.2.13　备份数据文件时指定数据行的开始和结束符号

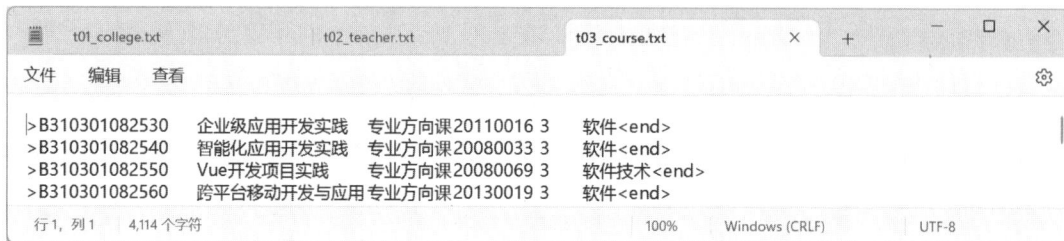

图6.2.14　查看指定了数据行的开始和结束符号的备份文件

【工作任务11】使用mysqldump命令将CollegeDB中的数据表t04_class表中的记录导入到文本文件。

```
mysqldump -u root -p -T  "C:\ProgramData\MySQL\MySQL Server 8.0\Uploads"
collegeDB t04_class --lines-terminated-by=\r\n
```

操作代码及结果如图6.1.15、图6.2.16所示。

```
C:\Users\JohnP>mysqldump -u root -p -T  "C:\ProgramData\MySQL\MySQL Server 8.0\Uploads" collegeDB t04_class --lines-terminated-by=\r
Enter password: *********
```

图6.2.15　使用mysqldump命令备份数据表

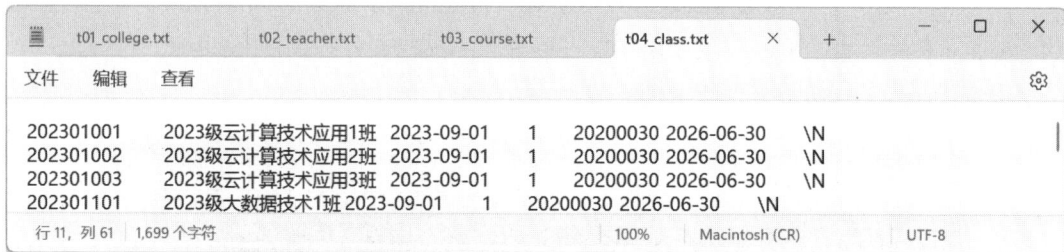

图6.2.16　查看mysqldump命令备份数据表的数据文件

【工作任务12】使用mysql命令将CollegeDB中的数据表t05_student表的记录导入到文本文件t05_student.txt中。

```
mysql -u root -p --execute="SELECT * FROM t05_student" CollegeDB >
"C:\ProgramData\MySQL\MySQL Server 8.0\Uploads\t05_student.txt"
```

操作代码及结果如图6.2.17、图6.2.18所示。

```
C:\Users\JohnP>mysql -u root -p --execute="SELECT * FROM t05_student" CollegeDB > "C:\ProgramData\MySQL\MySQL Server 8.0\Uploads\t05_student.txt"
Enter password: *********
```

图6.2.17　使用mysql命令将数据表备份为文本文件

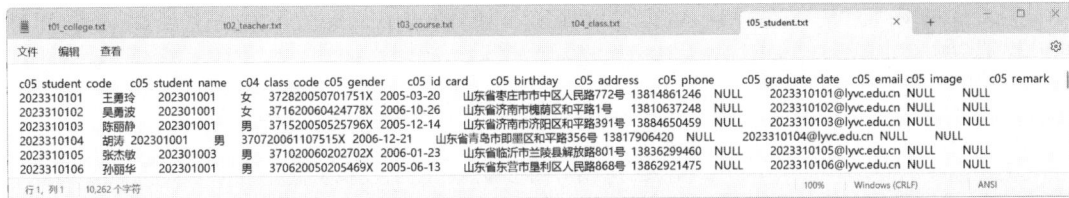

图6.2.18　查看mysql命令备份的文本文件

【工作任务13】使用mysql命令将CollegeDB中的数据表t06_score表中的记录导入到HTML文件t06_score.html中。

```
mysql -u root -p --html --execute="SELECT * FROM t06_score" CollegeDB >
"C:\ProgramData\MySQL\MySQL Server 8.0\Uploads\t06_score.html"
```

操作代码及结果如图6.2.19、图6.2.20所示。

图6.2.19　使用mysql命令将数据表备份为HTML文件

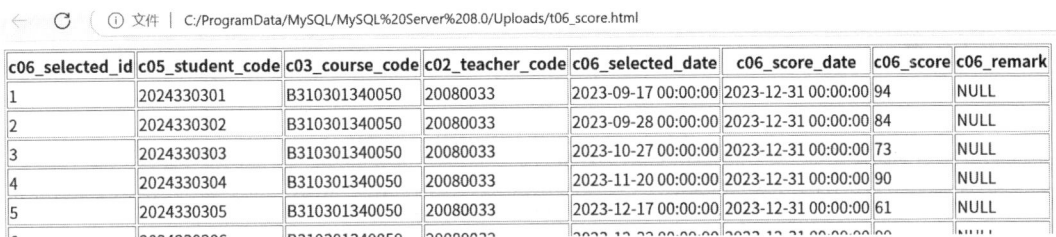

c06_selected_id	c05_student_code	c03_course_code	c02_teacher_code	c06_selected_date	c06_score_date	c06_score	c06_remark
1	2024330301	B310301340050	20080033	2023-09-17 00:00:00	2023-12-31 00:00:00	94	NULL
2	2024330302	B310301340050	20080033	2023-09-28 00:00:00	2023-12-31 00:00:00	84	NULL
3	2024330303	B310301340050	20080033	2023-10-27 00:00:00	2023-12-31 00:00:00	73	NULL
4	2024330304	B310301340050	20080033	2023-11-20 00:00:00	2023-12-31 00:00:00	90	NULL
5	2024330305	B310301340050	20080033	2023-12-17 00:00:00	2023-12-31 00:00:00	61	NULL
6	2024330306	B310301340050	20080033	2023-12-13 00:00:00	2023-12-31 00:00:00		NULL

图6.2.20　使用浏览器查看mysql命令备份的HTML文件

【工作任务14】使用mysql命令将CollegeDB中的数据表t06_score表中的记录导入到XML文件t06_score.xml中。

```
mysql -u root -p --xml --execute="SELECT * FROM t06_score" CollegeDB >
"C:\ProgramData\MySQL\MySQL Server 8.0\Uploads\t06_score.xml"
```

操作代码及结果如图6.2.21、图6.2.22所示。

图6.2.21　使用mysql命令将数据表备份为XML文件

C:/ProgramData/MySQL/MySQL%20Server%208.0/Uploads/t06_score.xml

This XML file does not appear to have any style information associated with it. The document tree is shown below.

```
▼<resultset xmlns:xsi="http://www.w3.org/2001/XMLSchema-instance" statement="SELECT * FROM t06_score ">
  ▼<row>
    <field name="c06_selected_id">1</field>
    <field name="c05_student_code">2024330301</field>
    <field name="c03_course_code">B310301340050</field>
    <field name="c02_teacher_code">20080033</field>
    <field name="c06_selected_date">2023-09-17 00:00:00</field>
    <field name="c06_score_date">2023-12-31 00:00:00</field>
    <field name="c06_score">94</field>
    <field name="c06_remark" xsi:nil="true"/>
  </row>
```

图6.2.22　使用浏览器查看mysql命令备份的XML文件

【工作任务15】使用LOAD DATA INFILE语句将t02_teacher.txt文件中的数据导入到CollegeDB数据库中的数据表t02_teacher表中。

在装载数据之前,需要将t02_teacher表中的数据全部清空,语句如下:

```
use CollegeDB;  -- 指定使用数据库
set foreign_key_checks = 0;  -- 临时禁用外键约束
truncate table t02_teacher;  -- 截断数据表
```

从t02_teacher.txt文件恢复数据,语句如下:

```
load data infile
  'C:/ProgramData/MySQL/MySQL Server 8.0/Uploads/t02_teacher.txt'
  into table CollegeDB.t02_teacher
  fields terminated by '|' optionally enclosed by '"'
  lines terminated by '\r\n';
set foreign_key_checks = 1;  -- 重新启用外键约束
```

查看确认数据导入情况,语句如下:

```
select * from t02_teacher limit 5;
```

结果如图6.2.23所示。

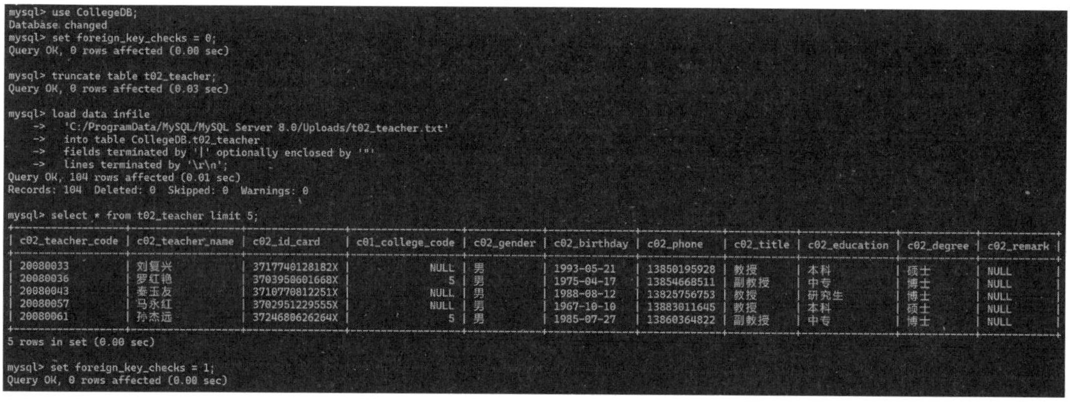

```
mysql> use CollegeDB;
Database changed
mysql> set foreign_key_checks = 0;
Query OK, 0 rows affected (0.00 sec)

mysql> truncate table t02_teacher;
Query OK, 0 rows affected (0.03 sec)

mysql> load data infile
    ->   'C:/ProgramData/MySQL/MySQL Server 8.0/Uploads/t02_teacher.txt'
    ->   into table CollegeDB.t02_teacher
    ->   fields terminated by '|' optionally enclosed by '"'
    ->   lines terminated by '\r\n';
Query OK, 104 rows affected (0.01 sec)
Records: 104  Deleted: 0  Skipped: 0  Warnings: 0

mysql> select * from t02_teacher limit 5;
```

c02_teacher_code	c02_teacher_name	c02_id_card	c01_college_code	c02_gender	c02_birthday	c02_phone	c02_title	c02_education	c02_degree	c02_remark
20080033	刘复兴	3717740128182X	NULL	男	1993-05-21	13850195928	教授	本科	硕士	NULL
20080036	罗红艳	3703950601668X	5	男	1975-04-17	13854668511	副教授	中专	博士	NULL
20080043	秦玉友	3710770812251X	NULL	男	1988-08-12	13825756753	教授	研究生	博士	NULL
20080057	马永红	3702951229555X	NULL	男	1967-10-10	13883011645	教授	本科	硕士	NULL
20080061	孙杰远	3724680626264X	5	男	1985-07-27	13860364822	副教授	中专	博士	NULL

```
5 rows in set (0.00 sec)

mysql> set foreign_key_checks = 1;
Query OK, 0 rows affected (0.00 sec)
```

图6.2.23　使用LOAD DATA INFILE语句恢复数据的过程

【工作任务16】使用mysqlimport命令将【例8-9】t04_class.txt文件中的数据导入到CollegeDB中的数据表t04_class中。

先将fruits表中的数据全部删除,语句如下:

```
use CollegeDB;  -- 指定使用数据库
set foreign_key_checks = 0;  -- 临时禁用外键约束
truncate table t04_class;  -- 截断数据表
```

如图6.2.24所示。

```
mysql> use CollegeDB;
Database changed
mysql> set foreign_key_checks = 0;
Query OK, 0 rows affected (0.00 sec)

mysql> truncate table t04_class;
Query OK, 0 rows affected (0.04 sec)
```

图6.2.24 临时禁用外键后截断数据表

从t04_class.txt文件恢复数据,语句如下:

```
mysqlimport -u root -p CollegeDB "C:\ProgramData\MySQL\MySQL Server
8.0\Uploads\t04_class.txt"  --lines-terminated-by=\r
```

如图6.2.25所示。

```
C:\Users\JohnP>mysqlimport -u root -p CollegeDB "C:\ProgramData\MySQL\MySQL Server 8.0\Uploads\t04_class.txt"  --lines-terminated-by=\r
Enter password: *********
CollegeDB.t04_class: Records: 28  Deleted: 0  Skipped: 0  Warnings: 0
```

图6.2.25 使用mysqlimport命令恢复数据

查看确认数据导入情况,语句如下:

```
select * from t04_class limit 5;
set foreign_key_checks = 1;  -- 重新启用外键约束
```

如图6.2.26所示。

```
mysql> select * from t04_class limit 5;
+----------------+----------------------------+---------------+------------------+-------------------+------------------+------------+
| c04_class_code | c04_class_name             | c04_enrol_date | c01_college_code | c02_teacher_code | c04_graduate_date | c04_remark |
+----------------+----------------------------+---------------+------------------+-------------------+------------------+------------+
| 202301001      | 2023级云计算技术应用1班    | 2023-09-01    |                1 | 20200030          | 2026-06-30       | NULL       |
| 202301002      | 2023级云计算技术应用2班    | 2023-09-01    |                1 | 20200030          | 2026-06-30       | NULL       |
| 202301003      | 2023级云计算技术应用3班    | 2023-09-01    |                1 | 20200030          | 2026-06-30       | NULL       |
| 202301101      | 2023级大数据技术1班        | 2023-09-01    |                1 | 20200030          | 2026-06-30       | NULL       |
| 202301102      | 2023级大数据技术2班        | 2023-09-01    |                1 | 20200030          | 2026-06-30       | NULL       |
+----------------+----------------------------+---------------+------------------+-------------------+------------------+------------+
5 rows in set (0.00 sec)

mysql> set foreign_key_checks = 1;
Query OK, 0 rows affected (0.00 sec)
```

图6.2.26 查看数据恢复情况并重新启用外键约束

4)问题情境

【问题情境1】使用SELECT...INTO OUTFILE导出数据时出现错误提示"ERROR 1062 (23000): Duplicate entry '20080033' for key 't02_teacher.PRIMARY'"。

这通常是因为在恢复数据时,要插入的数据与数据库中已有的数据发生了主键冲突。可先检查备份文件中的数据,确定是否存在重复的主键值。如果有,可考虑删除重复的数据或者修改备份文件中的数据,以避免主键冲突。如果使用完整备份恢复数据,那么可以先清空本地库中相应数据表中的数据,再执行恢复操作。

【问题情境2】在执行truncate table t02_teacher;操作时,出现错误提示"ERROR 1701 (42000): Cannot truncate a table referenced in a foreign key constraint (collegedb.t03_course, CONSTRAINT fk03_c02_teacher_code)"。

该错误信息表示,截断数据表t02_teacher时,由于t03_course表上的外键约束的存在,无法截断其参照表t02_teacher。在导入数据之前,需要先临时禁用外键约束,截断数据表,然后导入数据,最后再重新启用外键约束。确保在执行这些操作时不会影响到数据库的完整性和一致性。如果在禁用外键约束后仍然无法截断数据表,需要检查数据库中是否存在其他与该表相关的约束或者触发器,这些也可能会阻止数据表的截断操作。

【问题情境3】在使用mysqlimport恢复数据表t04_class数据时,出现错误提示"mysqlimport: Error: 1290, The MySQL server is running with the--secure-file-priv option so it cannot execute this statement, when using table: t04_class"。

这是因为MySQL的--secure-file-priv选项限制了文件的导入和导出操作。该选项用于增强安全性,指定了一个目录并且只允许在这个目录下进行文件的读写操作。如果尝试从非指定的安全目录导入文件,就会出现这个错误。

可通过执行select @@secure_file_priv;命令来查看 MySQL 服务器允许的安全文件目录,然后将数据文件移动到安全目录下,并对应修改导入命令中的文件路径。例如,原来的命令是 mysqlimport -u root -p CollegeDB "C:\OtherPath\t04_class.txt",需要将其修改为 mysqlimport -u root -p CollegeDB "C:/ProgramData/MySQL/MySQL Server 8.0/Uploads/t04_class.txt",然后再执行命令进行数据导入。

【与AI聊一聊】

"两地三中心"是一种常见的灾难恢复和业务连续性策略,旨在确保企业在发生灾难时能够迅速恢复业务,保障数据的安全性和业务的连续性。就这个话题,与AI聊一聊吧。

6.2.5 学习评价

序号	评价内容	评价标准	评价结果(是/否)
1	理解备份和恢复的基本概念	能够清晰阐述备份和恢复的意义及作用	
2	掌握 mysqldump 命令的使用	能够正确使用mysqldump命令备份数据库和数据表	
3	掌握mysql命令的使用	能够利用mysql命令导入SQL脚本文件恢复数据	
4	掌握source语句的使用	能够在MySQL命令行中使用source语句恢复数据	
5	掌握数据导出和导入的方法	能够使用SELECT...INTO OUTFILE 和 LOAD DATA INFILE 导出和导入数据	
6	掌握二进制日志恢复方法	能够使用二进制日志恢复特定时间点的数据	

▶ **拓展阅读**

清华大学突破芯片数据恢复技术难题 存储芯片首次实现"诊疗一体化"

清华大学近日研发出一体化存储芯片手术机器人技术，在世界范围内首次实现了对存储芯片的"诊疗一体化"。该技术有望替代传统电子数据取证方法，并在临床手术、微电子加工、文物修复等领域应用。

在世界范围内，从一体化存储设备的芯片中恢复丢失数据一直是法庭科学和数据恢复技术领域面临的难题和挑战。传统方法通常需要人工去除芯片绝缘层，之后访问设备的印刷电路板。这种方法不仅耗时，还可能损伤关键存储部件，容易对数据恢复产生不利影响。

如今，解题有了新思路。清华物理系教授薛平团队与公安部鉴定中心合作，研发出手术机器人技术，将机器人智能、光学相干层析成像和激光刻蚀消融等技术融合，为损坏的一体化存储芯片做手术，帮助U盘等一体化存储设备恢复丢失数据。

"这场手术分为诊断和治疗两个阶段。首先要判断芯片的数据存储哪里出了问题。"薛平解释道，光学相干层析成像技术可以实现对生物组织的高分辨三维快速层析成像。科研人员通过成像可以判断不同损坏类型，自动分析划痕深度、烧伤程度和折痕损坏区域等。相比于有辐射的X射线成像技术，这种技术使用低功率近红外光，避免了对操作员、设备或存储数据的潜在危害。

受到医疗领域"诊疗一体化"理念的启发，团队将激光消融设备光学共路集成于光学相干层析成像系统中，构成一体化存储芯片手术机器人。在三维图像的引导下，机器人有选择性地精准移除芯片绝缘层的目标区域，最大限度地减少对设备的损害，并简化了焊接过程，提高了数据恢复效率。

一体化存储芯片手术机器人技术成果日前在《自然·通讯》上发表。审稿专家认为，该技术有望颠覆传统电子数据取证方法，实现数据恢复效率前所未有的提升。

6.2.6 课后作业

1. 使用mysqldump命令备份CollegeDB数据库。然后删除数据库的t01_college表，修改t02_teacher表的结构，删除某字段；还原数据库，查看恢复情况。

2. 使用mysqldump命令备份t02_teacher表，将文件保存在"D:/DatabaseBackup"文件夹中。然后删除该表数据，使用导出的.sql文件导入进行恢复，查看恢复情况。

3. 用SELECT INTO OUTFILE语句，把t05_sutdent表数据导入到文本文件"D:\DatabaseBackup\t05_sutdent.txt"中。然后，使用TRUNUCATE语句删除表中的所有数据，使用LOAD DATA INFILE语句将备份好的.txt数据文件恢复到数据表，查看恢复情况。

工作手册6.3 MySQL日志管理与分析

6.3.1 核心概念

在数据库运行过程中会产生很多的日志,这些日志记录着数据库运行工作的具体情况,可帮助数据库管理员追踪在数据库运行期间发生过的各种事件。

当数据库服务中断或出现错误时,可通过日志来排查问题;当数据库遭到意外损害时,可通过日志文件查询出错原因、进行数据恢复;通过分析日志,可查询到MySQL数据库的运行情况、日常操作、错误信息等,可以为MySQL管理和优化提供必要的信息。

6.3.2 学习目标

①能够理解通用查询日志、慢查询日志、错误日志和二进制日志等日志类型及其用途。
②能够进行二进制日志的启用、查看、暂停和清理等基本操作。
③能够进行通用查询日志的启用、查看和删除的基本操作。
④能够进行慢查询日志的启用、查看和删除的基本操作。
⑤能够掌握错误日志的配置、过滤、启用、查看和删除等基本操作。
⑥能够使用二进制日志恢复数据库到特定时间点的状态。

6.3.3 基础知识

在MySQL中,通用查询日志记录建立的客户端连接和执行的语句,慢查询日志记录所有执行时间超过long_query_time查询语句,二进制日志记录所有更改数据的语句并可用于数据恢复,错误日志记录MySQL的启动、停止信息及在MySQL运行过程中的错误信息。

1)通用查询日志(General Query Log)

通用查询日志记录所有客户端连接和执行的SQL语句,如果数据库的使用非常频繁,通用查询日志将会占用非常大的磁盘空间,对系统性能影响较大。默认情况下,通用查询日志处于禁用状态。为了数据库性能考虑,一般不建议开启通用查询日志。

通过系统变量general_log参数启用或禁用,并通过系统变量general_log_file指定日志文件的位置。

(1)查看通用查询日志的状态
查看通用查询日志的状态:

```
SHOW VARIABLES LIKE 'general_log';
```

（2）启动和关闭通用查询日志

• 启动通用查询日志

```
SET GLOBAL general_log = ON;
```

• 禁用通用查询日志

```
SET GLOBAL general_log = OFF;
```

（3）查看通用查询日志

通过查看系统变量general_log_file来查看日志文件路径，语句格式如下：

```
SHOW VARIABLES LIKE 'general_log_file';
```

通用查询日志是以文本文件的形式存储在文件系统中的，可以使用文本编辑器直接打开查看日志文件。

2）慢查询日志（Slow Query Log）

（1）查看慢查询日志的状态

查看当前慢查询日志状态及默认超时时长。

```
SHOW VARIABLES LIKE 'slow_query_log';
SHOW VARIABLES LIKE 'long_query_time';
```

（2）启动和关闭慢查询日志

在MySQL中，可通过SET语句设置慢查询日志开关来启动或关闭慢查询日志功能。

关闭慢查询日志：

```
SET GLOBAL slow_query_log = OFF;
```

启用慢查询日志：

```
SET GLOBAL slow_query_log = ON;
```

设置慢查询判断阈值为2秒：

```
SET GLOBAL long_query_time = 2;
```

（3）查看慢查询日志

MySQL的慢查询日志是以文本形式存储的，可直接用文本编辑器查看。在实际的业务系统中，一般使用MySQL自带的mysqldumpslow命令来分析慢查询日志。

mysqldumpslow命令分析不同慢查询语句的记录次数（Count）、最长执行时间（Time）、总时间（Time）、锁定时间（Lock）、发送给客户端的总行数（Rows）、扫描的总行数（Rows）等数据，

mysqldumpslow命令的语法格式如下。

```
mysqldumpslow［选项］二进制文件
```

其中选项部分的内容可以有：

-s 或 --sort：指定排序依据。常用的排序依据包括time总执行时间排序、count出现次数排序、total总执行时间排序（与time相同）、lock总锁等待时间排序、name查询语句排序、

none不排序。

  -t 或 --top：显示前 N 个查询，默认为 10。

  -T：显示所有查询。

  -a 或 --all：显示所有查询，包括没有使用索引的。

  -l 或 --long：显示完整的查询文本。

  -g 或 --grep：指定正则表达式过滤查询。

  -G 或 --grep-all：指定正则表达式过滤所有查询（包括未使用索引的）。

  -c 或 --compress：使用压缩的慢查询日志文件。

  3）错误日志（Error Log）

  错误日志记录着开启和关闭 MySQL 服务过程中，以及服务运行过程中出现的异常等信息。通过错误日志可以监视系统的运行状态，便于及时发现故障、修复故障。

  （1）查看错误日志状态

  查看错误日志文件的存储路径，命令如下：

```
SHOW VARIABLES LIKE 'log_err';
```

  查看错误日志服务组件，命令如下：

```
SHOW VARIABLES LIKE 'log_error_services';
```

  在 MySQL 中，log_error_services 允许配置一系列日志过滤器和日志接收器（sinks），以控制错误日志的生成和输出。log_filter_intemal 表示内置日志过滤器组件，log_sink_internal 表示内置日志记录器组件。

  （2）配置错误日志过滤

  查看错误日志的等级，命令如下：

```
SHOW VARIABLES LIKE 'log_error_verbosity';
```

  在 MySQL 中，log_error_verbosity 用于控制错误日志中记录的消息的详细程度，决定了哪些类型的消息应该被写入错误日志，其值可以是 1 到 3 之间的整数，每个级别都决定了不同的日志详细程度，见表 6.3.1。

表 6.3.1 错误日志的等级

log_error_verbosity 值	允许的日志等级
1	ERROR 错误
2	ERROR 错误，WARNING 警告
3	ERROR 错误，WARNING 警告，INFORMATION 信息

  （3）查看错误日志

  在 MySQL 中，默认开启错误日志功能。一般情况下，错误日志存储在 MySQL 的数据目录下，通常名称为"主机名.err"，使用了 MySQL 服务器的主机名。

  错误日志以文本文件的形式存储，直接使用普通文本文件查看工具就可以查看。

4) 二进制日志(Binary Log)

(1) 查看二进制日志状态

使用 SHOW GLOBAL 查看二进制日志各项设置,语句如下:

```
SHOW GLOBAL VARIABLES LIKE 'log_bin';
```

log_bin 变量的值为 ON,说明二进制日志已经打开。一般情况下,不应该关闭二进制日志。在 Windows 系统上,MySQL 生成的二进制日志文件和索引文件存放在"C:\ProgramData\MySQL\MySQL Server 8.0\Data"目录下。

(2) 查看二进制日志

使用 SHOW BINARY LOGS 语句查看二进制日志文件个数及文件名。

```
SHOW BINARY LOGS;
```

MySQL 二进制日志存储了所有的变更信息。当 MySQL 创建二进制日志文件时,首先创建一个以"文件名"为名称,以".index"为后缀的文件;再创建一个以"文件名"为名称,以".000001"为后缀的文件。当 MySQL 服务器重新启动一次,以".000001"为后缀的文件会增加一个,并且后缀名加1递增。

二进制日志文件不是文本文件,不能使用文本编辑器查看,可通过 mysqlbinlog 命令查看。

```
mysqlbinlog    二进制日志文件名
```

(3) 删除二进制文件

注意,删除二进制文件会影响在必要的情况下使用二进制文件恢复数据库,务必谨慎。可以删除时间比较久远的日志文件,一般不要删除近期的日志文件。

PURGE MASTER LOGS 语句可用于删除指定时间或者比指定日志文件更早的二进制日志文件,语法如下:

```
PURGE MASTER LOGS '二进制日志文件名';
PURGE MASTER LOGS BEFORE '时间点描述';
```

注意,时间点描述格式为'YYYY-MM-dd hh:mm:ss'格式,比如'2023-10-01 00:00:00'。

RESET MASTER;语句可以删除所有二进制日志。

5) 删除并重建日志文件

通用查询日志、慢查询日志和错误日志文件都是文本文件,可用直接删除日志文件的方式删除慢查询日志。当 MySQL 服务重新启动时,会根据配置文件中的设置重新创建日志文件。在操作系统命令行工具终端,执行 mysqladmin -u root -p flush-logs 命令,或者登录到 MySQL 命令行客户端执行 FLUSH LOGS 语句,都清除当前的慢查询日志,并重新开始记录。

注意,在执行 FLUSH LOGS 语句之前,应当备份当前的日志文件,并确保执行命令的用户拥有足够的权限。因为日志文件都需要被重新打开,所以执行 FLUSH LOGS 语句会对数据库的性能产生短暂的影响。

6.3.4 能力训练

1)操作条件

①在硬件方面,系统有足够的磁盘空间存储备份文件和日志文件。
②在软件方面,安装并配置好MySQL数据库服务,版本兼容。
③如果是远程备份,确保网络连接稳定。
④管理日志需要有相应的数据库权限,特别是管理员权限。
⑤具备对操作系统命令行的基本操作能力,以便执行相关的命令。

2)注意事项

①在操作日志文件前,确保备份重要的数据文件,避免意外删除或覆盖数据。
②确保只有授权的用户才能访问和修改日志文件,防止数据泄露。
③定期检查日志文件的大小,避免日志文件过大影响系统性能。
④在执行敏感操作(如删除日志文件)前,先确认操作的必要性和安全性。
⑤修改日志设置、重建日志文件时,确保了解其对系统性能的影响。

3)工作过程

【工作任务1】查看通用查询日志的状态。

```
show variables like '%general%';
```

如图6.3.1所示。

图6.3.1　查看通用日志相关的变量

【工作任务2】设置通用查询日志的状态。

如图6.3.2所示。

图6.3.2　设置通用查询日志的状态

【工作任务3】删除并重新创建通用查询日志。

在MySQL默认的数据目录下,将JOHNBOOK.log通用查询日志文件删除。

在操作系统的命令行终端执行如下命令(图6.3.3):

```
C:\Users\JohnP>mysqladmin -u root -h localhost -p flush-logs
Enter password: *********
```

图6.3.3　重建通用查询日志

或者在MySQL命令行终端执行如下语句(图6.3.4):

```
mysql> flush logs;
Query OK, 0 rows affected (0.02 sec)
```

图6.3.4　重建通用查询日志

【工作任务4】查看通用查询日志。

通用查询日志是文本文件,位于MySQL的数据目录下,如图6.3.5所示。

```
JOHNBOOK.log                    ×    +
文件  编辑  查看

C:\Program Files\MySQL\MySQL Server 8.0\bin\mysqld.exe, Version: 8.0.36 (MySQL Community Server - GPL). started with:
TCP Port: 3306, Named Pipe: MySQL
Time            Id Command    Argument
2024-11-03T00:49:06.347136Z        18 Quit

行5,列1    236 个字符                              110%    Unix (LF)    UTF-8
```

图6.3.5　查看通用查询日志文件

【工作任务5】查看慢查询日志的状态。

如图6.3.6所示。

```
mysql> show variables like 'slow_query_log%';
+---------------------+-------------------+
| Variable_name       | Value             |
+---------------------+-------------------+
| slow_query_log      | ON                |
| slow_query_log_file | JOHNBOOK-slow.log |
+---------------------+-------------------+
2 rows in set, 1 warning (0.00 sec)
```

图6.3.6　查看慢查询相关的变量值

【工作任务6】查看并设置慢查询的判断阈值。

查看慢查询的判断阈值,如图6.3.7所示。

```
mysql> show variables like 'long_query_time';
+-----------------+-----------+
| Variable_name   | Value     |
+-----------------+-----------+
| long_query_time | 10.000000 |
+-----------------+-----------+
1 row in set, 1 warning (0.00 sec)
```

图6.3.7　查看慢查询的判断阈值

设置慢查询的判断阈值,如图6.3.8所示。

图6.3.8　设置慢查询的判断阈值

　　注意，"SET long_query_time = 5;"仅调整当前会话的慢查询实践阈值。如果想对所有连接生效，且希望在服务器重启之前保持这个设置，应当使用"set global long_query_time = 5;"，新建的MySQL连接将使用该值。

　　【工作任务7】查看慢查询日志。

　　慢查询日志文件JOHNBOOK-slow.log位于MySQL数据目录下，可使用文本编辑器打开，如图6.3.9所示。

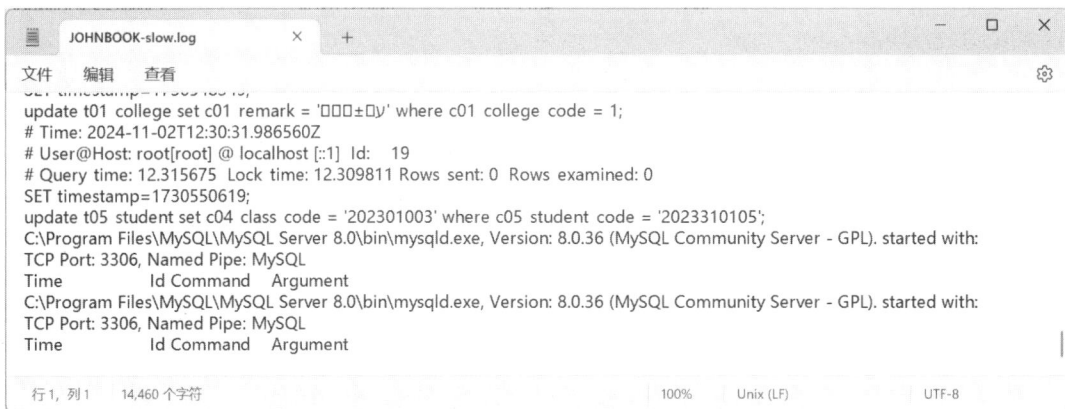

图6.3.9　查看慢查询日志文件

　　【工作任务8】查看错误日志的状态。

　　如图6.3.10所示。

图6.3.10　查看与错误日志相关的变量值

　　【工作任务9】删除并重建错误日志。

　　错误日志位于MySQL数据目录下，如果重建错误日志，需要将日志文件删除，然后在操作系统命令行执行如下命令：

```
mysqladmin -u root -h localhost -p flush-logs
```

　　如图6.3.11所示。

```
C:\Users\JohnP>mysqladmin -u root -h localhost -p flush-logs
Enter password: *********
```

图6.3.11　重建错误日志

【工作任务10】查看二进制日志的状态。

```
show variables like 'log_bin%';
```

如图6.3.12所示。

```
mysql> show variables like 'log_bin%';
+----------------------------------+---------------------------------------------------------------+
| Variable_name                    | Value                                                         |
+----------------------------------+---------------------------------------------------------------+
| log_bin                          | ON                                                            |
| log_bin_basename                 | C:\ProgramData\MySQL\MySQL Server 8.0\Data\JOHNBOOK-bin        |
| log_bin_index                    | C:\ProgramData\MySQL\MySQL Server 8.0\Data\JOHNBOOK-bin.index  |
| log_bin_trust_function_creators  | OFF                                                           |
| log_bin_use_v1_row_events        | OFF                                                           |
+----------------------------------+---------------------------------------------------------------+
5 rows in set, 1 warning (0.00 sec)
```

图6.3.12　查看二进制日志相关的变量值

查看二进制文件相关的配置，语句如下：

```
show variables like 'binlog%';
```

如图6.3.13所示。

```
mysql> show variables like 'binlog%';
+-------------------------------------------------+--------------+
| Variable_name                                   | Value        |
+-------------------------------------------------+--------------+
| binlog_cache_size                               | 32768        |
| binlog_checksum                                 | CRC32        |
| binlog_direct_non_transactional_updates         | OFF          |
| binlog_encryption                               | OFF          |
| binlog_error_action                             | ABORT_SERVER |
| binlog_expire_logs_auto_purge                   | ON           |
| binlog_expire_logs_seconds                      | 2592000      |
| binlog_format                                   | ROW          |
| binlog_group_commit_sync_delay                  | 0            |
| binlog_group_commit_sync_no_delay_count         | 0            |
| binlog_gtid_simple_recovery                     | ON           |
| binlog_max_flush_queue_time                     | 0            |
| binlog_order_commits                            | ON           |
| binlog_rotate_encryption_master_key_at_startup  | OFF          |
| binlog_row_event_max_size                       | 8192         |
| binlog_row_image                                | FULL         |
| binlog_row_metadata                             | MINIMAL      |
| binlog_row_value_options                        |              |
| binlog_rows_query_log_events                    | OFF          |
| binlog_stmt_cache_size                          | 32768        |
| binlog_transaction_compression                  | OFF          |
| binlog_transaction_compression_level_zstd       | 3            |
| binlog_transaction_dependency_history_size      | 25000        |
| binlog_transaction_dependency_tracking          | COMMIT_ORDER |
+-------------------------------------------------+--------------+
24 rows in set, 1 warning (0.00 sec)
```

图6.3.13　查看二进制日志相关的配置

【工作任务11】查看二进制日志文件。

如图6.3.14所示。

```
mysql> show binary logs;
+--------------------+-----------+-----------+
| Log_name           | File_size | Encrypted |
+--------------------+-----------+-----------+
| JOHNBOOK-bin.000047 |       180 | No        |
| JOHNBOOK-bin.000048 |       580 | No        |
| JOHNBOOK-bin.000049 |      2557 | No        |
| JOHNBOOK-bin.000050 |       929 | No        |
| JOHNBOOK-bin.000051 |    163097 | No        |
| JOHNBOOK-bin.000052 |    464784 | No        |
| JOHNBOOK-bin.000053 |       180 | No        |
| JOHNBOOK-bin.000054 |       180 | No        |
| JOHNBOOK-bin.000055 |       180 | No        |
| JOHNBOOK-bin.000056 |    167468 | No        |
| JOHNBOOK-bin.000057 |      9351 | No        |
| JOHNBOOK-bin.000058 |       884 | No        |
```

图6.3.14　查看二进制日志文件列表

使用mysqlbinlog查看二进制日志文件中记录的信息，如图6.3.15所示。

```
C:\Users\JohnP>mysqlbinlog C:\ProgramData\MySQL\MySQL Server 8.0\Data\JOHNBOOK-bin.000063
# The proper term is pseudo_replica_mode, but we use this compatibility alias
# to make the statement usable on server versions 8.0.24 and older.
/*!50530 SET @@SESSION.PSEUDO_SLAVE_MODE=1*/;
/*!50003 SET @OLD_COMPLETION_TYPE=@@COMPLETION_TYPE,COMPLETION_TYPE=0*/;
DELIMITER /*!*/;
mysqlbinlog: File 'C:\ProgramData\MySQL\MySQL' not found (OS errno 2 - No such file or directory)
ERROR: Could not open log file
SET @@SESSION.GTID_NEXT= 'AUTOMATIC' /* added by mysqlbinlog */ /*!*/;
DELIMITER ;
# End of log file
/*!50003 SET COMPLETION_TYPE=@OLD_COMPLETION_TYPE*/;
/*!50530 SET @@SESSION.PSEUDO_SLAVE_MODE=0*/;
```

图6.3.15　查看二进制日志

【工作任务12】使用mysqlbinlog恢复MySQL数据库到2024年11月1日0点时刻的状态。

【工作任务13】删除部分二进制日志文件。

如图6.3.16所示。

```
mysql> purge master logs to 'JOHNBOOK-bin.000063';
Query OK, 0 rows affected (0.01 sec)

mysql> show binary logs;
+--------------------+-----------+-----------+
| Log_name           | File_size | Encrypted |
+--------------------+-----------+-----------+
| JOHNBOOK-bin.000063 |       180 | No        |
| JOHNBOOK-bin.000064 |       424 | No        |
| JOHNBOOK-bin.000065 |      6434 | No        |
| JOHNBOOK-bin.000066 |      1923 | No        |
| JOHNBOOK-bin.000067 |       207 | No        |
| JOHNBOOK-bin.000068 |       157 | No        |
+--------------------+-----------+-----------+
6 rows in set (0.00 sec)
```

图6.3.16　删除部分二进制日志文件

【工作任务14】删除所有二进制日志文件。

如图6.3.17所示。

```
mysql> reset master;
Query OK, 0 rows affected (0.04 sec)

mysql> show binary logs;
+---------------------+-----------+-----------+
| Log_name            | File_size | Encrypted |
+---------------------+-----------+-----------+
| JOHNBOOK-bin.000001 |       157 | No        |
+---------------------+-----------+-----------+
1 row in set (0.00 sec)
```

图6.3.17　删除所有二进制日志文件

4)问题情境

【问题情境1】在执行"SET GLOBAL GENERAL_LOG=1;"时出现权限不足的错误。

应当确认当前使用的用户具有足够的权限,一般使用root用户或者具有相应权限的用户。如果仍然无法设置,检查MySQL配置文件中是否有相关的权限限制。

【问题情境2】慢查询日志未记录任何内容。

慢查询日志的产生需要两个条件,一是开启了慢查询日志(slow_query_log变量值为ON),二是查询等待时间超过慢查询时长阈值(long_query_time变量)。确认开启slow_query_log之后,可通过创设锁等待等情况进行一次慢查询,观察日志产生情况。

【与AI聊一聊】

数据库日志一般要保存多长时间,有什么相关的推荐做法?

6.3.5　学习评价

序号	评价内容	评价标准	评价结果(是/否)
1	理解日志类型	能够清晰阐述MySQL中常见的日志类型及其用途	
2	查看日志状态	能够使用SQL命令查看各种日志的状态	
3	设置日志状态	能够启用或禁用通用查询日志和慢查询日志	
4	删除并重建日志	能够删除并重新创建通用查询日志、错误日志和二进制日志	
5	查看日志内容	能够查看并分析通用查询日志、慢查询日志和二进制日志的内容	
6	使用二进制日志恢复数据	能够使用二进制日志恢复数据库到特定时间点的状态	

老刘的施工日志

"接收井第四层土方开挖""9时30分，爆破器材进场，爆破效果良好，空气冲击波弱"……

近日，中铁二十局三亚河口通道项目施工现场，一份属于老刘的施工日志吸引了海南日报全媒体记者的目光。日志中不仅记录了施工内容，也写明了作业机械、人员数量，就连当天的风力、温度等细节都一一记录在册。

老刘名叫刘涛，是三亚河口通道项目南岸工区技术负责人。他参与的这一项目横跨三亚河口，总长度3.118千米，连接河西片区与鹿回头半岛，是三亚首个海底隧道。

记者了解到，虽然该项目长度不算长，可难度并不小，施工过程中遇到了不少问题。其中的解决办法都被老刘"藏"在了日志里。

6.3.6 课后作业

1.执行命令查看当前的通用查询日志状态，并描述其输出结果的含义。

2.设置通用查询日志为开启状态，并验证设置是否成功。请写出相关的SQL命令。

3.描述如何删除并重建错误日志，说明在执行该操作时需要注意的事项。

4.查看慢查询日志的状态，并设置慢查询阈值为3秒。请写出相关的SQL命令，并说明设置的影响。

5.使用mysqlbinlog命令恢复数据库到某个特定时间点的状态。请描述相关的命令，并解释每个参数的作用。

工作手册6.4 MySQL性能监控与优化

6.4.1 核心概念

性能监控,是指通过监控 MySQL 服务器的各种状态值和累计值,了解数据库的运行状况,及时发现性能瓶颈。

性能指标,是表征 MySQL 服务器性能的数据,常用的性能指标包括连接数、线程数、查询次数、慢查询数、缓存命中率等。

性能优化,是指通过查询优化、索引优化、参数调整等一系列技术手段,提高数据库操作的速度和效率。

6.4.2 学习目标

①能够查看 MySQL 服务器的性能指标,包括基本状态信息和更多性能相关参数。

②能够使用 ANALYZE TABLE、CHECK TABLE、OPTIMIZE TABLE 和 REPAIR TABLE 语句对数据表进行分析、检查、优化和修复的操作。

③能够创建和使用分区表,提高查询性能和管理效率。

④能够使用 EXPLAIN 语句分析查询执行效果,提出优化方案。

6.4.3 基础知识

1)性能监控常用指标

使用 SHOW GLOBAL TATUS 语句查询 MySQL 数据库的性能参数,列出 MySQL 服务器运行的各种状态值和累计值。在 SHOW 语句中使用 LIKE 关键字可以过滤结果数据,语法格式如下:

```
SHOW  GLOBAL  STATUS  LIKE  '指标名称';
```

当不确定指标名称时,可使用百分号"%"通配符实施模糊查询。

使用 mysqladmin status 命令可快速查看 MySQL 服务器的基本状态信息,如运行时间、活动线程数、处理的查询数、慢查询数等,语句如下:

```
mysqladmin -u root -p status
```

使用 mysqladmin extended-status 命令可以获得更多的性能相关参数,如缓存命中率、线程缓存命中率等,语句如下:

```
mysqladmin -u root -p extended-status
```

MySQL的部分性能指标见表6.4.1。

表6.4.1　MySQL的部分性能指标

指标名称	解释说明
Connections	当前活动的连接数,过多的连接可能导致性能下降
Threads_running	正在运行的线程数,包括正在执行查询的线程
Threads_connected	当前连接到MySQL服务器的客户端线程数
Bytes_received	从所有客户端接收到的字节数
Bytes_sent	发送给所有客户端的字节数
Uptime	MySQL服务器自启动以来的时间(以秒为单位)
QPS(Queries per second)	每秒钟执行的查询次数。高QPS可能意味着系统负载较高。 $QPS = (Queries2 - Queries1)/(Uptime2 - Uptime1)$
Table_locks_immediate	立即获得的表锁次数。如果这个值很高,说明表锁的竞争较少
Table_locks_waited	需要等待才能获得的表锁次数。如果这个值较高,可能意味着存在锁竞争问题
Key_reads	从磁盘读取索引块的次数。如果这个值较高,可能意味着缓存命中率较低
Key_read_requests	请求从缓存读取索引块的次数
Key_writes	写入索引块到磁盘的次数
Key_write_requests	请求写入索引块到磁盘的次数
Innodb_buffer_pool_pages_total	InnoDB缓冲池中的总页数
Innodb_buffer_pool_pages_free	InnoDB缓冲池中的空闲页数
Innodb_buffer_pool_pages_dirty	InnoDB缓冲池中的脏页数
Innodb_buffer_pool_read_requests	缓冲池中读取请求的次数
Innodb_buffer_pool_reads	从磁盘读取页的次数
Innodb_rows_inserted	插入到InnoDB表中的行数
Innodb_rows_updated	更新的InnoDB表中的行数
Innodb_rows_deleted	删除的InnoDB表中的行数
Innodb_rows_read	从InnoDB表中读取的行数
Slow_queries	慢查询的数量,即执行时间超过long_query_time配置选项的查询数量
Select_scan	对第一个表进行完全扫描的连接数量
Open_tables	当前打开的表的数量
Handler_read_key	从索引中读取行
Handler_read_next	从索引中读取下一行
Handler_read_prev	从索引中读取前一行
Handler_read_rnd_next	根据给定的索引偏移量读取行

续表

指标名称	解释说明
Com_select	执行SELECT语句的次数
Com_insert	执行INSERT语句的次数
Com_update	执行UPDATE语句的次数
Com_delete	执行DELETE语句的次数
TPS(Transactions Per Second)	每秒事务数,指 MySQL Server 每秒处理的事务数量。事务数 TC=Com_insert+Com_delete+Com_update,TPS 的计算为: TPS=(TC2−TC1)/(Uptime2−Uptime1)

2)数据表的优化

在实践中,高效、稳定的性能是数据库设计时必须考虑的工作目标,数据库设计是一个需要不断权衡和调整的过程。在某些情况下,为了提高性能,可能需要采取反规范化或部分去规范化策略。数据库设计人员需要在数据冗余、存储成本和读写性能等方面之间确定一个平衡,根据具体的业务需求和使用场景来制定合适的策略。

数据表的优化主要是针对影响性能瓶颈的数据表,实施切分表、增加中间表和增加中间字段等方式,通过数据冗余减少读取数据的负担——尽量只读取必要的数据字段,从而提升数据库性能。

(1)将字段很多的表分解成多个表

对于字段较多的表,如果有些字段的使用频率很低,可将这些字段分离出来形成新表。

(2)增加中间表

有时需要经常查询多个表中的几个字段,如果经常进行多表的连接查询,会降低查询速度。对于这种情况,可建立中间表,通过对中间表的查询提高查询效率。

(3)增加冗余字段

为了提高查询速度,可有意识地在表中增加冗余字段。

3)数据表的分析、检查、优化和修复

进行数据表的分析、检查、优化和修复是数据库管理的重要组成部分,对于维持数据库系统的健康状态、保证数据完整性以及优化性能都至关重要。注意,数据表的分析、检查、优化和修复操作都是比较耗时的过程,通常建议在业务低峰期或者夜间等数据库负载较低的时候执行这些操作。

(1)使用 ANALYZE TABLE 语句分析表

分析(ANALYZE)数据表可以收集优化器统计信息,分析和存储表的关键字分布,特别是当数据量变化较大时,定期分析表可以确保统计信息是最新的,有助于 MySQL 实施更高效的查询计划。分析数据表的语法格式如下:

```
ANALYZE TABLE 数据表名 1[, 数据表名 2,……];
```

（2）使用 CHECK TABLE 语句检查表

检查（CHECK）表可以帮助识别任何损坏的索引或其他可能导致数据错误的结构问题。通过定期检查表，可以提前发现潜在的问题，并及时采取措施防止数据丢失或不一致。CHECK 语句也可以检查视图是否有错误，语法格式如下：

```
CHECK TABLE 数据表名 1[，数据表名 2,……];
```

（3）使用 OPTIMIZE TABLE 语句优化表

优化（OPTIMIZE）表重新关联索引数据的物理存储和优化表中数据的组织结构，重新分配存储空间，使索引更加紧凑，减少存储空间并提高访问表时的 I/O 效率，语法格式如下：

```
OPTIMIZE TABLE 数据表名 1[，数据表名 2,……];
```

（4）使用 REPAIR TABLE 语句修复表

修复（REPAIR）表可以防止由于损坏导致的查询失败或其他运行时的错误，从而保证系统的稳定性。使用 REPAIR TABLE 语句修复表的语法格式如下。

```
OPTIMIZE TABLE 数据表名 1[，数据表名 2,……];
```

4）数据表的分区管理

MySQL 中的分区（PARTITION）管理是一种数据库优化技术，主要用于提高大型表的查询性能和管理效率。通过将一个大的表分割成较小的部分，数据查询和处理仅在相应的分区上进行，以分散单个数据表压力。在涉及大范围数据扫描的情况下，分区可以显著提高查询速度，改善数据库性能。

MySQL 支持的分区类型有范围（RANGE）分区、列表（LIST）分区、哈希（HASH）分区和键（KEY）分区四种类型。

（1）范围分区

范围分区按照某个列的值范围来划分数据。比如，有一个记录用户登录记录的日志表 login_logs，可根据日期进行范围分区，每个分区表包括不同年份的日志数据，建表语句如下：

```
CREATE TABLE login_logs (
    log_id INT NOT NULL AUTO_INCREMENT,
    user_id INT NOT NULL,
    login_time TIMESTAMP,
    PRIMARY KEY (log_id)
)
PARTITION BY RANGE (YEAR(login_time))
(
    PARTITION p0 VALUES LESS THAN (2020),
    PARTITION p1 VALUES LESS THAN (2021),
    PARTITION p2 VALUES LESS THAN (2022),
    PARTITION p3 VALUES LESS THAN MAXVALUE
);
```

（2）列表分区

列表分区类似于范围分区，但值是明确列出的。假设有一个记录用户注册地区的信息表 users，可根据用户所在国家进行列表分区，建表语句如下：

```
CREATE TABLE users (
    user_id INT NOT NULL AUTO_INCREMENT,
    name VARCHAR(50),
    country ENUM('US', 'UK', 'CN', 'IN'),
    PRIMARY KEY (user_id)
)
PARTITION BY LIST (country)(
    PARTITION usa VALUES IN ('US'),
    PARTITION uk VALUES IN ('UK'),
    PARTITION china VALUES IN ('CN'),
    PARTITION india VALUES IN ('IN')
);
```

（3）哈希分区

哈希分区是根据表达式的计算结果来分配数据到不同的分区。比如，有一个订单表 orders，可根据订单ID进行哈希分区，建表语句如下：

```
CREATE TABLE orders (
order_id INT NOT NULL AUTO_INCREMENT,
    customer_id INT,
    order_date DATE,
    PRIMARY KEY (order_id)
)
PARTITION BY HASH(customer_id)
PARTITIONS 4;
```

在创建分区表时，要选择经常出现在 WHERE 子句中的列作为分区的依据，这样才能充分利用分区的优势。分区的数量应该根据实际需求和硬件配置来决定，过多的分区可能会导致管理上的复杂性。

6.4.4 能力训练

1）操作条件

①在硬件方面，系统有足够的磁盘空间存储备份文件。

②在软件方面，安装并配置好 MySQL 数据库服务，确保版本兼容。

③如果是远程备份，确保网络连接稳定。

④操作性能监控和优化需要有相应的数据库权限，特别是管理员权限。

⑤准备必要的工具并能熟练操作，如文本编辑器、命令行终端等。

2)注意事项

①在进行性能优化操作前,确保备份重要的数据文件,避免意外删除或覆盖数据。
②确保只有授权的用户才能访问和修改数据库配置,防止数据泄露。
③在生产环境中进行性能优化前,建议先在测试环境中进行测试,确保操作无误。
④添加索引时要考虑索引的维护成本,避免过度索引导致写入性能下降。

3)工作过程

【工作任务1】查看性能指标。

①使用“show global status like 'connections';”查询MySQL服务器的性能参数,如图6.4.1所示。

```
mysql> show global status like 'connections';
+---------------+-------+
| Variable_name | Value |
+---------------+-------+
| Connections   | 26    |
+---------------+-------+
1 row in set (0.00 sec)
```

图6.4.1　查看MySQL的部分性能指标

②使用“mysqladmin -u root -p status”命令快速查看MySQL服务器的基本状态信息,如图6.4.2所示。

```
C:\Users\JohnP>mysqladmin -u root -p status
Enter password: *********
Uptime: 52704  Threads: 3  Questions: 477  Slow queries: 0  Opens: 364  Flush tables: 4  Open tables: 19  Queries per second avg: 0.009
```

图6.4.2　查看MySQL服务器的基本状态信息

【工作任务2】使用ANALYZE TABLE语句分析数据表t06_score。

如图6.4.3所示。

```
mysql> use collegedb;
Database changed
mysql> analyze table t06_score;
+---------------------+---------+----------+----------+
| Table               | Op      | Msg_type | Msg_text |
+---------------------+---------+----------+----------+
| collegedb.t06_score | analyze | status   | OK       |
+---------------------+---------+----------+----------+
1 row in set (0.02 sec)
```

图6.4.3　使用analyze分析数据表

【工作任务3】使用CHECK TABLE语句检查数据表t06_score。

```
check table t06_score;
```

如图6.4.4所示。

```
mysql> check table t06_score;
+-------------------+-------+----------+----------+
| Table             | Op    | Msg_type | Msg_text |
+-------------------+-------+----------+----------+
| collegedb.t06_score | check | status   | OK       |
+-------------------+-------+----------+----------+
1 row in set (0.01 sec)
```

图6.4.4　使用check检查数据表

【工作任务4】使用 OPTIMIZE TABLE 语句优化数据表 t06_score。

如图6.4.5所示。

```
mysql> optimize table t06_score;
+-------------------+----------+----------+-----------------------------------------------------------------+
| Table             | Op       | Msg_type | Msg_text                                                        |
+-------------------+----------+----------+-----------------------------------------------------------------+
| collegedb.t06_score | optimize | note     | Table does not support optimize, doing recreate + analyze instead |
| collegedb.t06_score | optimize | status   | OK                                                              |
+-------------------+----------+----------+-----------------------------------------------------------------+
2 rows in set (0.07 sec)
```

图6.4.5　使用optimize优化数据表

【工作任务5】使用 REPAIR TABLE 语句修复数据表 t06_score。

```
repair table t06_score;
```

【工作任务6】创建和使用分区表 t99_system_log，按日志产生的年份进行分区。

```
create table log_table (
 log_id int not null auto_increment,
 user_id int not null,
 login_time timestamp,
 primary key (log_id)
)
partition by range (year(login_time))
(
 partition p0 values less than (2024),
 partition p1 values less than (2025),
 partition p2 values less than (2026),
 partition p3 values less than maxvalue
);
```

【工作任务7】设置 MySQL 服务参数。

设置 MySQL 服务器的连接数：

```
set global max_connections = 800;
```

设置索引查询排序时所能使用的缓冲区大小：

```
set global sort_buffer_size = 6*1024*1024;
```

设置读查询操作所能使用的缓冲区大小：

```
set global read_buffer_size = 4*1024*1024;
```

设置联合查询操作所能使用的缓冲区大小：

```
set global join_buffer_size = 8*1024*1024;
```

设置查询缓冲区的大小：

```
set global query_cache_size = 64*1024*1024;
```

4）问题情境

【问题情境1】在查看性能指标时，发现连接数过多，导致性能下降。

优化应用程序的连接管理，减少不必要的连接，或者增加服务器资源（如CPU、内存）。

【问题情境2】在分析数据表时，发现索引使用不当，导致查询性能较差。

使用EXPLAIN分析查询执行计划，根据结果添加或删除索引，优化查询语句。

【问题情境3】执行OPTIMIZE TABLE语句后，数据表的数据出现部分丢失。

立即停止对数据表的其他操作，检查是否有备份数据。如果有备份，可将备份数据恢复到数据表中。如果没有备份，尝试使用数据恢复工具或者检查数据库的日志文件，看是否能够找回丢失的数据。同时，分析OPTIMIZE TABLE操作出现问题的原因，可能是数据表本身存在损坏或者与其他正在运行的进程发生冲突。

> 【与AI聊一聊】
>
> 英特尔处理器的速度每十八个月翻一倍，计算机内存和硬盘的容量以更快的速度在增长，但微软的操作系统等应用软件越来越慢，也越做越大。换句话说，硬件性能的提升，被更新的软件消耗掉了，导致用户需不断更新硬件来满足软件运行需求。就这个话题，与AI聊一聊吧。

6.4.5　学习评价

序号	评价内容	评价标准	评价结果（是/否）
1	理解性能监控的重要性	能够清晰阐述MySQL性能监控的核心概念及其重要性	
2	查看性能指标	能够使用命令查询MySQL数据库服务的性能指标	
3	分析和优化数据表	能够使用分析、检查和优化等命令完成数据表的检查和修复	
4	创建和使用分区表	能够创建和使用分区表，提高查询性能和管理效率	
5	优化查询性能	能够使用EXPLAIN语句分析查询执行效果，提出优化方案	
6	调整MySQL参数	能够优化MySQL的参数，提高数据库的整体性能	

▶ **拓展阅读**

国产数据库性能打破世界纪录

数据库领域权威测评机构国际事务处理性能委员会（Transaction Processing Performance Council，TPC）通过其官网披露，腾讯云数据库TDSQL性能成功打破世界纪录，每分钟交易量达到了8.14亿次。这标志着我国国产数据库技术取得新的突破。

据介绍，TPC-C是全球数据库厂商公认的性能评价标准，被誉为数据库领域的"奥林匹克"。它模拟超大型高并发的极值场景，同时有一套严格的审计流程和标准，对数据库系统的软硬件协同能力要求极高。

为通过这一考验，腾讯云数据库把单机性能优化到极致，同时利用分布式数据库的优势，成功扛住了每分钟8.14亿笔交易。单节点最高支持180万QPS（每秒请求量）。同时，在超高压下稳定运行8小时无抖动，波动率仅为0.2%，远超TPC-C审计要求。

在每分钟8.14亿笔交易的高压下，审计员还对TDSQL进行了两次随机物理机器断电和一次腾讯云实例的故障模拟，TDSQL在18秒内迅速完成了故障容灾切换，并保持了大盘稳定。

"国产数据库持续突破性能瓶颈，这是国内基础软件坚持长期投入的结果，也是走向科技自立自强的关键一步。"中国工程院院士郑纬民表示。

中国人民大学教授杜小勇认为，TDSQL在TPC-C榜单上的突破可喜可贺，这标志着国产数据库核心能力的快速发展和日趋成熟，给国产数据库的研发者增强了信心，也给国产数据库的使用者增强了信心。他表示："国产数据库只有持续在各种各样的应用场景下去打磨，才能不断取得技术的突破，打造成一款真正的好产品。相信国产数据库产品和技术都会越来越好。"

6.4.6　课后作业

1.选择一个比较复杂的查询，练习使用Explain语句分析执行效果，提出优化方案，提高性能。

2.查看MySQL数据库的连接数、上线时间、执行更新操作的次数和执行删除操作的次数。

3.查看并设置MySQL的如下参数：

（1）设置MySQL服务器的连接数（max_connections）为800。

（2）设置索引查询排序时所能使用的缓冲区大小（sort_buffer_size）为6MB。

（3）设置读查询操作所能使用的缓冲区大小（read_buffer_size）为4MB。

（4）设置联合查询操作所能使用的缓冲区大小（join_buffer_size）为8MB。

（5）设置查询缓冲区的大小（query_cache_size）为64MB。

4.简述数据库性能优化的基本方法。

模块 7

MySQL 数据库应用开发

工作手册7.1 使用JDBC编程操作MySQL数据库

7.1.1 核心概念

Java是一个跨平台、面向对象的程序开发语言,而MySQL是主流的数据库开发语言。MySQ为Java提供了良好的接口,Java连接访问和操作MySQL数据库非常方便。Java和MySQL互为"好搭档",基于Java+MySQL进行程序设计也是当今比较流行的。

JDBC(Java Database Connectivity)是一个独立于特定数据库管理系统、通用的操作数据库的接口,定义了用来访问数据库的标准Java类库,而接口的实现由各个数据库厂商来完成。

数据库的CRUD操作是指对数据表中数据记录的增加(Create)、读取(Retrieve)、更新(Update)和删除(Delete)操作,一般被用于描述软件系统中数据库的基本操作功能。

7.1.2 学习目标

①能够进行下载并在应用项目工程中使用JDBC驱动程序。
②能够编写Java程序实现用Java连接MySQL数据库。
③能够使用Java程序执行数据库的增删改查操作。
④能够理解并使用PreparedStatement防止SQL注入攻击。
⑤能够正确处理数据库操作异常,确保资源的合理释放。

7.1.3 基础知识

1)JDBC的主要类和接口

JDBC的核心功能是加载数据库驱动程序、建立与数据库的连接、向数据库发起操作请求、处理数据库返回结果,相应的接口和类在java.sql包中。

(1)java.sql.DriverManager 类

DriverManager类是管理JDBC驱动程序的类,负责加载JDBC驱动并建立数据库连接。

(2)java.sql.Connection 接口

Connection接口表示与数据库的一个连接,是应用程序和数据库之间的桥梁。通过Connection对象,可以创建执行语句(Statement)对象、设置事务自动提交模式、提交或回滚事务、关闭数据库连接等。

(3)java.sql.Statement 接口

Statement接口用来在已经建立连接的基础上向数据库发送SQL语句并执行。

使用 Connection 对象的 createStatement()方法可以创建 Statement 对象。Statement 接口提供了3种执行 SQL 语句的方法：

- executeQuery()方法用于产生单个结果集的数据查询语句,返回的是结果集。
- executeUpdate()方法用于执行 INSERT、UPDATE、DELETE 及数据定义语句。executeUpdate 的返回值是一个整数,表示受影响的行数;对于数据定义语句的返回值为零。
- execute()方法用于执行返回多个结果集或多个更新计数的语句。

(4) java.sql.PreparedStatement 接口

PreparedStatement 接口继承了 Statement 接口,用于执行预编译 SQL 语句。通过预编译语句,可以提高 SQL 语句的执行效率,防止 SQL 注入攻击。

使用 Connection 对象的 prepareStatement(String sql)方法可以创建 PreparedStatement 对象,字符串参数 sql 是用"?"代表字段的 SQL 语句,PreparedStatement 对象在执行 SQL 语句时,利用 set×××(×××为某种数据类型)方法设置该字段的内容。

对于多次执行的 SQL 语句,应当使用 PreparedStatement 对象,通过替换预编译参数提高编程效率。

(5) java.sql.CallableStatement 接口

CallableStatement 接口继承了 Statement 接口,用于执行数据库中的存储过程。使用 Connection 对象的 prepareCall(String sql)方法可以创建 CallableStatement 对象。

(6) ResultSet 接口

ResultSet 接口类似于一个临时表,用来暂时存放数据库查询操作所获得的结果集。

ResultSet 对象包含了符合 SQL 语句中条件的所有行,提供了一套 get×××方法(×××为某种数据类型)对这些行中的数据进行访问。ResultSet 接口使用游标指向当前数据行,游标最初位于第一行之前,调用 next()方法将游标向下移动一行。当 ResultSet 的 next()方法返回值为 true 时表示获取到一行数据,返回值为 false 则意味着已经访问完结果集中的所有行。

2) MySQL Connector/J

MySQL Connector/J 是一个用于连接 MySQL 数据库的纯 Java 驱动程序,实现了 JDBC 接口,提供了 Java 代码与 MySQL 数据库进行交互的能力。

下载和使用驱动程序时,要注意 JDK 版本、MySQL 版本和 MySQL Connector/J 三者之间的匹配关系。根据 MySQL 官方文档可以查看最新 MySQL Connector/J 版本与 MySQL 数据库服务器和 Java 运行时的环境(JRE)兼容情况。

3) JDBC 操作 MySQL 数据库

(1)加载驱动程序

在 Java 程序中,通过 Class.forName()加载数据库驱动程序,对应加载 MySQL 数据驱动的代码如下:

```
Class.forName("com.MySQL.jdbc.Driver");
```

(2)创建数据库连接

在加载 JDBC 驱动后,利用 DriverManager 类的 getConnection()方法建立与数据库的连接,语句如下:

```
connection = DriverManager.getConnection(String url, String user,
String password);
```

其中,connection是Connection对象;user和password是字符串对象,保存了连接数据库的用户名和密码。url是数据库连接字符串,对于MySQL数据库,连接字符串的一般形式是:

```
jdbc:mysql://localhost:3306/dbname
```

该连接串包括了协议名称(jdbc)、数据库类型(mysql)、服务器主机名或IP地址(localhost)、端口号(3306)和数据库名称(dbname)等部分。

(3)创建Statement对象

通过Connection对象的createStatement()方法可以创建一个Statement对象,代码如下:

```
Statement statement = connection.createStatement();
```

其中,statement是Statement对象;connection是Connection对象。

(4)插入、更新或者删除数据

通过调用Statement对象的executeUpdate()方法来进行数据的插入、更新和删除等操作。调用executeUpdate()方法的代码如下:

```
int num = statement.executeUpdate(sql);
```

其中,sql参数必须是INSERT语句、UPDATE语句或者DELETE语句的字符串对象;num是返回值,表示受影响的数据行数。

(5)查询数据

通过调用Statement对象的executeQuery()方法进行数据的查询,返回ResulSet对象,调用executeQuery()方法的代码如下:

```
ResultSet result = statement.executeQuery(sql);
```

其中,sql参数是数据库查询SELECT语句的字符串对象;result是ResultSet对象,保存了查询得到的所有数据行。

(6)释放资源

完成数据库操作之后,要以"后创建先释放"的原则,关闭结果集、执行语句和数据库连接对象,释放相关资源,具体语句如下:

```
result.close();
statement.close();
connection.close();
```

7.1.4　能力训练

1)操作条件

①开发环境已安装JDK,并配置了正确的环境变量。

②从MySQL官方网站下载了与当前MySQL版本和JDK版本兼容的MySQL Connector/J驱动程序。

③数据库服务已启动,且数据库实例可访问。

④已经创建了所需的数据库和表结构,并有适当的数据记录。

⑤拿到能够访问MySQL数据库的连接信息(网络连接、用户权限等)。

2)注意事项

①在进行数据操作前,确保对重要数据进行备份,以防数据丢失。

②确保使用的数据库用户具有足够的权限来执行所需的操作。

③在处理用户输入时,使用PreparedStatement代替普通Statement以防止SQL注入攻击。

④始终使用try-catch块处理可能的SQLException,以便及时捕获和处理错误。

⑤在进行数据库连接前,确保数据库服务正常运行,网络连接无误。

⑥输入数据库连接信息(如用户名、密码)时应高度保密,避免泄漏敏感信息。

⑦操作完成后务必关闭所有打开的数据库连接、Statement和ResultSet对象,以防止资源泄漏。

3)工作过程

【工作任务1】下载MySQL Connector/J。

在MySQL的官方网站下载最新的MySQL JDBC驱动程序(本书以Connector/J 9.1.0为例),也可单击"Archives"下载更早的版本。

在下载页面,选择下载"mysql-connector-j-9.1.0.zip"文件,其内容如图7.1.1所示。

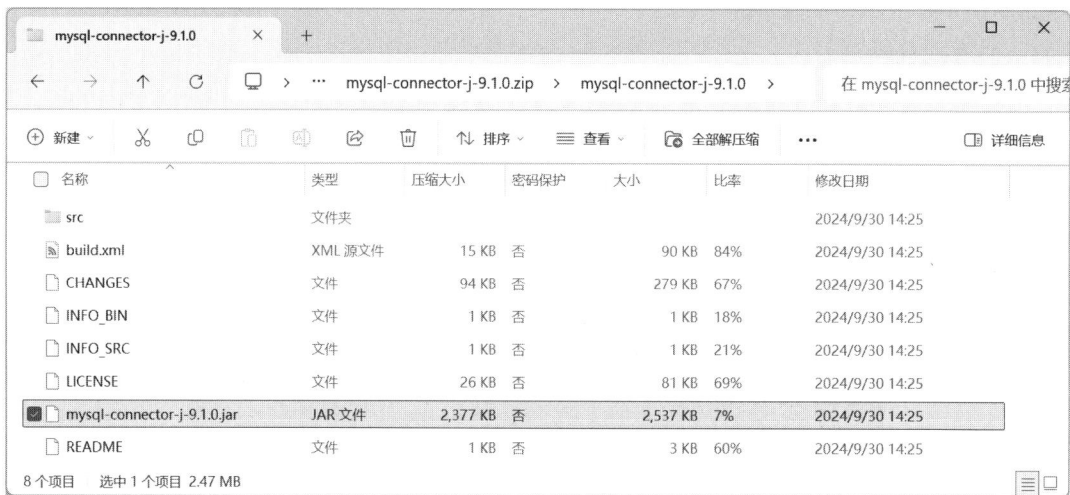

图7.1.1　mysql-connector-j-9.1.0.zip

其中的"mysql-connector-j-9.1.0.jar"就是适用于MySQL的JDBC驱动程序,将其解压出来备用。

【工作任务2】新建Java工程。

打开Eclipse,单击"File"→"New"→"Java Project",创建一个新的Java工程,命名为JavaMySQL,如图7.1.2所示。

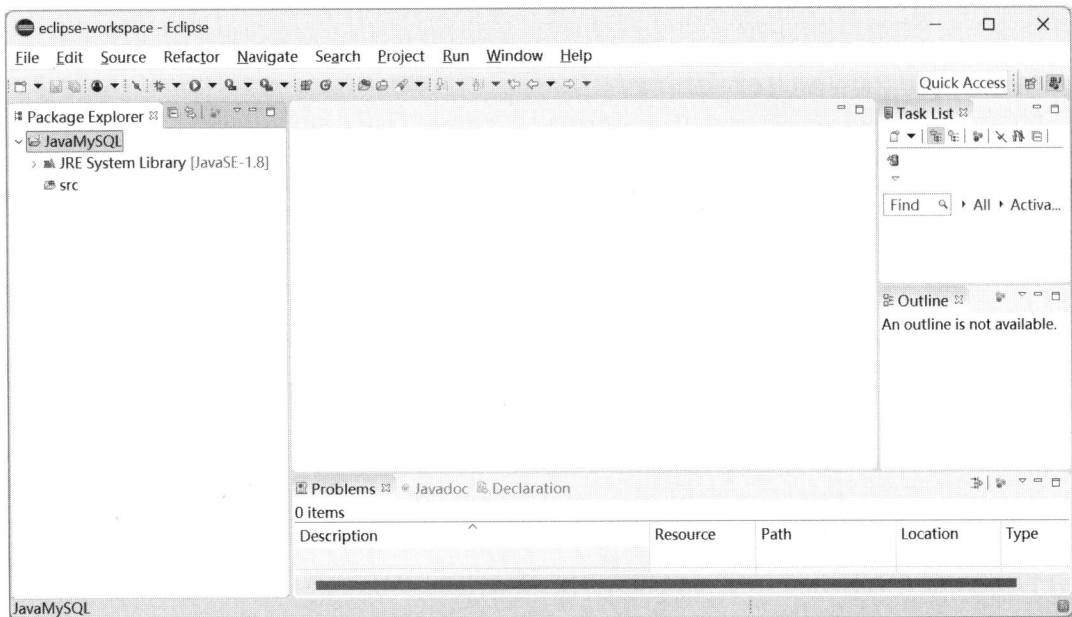

图7.1.2 新建 Java 工程

【工作任务3】使用 Connector/J 驱动程序库。

右键单击 Java 工程"JavaMySQL", 单击"Properties"打开属性对话框, 依次单击"Java Build Path"→"Libraries"→"Add External JARs", 在打开的文件浏览对话框中找到下载的 "mysql-connector-j-9.1.0.jar"文件, 选择之后回到属性对话框, 单击"Apply and Close", 如图 7.1.3所示。

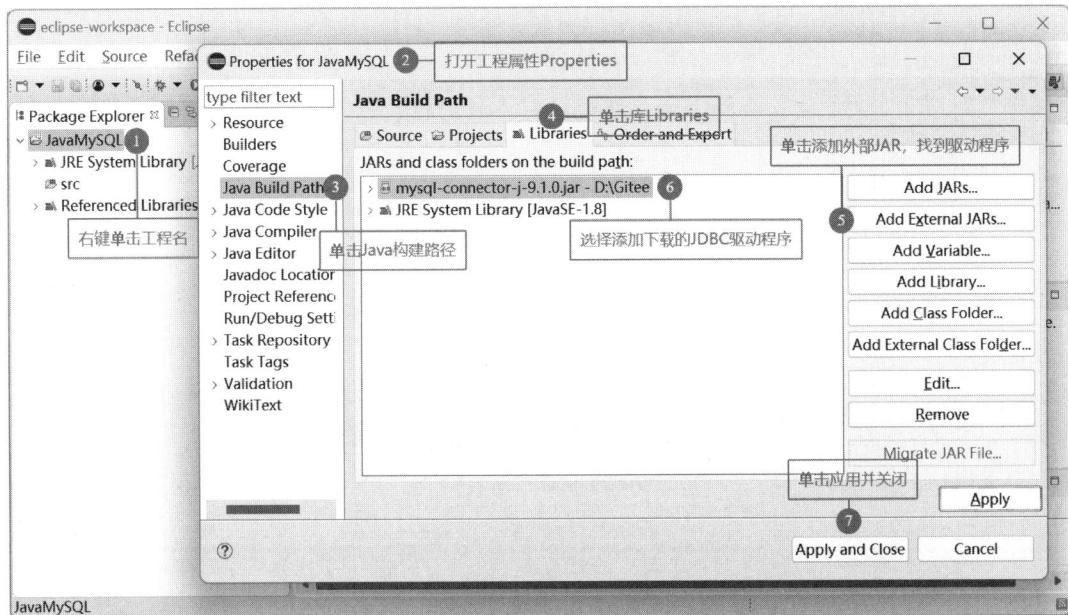

图7.1.3 在 Java 工程中引用 MySQL Connector 驱动程序

此时在 Java 工程中就可以使用驱动程序 jar 了, 如图7.1.4所示。

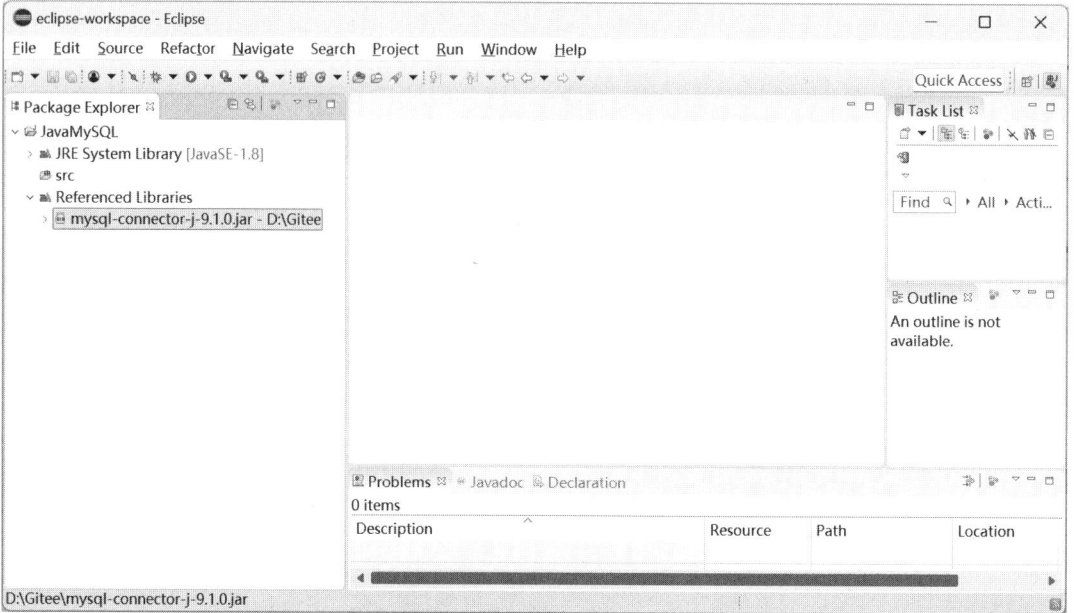

图7.1.4　在Java工程中引用了MySQL Connector驱动程序

【工作任务4】新建JavaCollege类。

右键单击Java工程名，依次选择"New"→"Class"创建一个新的Java类，输入Java类的名称"JavaCollege"，勾选主方法"public static void main（String[] args）"，单击"Finish"创建类，操作步骤如图7.1.5所示。

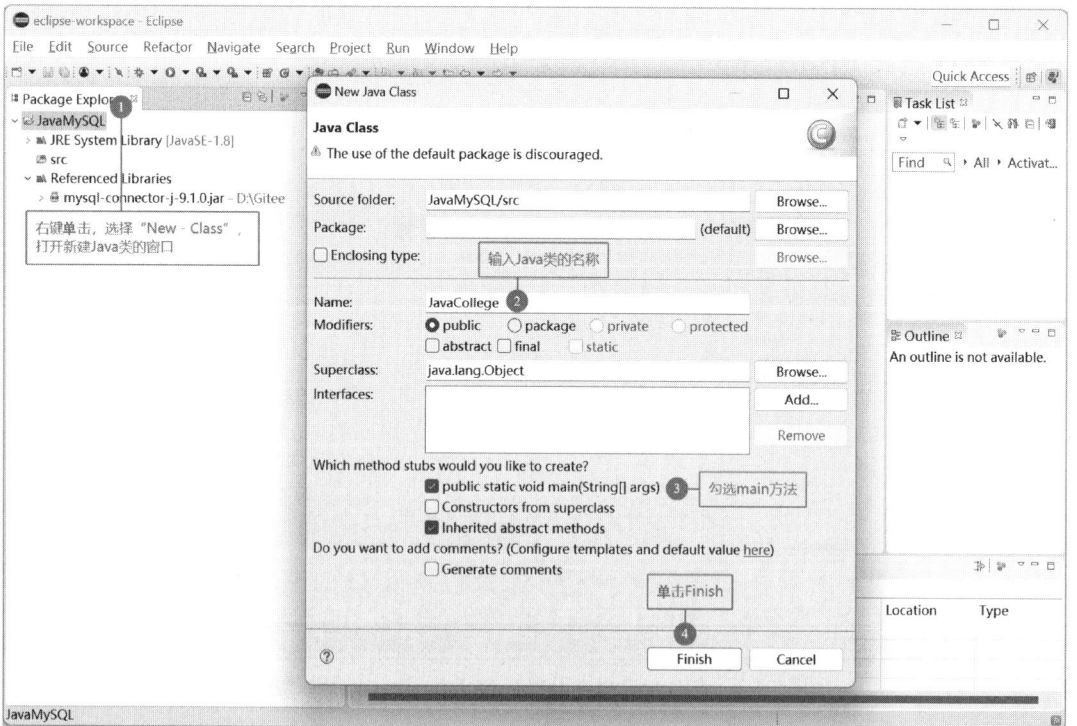

图7.1.5　新建Java类

对应 JavaCollege.java 文件的内容如图7.1.6所示。

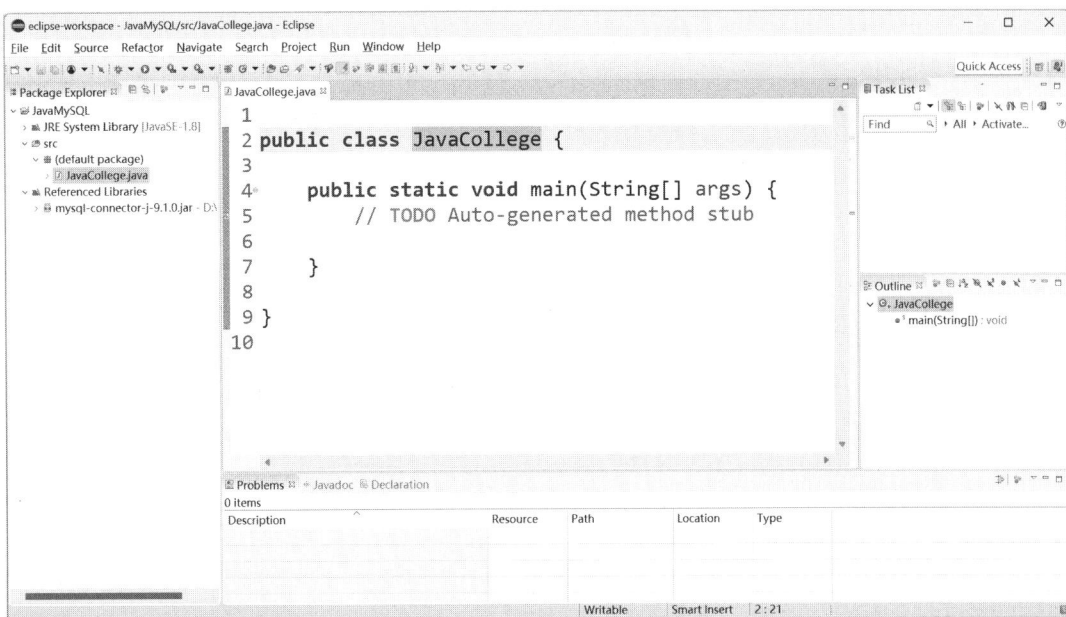

图7.1.6　Java类对应的Java文件

【工作任务5】编写 Java 程序操作 MySQL 数据库。

```java
import java.sql.Connection;
import java.sql.DriverManager;
import java.sql.PreparedStatement;
import java.sql.ResultSet;
import java.sql.Statement;
public class JavaCollege {
    public static void main(String[] args){
        try {
            // 1.加载数据库驱动
            Class.forName("com.mysql.cj.jdbc.Driver");
            // 2.创建数据库连接
            Connection conn = DriverManager.getConnection(
            "jdbc:mysql://localhost:3306/CollegeDB","root","R00t@2o23");
            // 3.1 创建 Statement 对象
            Statement stmt = conn.createStatement();
            // 4.1 执行 SQL 查询
        ResultSet rs = stmt.executeQuery("SELECT* ROM t01_college");
            // 处理结果集
            while (rs.next()){
            System.out.print(rs.getString("c01_college_code")+ "\t");
            System.out.println(rs.getString("c01_college_name"));
            }
```

```
                 // 4.2 执行 INSERT 语句
        int nInserted = stmt.executeUpdate("insert into t01_college "
            +"values(11, '20080061', '人工智能技术学院', '新建 AI 学院')");
         System.out.println("使用 Statement 插入数据条数:" +
nInserted);
                 // 3.2 创建 PreparedStatement 对象,执行 INSERT 语句
         PreparedStatement   pstmt   =   conn.prepareStatement
("insert into t01_college values(?, ?, ?, ?)");
        pstmt.setInt(1, 12);
        pstmt.setString(2, "20080069");
        pstmt.setString(3, "数字技术学院");
        pstmt.setString(4, "新建数字技术学院");
        nInserted = pstmt.executeUpdate();
        System.out.println("使用 PreparedStatement 插入数据条数:"
+ nInserted);
                 // 关闭数据库连接等对象,释放资源
        rs.close();
        pstmt.close();
        stmt.close();
        conn.close();
      } catch (Exception e){
        e.printStackTrace();
      }
    }
}
```

【工作任务6】运行 Java 程序。

在代码编辑区,右键单击,选择"Run As"→"Java Application",如图7.1.7所示。

4)问题情境

【问题情境1】无法连接到 MySQL 数据库。

检查 MySQL、JDK 和 MySQL Connection/J 的版本适用情况;检查数据库 URL、用户名和密码等连接字符串是否正确;确保数据库服务正在运行;检查网络连接和防火墙设置。

【问题情境2】执行 SQL 语句时抛出 SQLException。

仔细检查 SQL 语句,确保字段名和表名正确。在程序中输入执行的 SQL 语句,并在 MySQL 客户端中测试以确保符合语法要求和业务逻辑。

【问题情境3】未关闭数据库连接,导致连接数超出限制。

确保在使用完数据库连接后,调用 close()方法关闭连接,并使用 try-catch 语句管理异常处理。

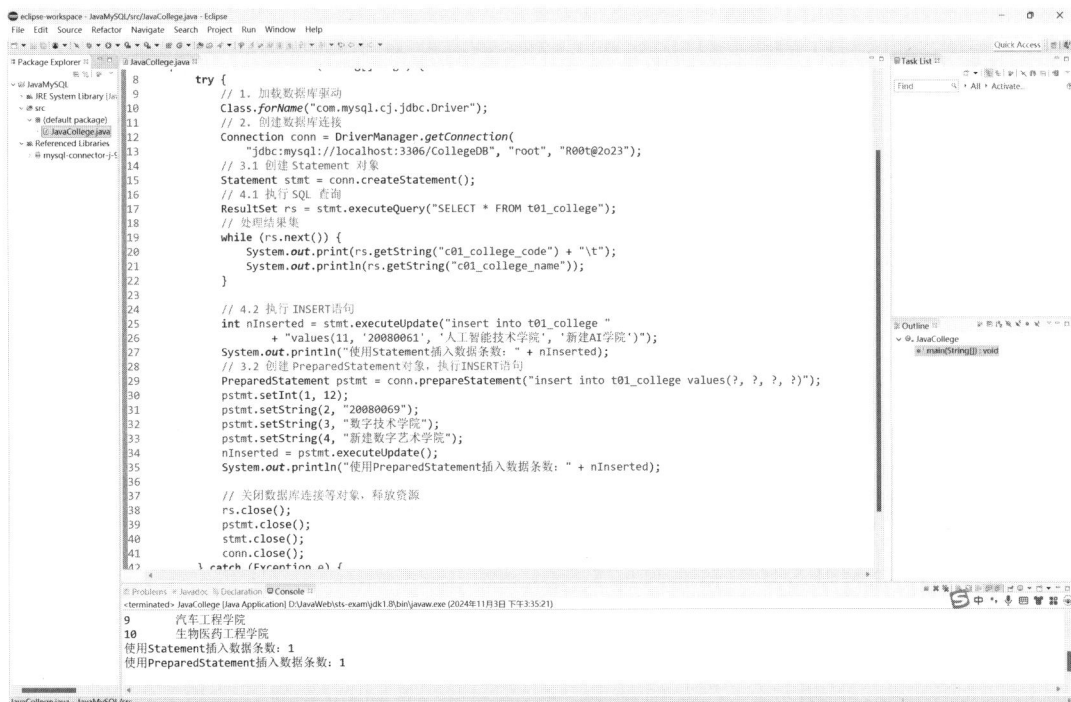

图 7.1.7 运行 Java 程序

【与 AI 聊一聊】

什么是 SQL 注入？有什么风险？程序员该如何编码以便尽可能避免 SQL 注入？

7.1.5 学习评价

序号	评价内容	评价标准	评价结果（是/否）
1	下载并配置 MySQL JDBC 驱动程序	能够成功下载并配置驱动程序，并在项目中使用	
2	编写 Java 程序连接 MySQL 数据库	能够编写正确的 Java 代码连接 MySQL 数据库	
3	使用 Java 程序执行数据库操作	能够使用 Java 程序正确地执行数据库的增删改查操作	
4	防止 SQL 注入攻击	能够正确使用 PreparedStatement 防止 SQL 注入攻击	
5	异常处理和资源释放	能够正确处理异常并合理释放数据库资源	

▶ **拓展阅读**

阿里巴巴《Java开发手册（嵩山版）》

《Java开发手册（嵩山版）》是阿里巴巴基于自身多年的大规模Java项目开发经验总结出来的一套开发规范，其编写目的是提升Java开发团队的代码质量、开发效率，并使代码风格保持统一，便于团队协作和代码维护。在软件开发过程中，不同开发人员的编程习惯和风格各异，这样的规范有助于减少因代码风格不一致而导致的混乱。

许多企业和开发团队都将《Java开发手册（嵩山版）》作为参考标准来规范自己的开发行为，在开源社区和技术交流中，也经常被提及和引用，推动了整个Java开发社区的规范化和标准化进程。

7.1.6 课后作业

1.简述Java连接MySQL数据库的基本方法。

2.编写Java程序,完成如下操作：

(1)使用JDBC连接到MySQL数据库,并输出连接是否成功的信息。

(2)创建一个名为students的表(包含id、name、age字段),并编写程序插入至少3条记录。

(3)查询students表中的所有记录,并将结果打印到控制台。

(4)更新students表中某个学生的年龄,并在更新后查询该学生的信息以验证更新是否成功。

(5)使用预编译语句插入用户输入的学生信息。

工作手册7.2　使用 Python 编程操作 MySQL 数据库

Python操作
MySQL数据库

7.2.1　核心概念

Python 是当今运维与开发热度上升最快的语言之一,以其较低的入门难度和强大的第三方库而获得广泛喜爱。Python 常被称为"胶水语言",能够把用其他语言制作的各种模块(尤其是 C/C++)很轻松地连接在一起。Python 自身可以创建封装与调用其他扩展类库。

Python 与 MySQL 交互,利用 Python 编程实现与 MySQL 数据库的连接、数据查询、插入、更新和删除等操作,通过相应的库和代码逻辑,使二者协同工作。

PyMySQL 库,是 Python 中用于连接和操作 MySQL 数据库的第三方库,提供了一系列方法和类来简化数据库操作。

7.2.2　学习目标

①能够在 Windows 系统上搭建 Python3.10 和 PyCharm2024 社区版开发环境。

②能够使用 pip 工具安装 PyMySQL 库,能够在 PyCharm 环境中查找和安装模块。

③能够在 PyCharm 中创建 Python 项目,并根据需要配置项目的虚拟环境和解析器。

④能够编写 Python 代码连接 MySQL 数据库,执行查询、插入、更新和删除等基本的 SQL 操作。

⑤能够编写异常处理代码,确保数据库操作的安全性和稳定性。

7.2.3　基础知识

1)PyCharm

PyCharm 是由 JetBrains 开发的一款专为 Python 开发设计的集成开发环境(IDE)。PyCharm 提供了强大的功能,支持从简单的脚本编写到复杂的企业级应用开发,可以在 Windows、macOS 和 Linux 操作系统上提供一致的体验。PyCharm 分为免费的社区版(Community Edition)和付费的专业版(Professional Edition)。社区版是一个开源项目,而且是免费的,但功能较少;专业版是商业版,提供了一组出色的工具和功能。

2)Python 的第三方库

Python 生态系统因其丰富的第三方库而闻名,强大的第三方库极大地扩展了 Python 的功能,使其成为处理各种任务的强大工具。在 Python 中操作 MySQL 数据库可通过多种库来实现,其中最常用的有 mysql-connector-python 和 PyMySQL。

【与 AI 聊一聊】

Python 生态中,有哪些常用的第三方库?

3)使用 PyMySQL 操作 MySQL 数据库

PyMySQL 是在 Python 3 中用于连接 MySQL 数据库服务器的一个库。

使用 PyMySQL 操作 MySQL 数据库,涉及数据库连接(Connection)和游标(Cursor)两个重要概念。

- 数据库连接:表示与数据库的一次会话。连接对象用于创建游标、执行 SQL 命令等。
- 游标:其对象用于执行 SQL 命令,并且可以获取执行结果。

编写 Python 代码操作 MySQL 数据库的过程,就是创建数据库连接,执行 SQL 语句的过程。游标执行 SQL 语句,将结果返回给 Python 数据类型的数据对象,进而可以在程序中使用数据库中的数据记录。

(1)创建数据库连接

创建数据库连接,需要数据库服务器的主机名、访问数据库的用户名和密码以及要连接的数据库名称等信息。使用 PyMySQL 创建数据库连接的语句代码如下:

```
import pymysql
# 创建连接
connection = pymysql.connect(
  host='主机名',
  port=3306,
  user='用户名',
  password='密码',
  database='数据库名',
  charset='字符集名',
  cursorclass=pymysql.cursors.DictCursor
  )
```

其中,connection 是数据库连接对象,小括号内是数据库连接参数。cursorclass 是游标类。

PyMySQL 默认提供了几种游标类:

- pymysql.cursors.Cursor:最基本的游标类,它返回的结果是一个元组列表,每个元组代表一行数据。
- pymysql.cursors.DictCursor:一种特殊的游标类,它返回的结果是一个字典列表,每个字典代表一行数据,其中字典的键对应于列名。

(2)创建游标执行 SELECT 句

连接建立后,通过创建一个游标对象来执行查询语句,示例代码如下:

```
with connection:
    with connection.cursor()as cursor:
        # 创建 SQL 查询语句
        sql = "SELECT * FROM '数据表名'"
```

```
# 执行 SQL
cursor.execute(sql)
# 获取查询结果
result = cursor.fetchall()
# 打印结果
print(result)
```

（3）创建游标执行INSERT插入语句

```
with connection:
    with connection.cursor()as cursor:
        sql = "INSERT INTO '数据表名' ('列1','列2')VALUES (%s, %s)"
        cursor.execute(sql, ('值', '值2'))
        connection.commit()
```

（4）创建游标执行UPDATE语句

```
with connection:
    with connection.cursor()as cursor:
        sql = "UPDATE '数据表名' SET '列'=%s, '列2'=%s WHERE 'id'=1"
        cursor.execute(sql, ('值', '值2'))
        connection.commit()
```

（5）创建游标执行DELETE语句

```
with connection:
    with connection.cursor()as cursor:
        sql = "DELETE FROM '数据表名' WHERE 'id'=1"
        cursor.execute(sql)
        connection.commit()
```

（6）关闭连接

当所有操作完成后,应该关闭数据库连接以释放资源。通常情况下,使用with语句可以自动管理资源的获取和释放,如果不在with语句中管理连接,记得手动关闭连接,语句如下:

```
connection.close()
```

7.2.4　能力训练

1)操作条件

①一台运行Windows操作系统的计算机,具备足够的内存和硬盘空间。

②配置好MySQL数据库,确保数据库服务正常运行,掌握MySQL数据库服务的连接参数。

③确保网络连接正常,以便于下载和安装必要的库和工具。

④熟悉Python基本语法,能够读懂程序。

⑤掌握数据库操作过程中,掌握基本的SELECT、INSERT、UPDATE和DELETE语句的

语法。

2)注意事项

①在安装Python和PyCharm时,确保将安装路径添加到系统的PATH环境变量中。

②在安装PyMySQL库时,确保网络连接正常,以免出现下载失败的情况。

③在使用PyCharm时,注意根据项目需求合理选择项目虚拟环境,以实现项目间的独立管理,避免不同项目的库版本冲突。

④在编写数据库操作代码时,务必使用try-except块捕获异常,确保程序的健壮性。

⑤在操作数据库前,建议先备份数据,以防数据丢失或损坏。

3)工作过程

【工作任务1】准备Python开发环境。

本手册使用的Python开发环境为Python3.10和PyCharm 2024.02社区版。

在Python官方下载页面,找到"Python 3.10.11"的"Download Windows installer（64-bit）",下载Python3.10.11的Windows安装文件"python-3.10.11-amd64.exe"。下载后,双击文件运行安装即可,如图7.2.1所示。注意,要将Python安装目录的bin目录添加到系统PATH环境变量,以便后续在命令行终端运行pip命令安装第三方库等Python相关的命令。

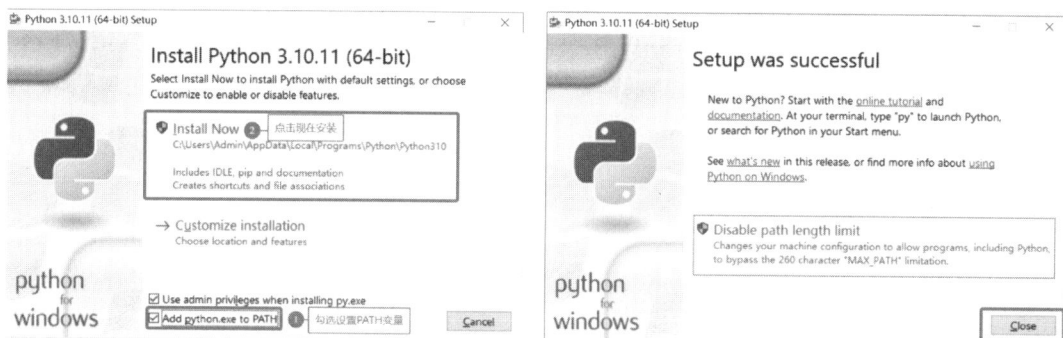

图7.2.1　安装Python3.10.11

测试Python的安装情况,如图7.2.2所示。

图7.2.2　测试Python的安装情况

在JetBrains的主页下载PyCharm,找到"PyCharm Community Edition",单击下载"pycharm-community-2024.2.4.exe"。下载后,双击文件运行安装即可,如图7.2.3所示。

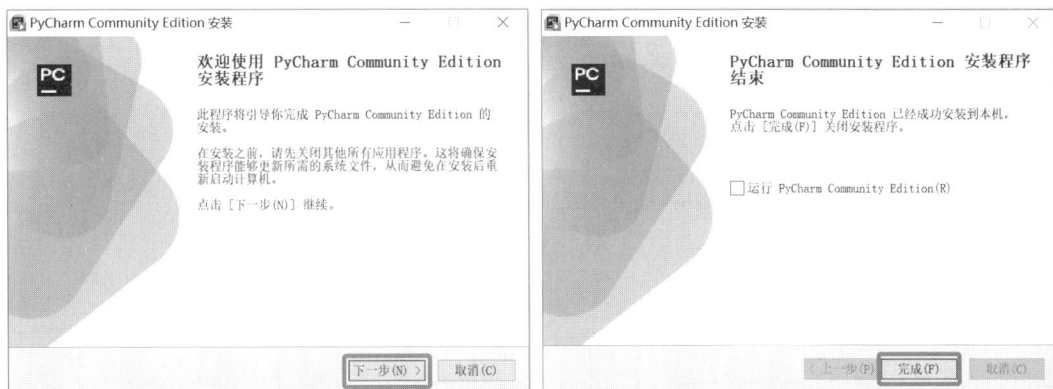

图7.2.3　安装 PyCharm 社区版

【工作任务2】下载与安装 PyMySQL 库。

在使用 PyMySQL 之前,要确保 PyMySQL 已安装。安装 Python 后,可使用 pip 命令下载和安装需要的模块,使用 pip 安装 PyMySQL 的命令如图7.2.4所示。

图7.2.4　使用 pip 命令安装 PyMySQL

【工作任务3】新建 Python 项目。

打开 PyCharm,单击"Customize",在主题"Theme"中选择"Light"(明亮),在语言"Language"中选择"Chinese(Simplified)简体中文",如图7.2.5所示,修改主题和语言。重新启动 PyCharm,设置生效。

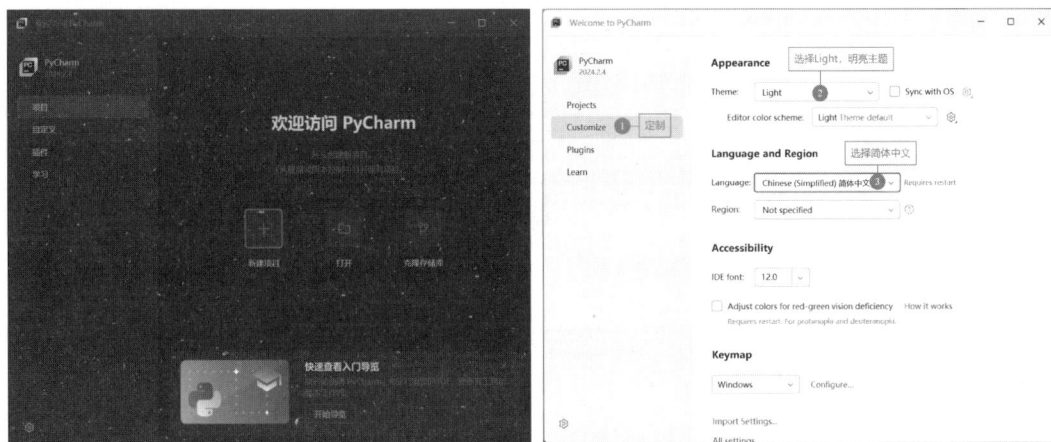

图7.2.5　打开 PyCharm,设置外观主题

创建纯Python项目，输入项目名称，选择项目保持位置，自定义解析器环境，选择现有解析器，浏览找到系统的Python解析器，单击"创建"，如图7.2.6所示。

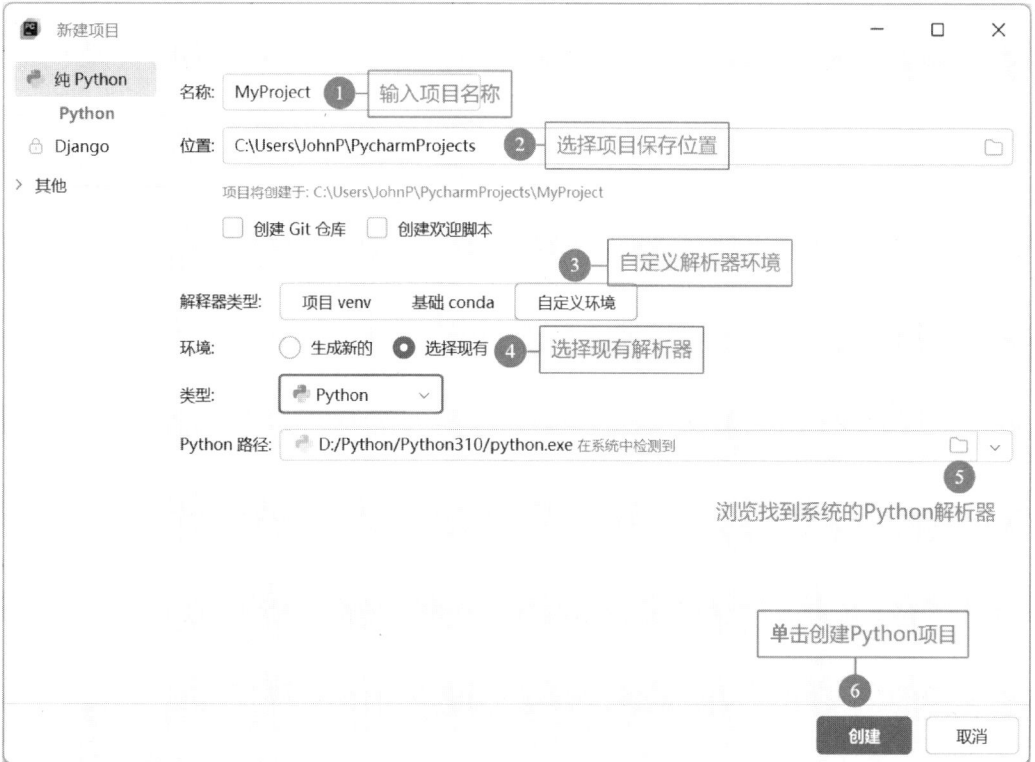

图7.2.6　新建Python项目

在开始编码之前，需要确认当前项目可以使用PyMySQL库。单击主窗口菜单的"文件"→"设置"，找到"项目：MyProject"，单击"Python解析器"，可以查看当前项目使用的解析器环境，以及解析器环境可用的软件包，如图7.2.7所示。

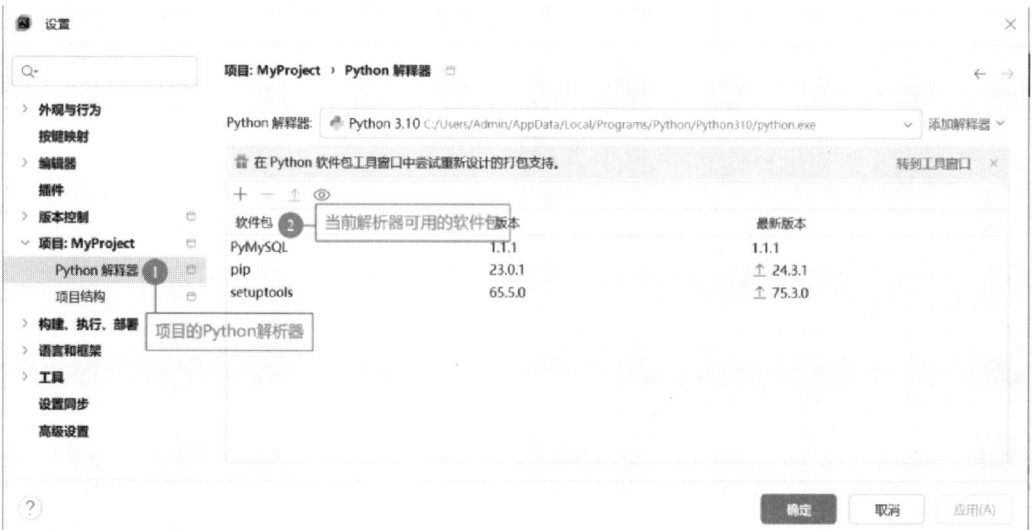

图7.2.7　检查项目所用的Python解析器

　　如果在创建Python项目时选择了项目虚拟环境"项目venv",那么可以自定义当前项目使用的软件包环境,便于项目之间独立管理,互不影响。单击软件包上方的加号图标,可以查找和安装需要的软件包,如图7.2.8所示。

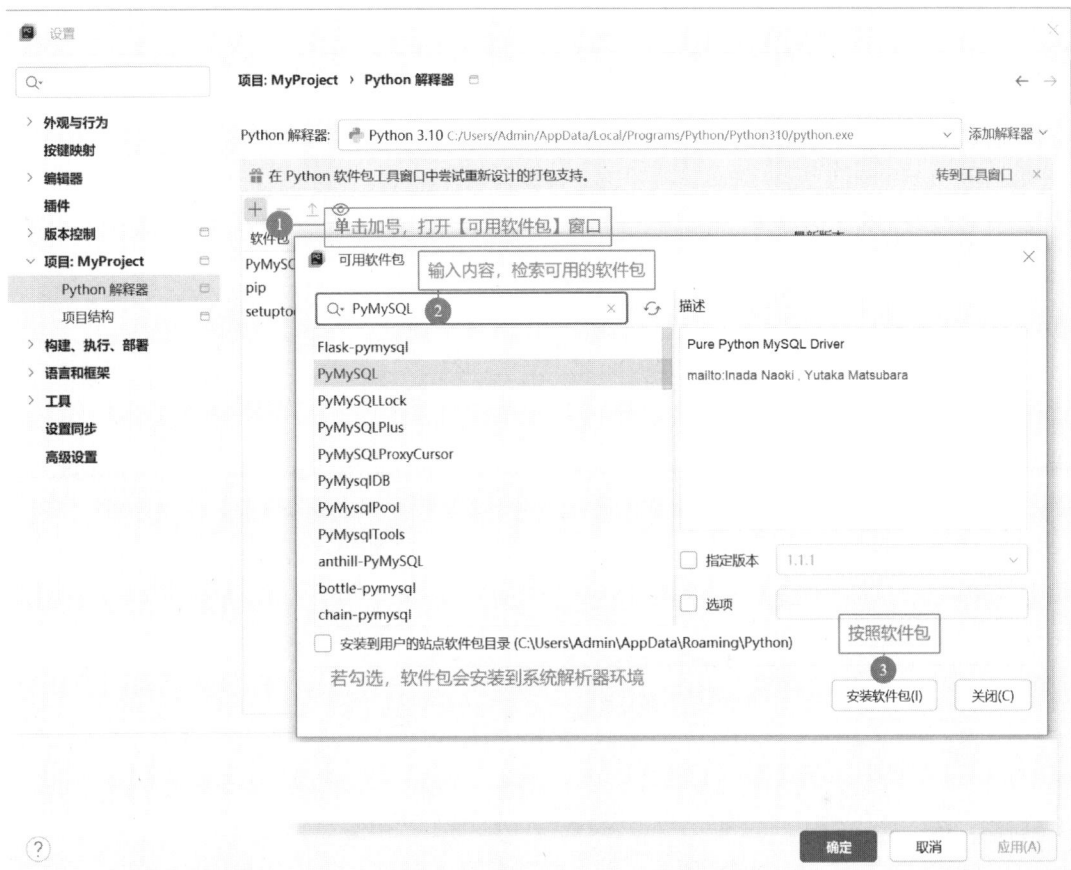

图7.2.8　在PyCharm中为项目安装软件包

　　【工作任务4】连接MySQL数据库。

　　在PyCharm主窗口中右键单击已建好的PyCharm项目"MyProject",在弹出的快捷菜单中选择"新建"→"Python文件"。在打开的"新建Python文件"对话框中输入Python文件名"UtilConnectMySQL",如图7.2.9、图7.2.10所示。然后按键盘上的回车键,或者双击"Python file"选项,完成Python程序文件的新建操作,PyCharm主窗口显示程序文件"UtilConnectMySQL.py"的代码编辑窗口。

图7.2.9　打开"新建Python文件"对话框

图7.2.10　"新建Python文件"对话框

在程序文件"UtilConnectMySQL.py"的代码编辑窗口中输入以下程序代码：

```python
import pymysql  # 注意,模块名称字母全部小写
# 配置数据库连接参数
config = {
    'host': 'localhost',  # 数据库主机地址
    'port': 3306,  # 数据库端口号
    'user': 'root',  # 数据库用户名
    'password': 'R00t@2o23',  # 数据库密码
    'database': 'CollegDB',  # 数据库名
    'charset': 'utf8mb4',  # 编码
}
# 连接数据库
connection = None
try:
    connection = pymysql.connect(**config)
    print("数据库连接成功！")
```

```python
    # 创建 cursor 对象
    with connection.cursor()as cursor:
        # 执行 SQL 语句
        cursor.execute("SELECT VERSION()")
        # 获取查询结果
        result = cursor.fetchone()
        print("数据库版本:", result)
except pymysql.MySQLError as e:
    print(f"数据库连接失败:{e}")
finally:
    # 关闭数据库连接
    if connection:
        connection.close()
        print("数据库连接已关闭。")
```

保存代码后,在 PyCharm 主窗口菜单中选择"运行"菜单,在弹出的"运行"对话框中选择
"运行 UtilConnectMySQL"选项,或者在代码编辑区右键点击,在弹出的菜单中单击"运行
UtilConnectMySQL",如图 7.2.11 所示,运行程序"UtilConnectMySQL.py"。

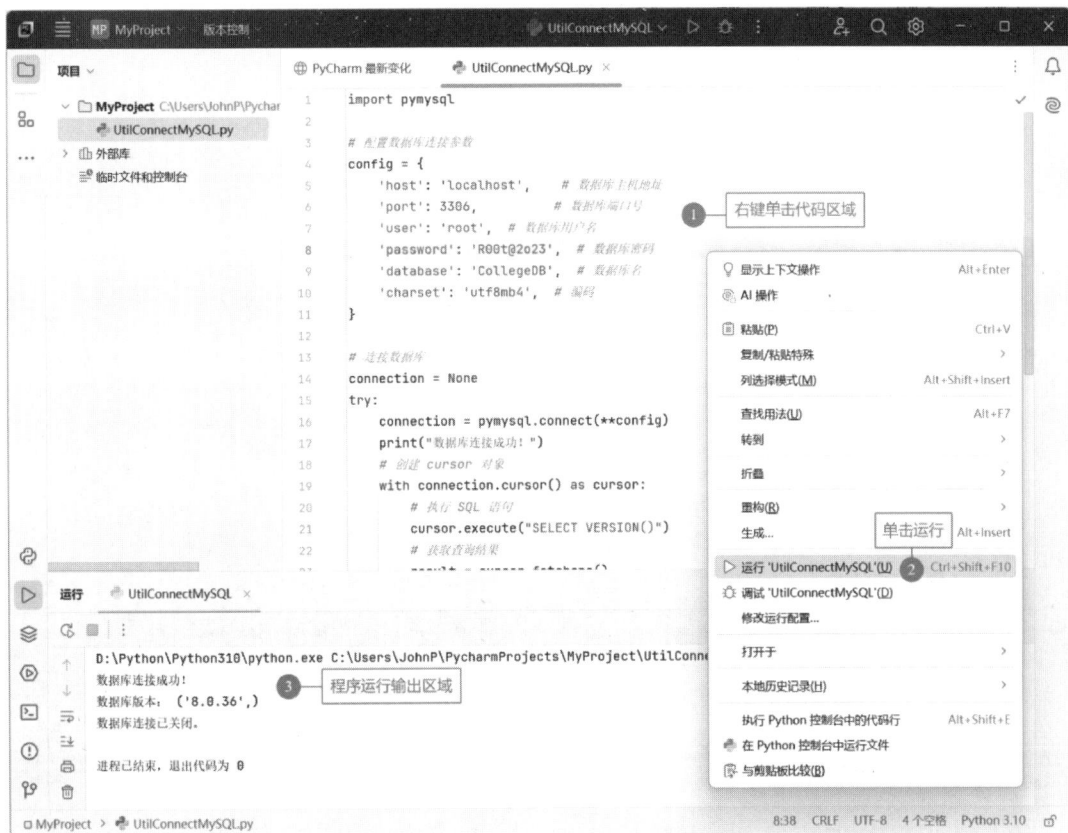

图 7.2.11　运行程序 UtilConnectMySQL.py 连接 MySQL 数据库

【工作任务5】查询数据表记录。

在项目"MyProject"中创建 Python 程序文件"UtilSelect.py"。编写代码,实现对 MySQL 数据库 CollegeDB 的连接,使用 SELECT 语句查询 t01_college 数据表的记录。

```python
import pymysql
# 配置数据库连接参数
config = {
    'host': 'localhost',  # 数据库主机地址
    'port': 3306,  # 数据库端口号
    'user': 'root',  # 数据库用户名
    'password': 'R00t@2o23',  # 数据库密码
    'database': 'CollegeDB',  # 数据库名
    'charset': 'utf8mb4',  # 编码

}
# 连接数据库
connection = None
try:
    connection = pymysql.connect(**config)
    print("数据库连接成功！")
    # 创建 cursor 对象
    with connection.cursor()as cursor:
        sql_select = "select c01_college_code, c01_college_name
from t01_college"
        # 执行 SQL 语句
        cursor.execute(sql_select)
        # 获取查询结果
# 获取所有记录列表
        results = cursor.fetchall()
        print("院系编号\t院系名称")
        for row in results:
            college_code = row[0]
            college_name = row[1]
    # 打印结果
            print("{0}\t{1}".format(college_code, college_name))
except pymysql.MySQLError as e:
    print(f"数据库查询报错:{e}")
finally:
    # 关闭数据库连接

    if connection:
        connection.close()
print("数据库连接已关闭。")
```

【工作任务6】向数据表中插入记录。

在项目"MyProject"中创建Python程序文件"UtilInsert.py"。编写代码,实现对MySQL数据库CollegeDB的连接,使用INSERT语句向t01_college数据表插入数据记录。

```python
import pymysql
# 配置数据库连接参数
config = {
    'host': 'localhost',  # 数据库主机地址
    'port': 3306,  # 数据库端口号
    'user': 'root',  # 数据库用户名
    'password': 'R00t@2o23',  # 数据库密码
    'database': 'CollegeDB',  # 数据库名
    'charset': 'utf8mb4',  #编码
}
# 连接数据库
connection = None
try:
    connection = pymysql.connect(**config)
    print("数据库连接成功! ")
    # 创建 cursor 对象
    with connection.cursor()as cursor:
        # SQL 插入语句
        sql_insert = """
     insert  into  t01_college (c01_college_code,  c01_leader_code,
c01_college_name)
                        values(15, '20090054', '软件技术学院')
"""
        # 执行 SQL 语句
        cursor.execute(sql_insert)
        # 提交到数据库执行
        connection.commit()
        print("数据库新增成功")
except pymysql.MySQLError as e:
    print(f"数据库插入报错:{e}")
finally:
    # 关闭数据库连接
    if connection:
        connection.close()
        print("数据库连接已关闭。")
```

【工作任务7】更新数据表记录。

在项目"MyProject"中创建Python程序文件"UtilUpdate.py"。编写代码,实现对MySQL数据库CollegeDB的连接,使用UPDATE语句修改t01_college数据表的记录,将"软件技术学

院"的备注改为"2024年成立"。

```
import pymysql
# 配置数据库连接参数
config = {
    'host': 'localhost',  # 数据库主机地址
    'port': 3306,  # 数据库端口号
    'user': 'root',  # 数据库用户名
    'password': 'R00t@2o23',  # 数据库密码
    'database': 'CollegeDB',  # 数据库名
    'charset': 'utf8mb4',  #编码
}
# 连接数据库
connection = None
try:
    connection = pymysql.connect(**config)
print("数据库连接成功")
# 创建 cursor 对象
with connection.cursor()as cursor:
#SQL 更新语句
sql_update = "update t01_college set c01_remark = '2024 年成立' where
c01_college_name = '软件技术学院' "
# 执行 SQL 语句
cursor.execute(sql_update)
# 提交到数据库执行
connection.commit()
print("数据库更新成功")
except pymysql.MySQLError as e:
    print(f"数据库操作报错:{e}")
    connection.rollback() # 回滚数据记录
finally:
# 关闭数据库连接
if connection:
connection.close()
print("数据库连接已关闭。")
```

【工作任务8】删除数据表中的记录。

在项目"MyProject"中创建Python程序文件"UtilDelete.py"。编写代码,实现对MySQL数据库CollegeDB的连接,使用DELETE语句删除t01_college数据表中备注为空的记录。

```
import pymysql
# 配置数据库连接参数
config = {
    'host': 'localhost',  # 数据库主机地址
```

```
    'port': 3306,   # 数据库端口号
    'user': 'root',   # 数据库用户名
    'password': 'R00t@2o23',   # 数据库密码
    'database': 'CollegeDB',   # 数据库名
    'charset': 'utf8mb4',   #编码
}
# 连接数据库
connection = Nonetry:
    connection = pymysql.connect(**config)
    print("数据库连接成功")
    # 创建 cursor 对象
    with connection.cursor()as curs or:
        # SQL 删除语句
        sql_delete = "delete from t01_college where c01_remark is null"
        # 执行 SQL 语句
        cursor.execute(sql_delete )
        # 提交到数据库执行
connection.commit()
        print("数据删除成功")
except pymysql.MySQLError as e:
    print(f"数据库操作报错:{e}")
    connection.rollback() # 回滚数据记录
finally:
# 关闭数据库连接
if connection:
connection.close()
print("数据库连接已关闭。")
```

4)问题情境

【问题情境1】安装Python后,在命令行输入pip命令提示"不是内部或外部命令"。

在Windows的命令行中执行程序时,系统会从环境变量PATH所指的目录下查找相关命令,如果查找不到,会提示"不是内部或外部命令"。因此,解决上述问题的办法是,检查并确认已将pip所在目录添加到系统PATH环境变量。如果未添加,可通过以下步骤添加:在桌面上右键单击"此电脑",选择"属性",在弹出的窗口中单击"高级系统设置",在"系统属性"窗口的"高级"选项卡下单击"环境变量",在"系统变量"列表中找到"Path"变量,单击"编辑",然后单击"新建",将Python的bin目录路径添加进去,如"D:\Python\Python310\Scripts"(假设Python安装在Python\Python310目录下),最后单击"确定"保存设置。设置环境变量之后,要重新开启一个命令行终端,以便系统读取新的PATH变量。

【问题情境2】在PyCharm中运行Python代码连接数据库时,出现"ModuleNotFoundError: No module named 'pymysql'"。

首先确认是否已使用pip命令安装了PyMySQL库。如果未安装,可在命令行中输入

"pip install PyMySQL"进行安装。如果已经安装,检查当前PyCharm项目所使用的解析器环境是否正确,可通过单击主窗口菜单的"文件"→"设置",找到"项目:MyProject"→"Python解析器"查看,如果解析器环境不正确,可重新配置项目解析器或在当前解析器环境中安装PyMySQL库(单击软件包上方的加号图标进行查找和安装)。

【问题情境3】连接数据库时报错"Can't connect to MySQL server on 'localhost' (10061)"。

程序连接MySQL服务的条件,与使用客户端工具连接MySQL服务的条件一样,在MySQL数据库服务正常开启运行的情况下,需要正确的连接参数,才能顺利连接到数据库。数据库连接报错时,应当检查数据库服务器是否已启动,并且网络连接是否正常。确保在代码中配置的数据库主机地址、端口、实例名、账号和密码是正确的。同时,检查数据库端口号(3306)是否被防火墙或其他安全策略阻止,如果是,需要调整安全设置允许访问该端口,或者关闭防火墙。

【与AI聊一聊】

在数据分析、处理和展示方面,Python具有强大的库可以使用。试着借助AI帮助,编写Python程序,查询并绘制学生表t05_student中各班级学生的分布饼状图。

7.2.5 学习评价

序号	评价内容	评价标准	评价结果(是/否)
1	开发环境搭建	能够正确安装Python3.10和PyCharm2024.02社区版,并将Python的bin目录添加到系统PATH环境变量	
2	扩展库安装	能够使用pip命令成功安装PyMySQL库,并在项目中确认其可用	
3	数据库连接	能够编写代码实现与指定MySQL数据库的成功连接,无报错信息	
4	数据查询	能够编写代码查询指定数据表中的数据,并正确输出查询结果	
5	数据插入	能够编写代码向指定数据表插入数据,数据库中数据更新成功且无报错	
6	数据更新	能够编写代码更新指定数据表中的数据,数据库中数据更新成功且无报错	
7	数据删除	能够编写代码删除指定数据表中的数据,数据库中数据删除成功且无报错	

拓展阅读

开源软件

开源软件(open source software)是一种将软件的源代码公开发布的计算机软件。通常允许用户对软件的源代码进行查看、修改、传播等操作，但其源代码的所有权仍属于版权所有者。

开源软件是一种特殊的软件，它的源代码可以被任何人查看、修改和分享。源代码是软件中控制程序运行的部分，通常由程序员用一种或多种编程语言编写。如果程序员可以访问源代码，他们就可以改进软件的功能或修复软件出现的问题。

开源软件起源于20世纪早期，最早体现在Unix操作系统的共享理念。20世纪80年代初，GNU计划启动，推动了完全自由的开源Unix操作系统的构建。1991年，林纳斯·托瓦兹（Linus Torvalds）发布了Linux内核，为GNU项目提供了关键组成部分。20世纪90年代末，开源运动崛起，强调源代码的自由分发，开源定义和开源倡议正式确立。

开源软件如今已经成为软件行业的重要组成部分，涵盖了各个领域和不同层次的应用。从操作系统（如Linux）到浏览器（如Firefox），从数据库（如MySQL）到编程语言（如Python、Java、C++），从桌面应用（如LibreOffice）到网络服务（如GitHub），开源软件无处不在，为人们的工作和生活带来了很大的便利，体现了很高的价值。

开源软件已经成为一项关键基础设施，支撑着几乎所有领域的软件开发和应用。随着互联网、云计算、人工智能等技术的发展，开源软件的影响力将会进一步增强，开源软件的社区和生态将会更加繁荣和多样。

7.2.6　课后作业

1.在新的Windows计算机上搭建Python3.10和PyCharm2024.02社区版开发环境，并将安装步骤记录下来。

2.安装完成后，使用pip命令安装一个新的第三方库requests，并在PyCharm项目中验证是否安装成功。

3.在MySQL数据库中创建一个新的数据表（表结构自定义），然后编写Python代码实现对该数据表的连接和查询操作，输出查询结果。

4.编写Python代码向上述新创建的数据表插入3条数据记录（数据内容自定义），并验证插入是否成功。

5.编写Python代码更新上述数据表中的一条数据记录（更新条件和内容自定义），并验证更新是否成功，同时编写代码删除一条满足特定条件的数据记录，并验证删除是否成功。

附　录

附录1　MySQL存储引擎

MySQL存储引擎决定了数据的存储方式、索引的实现方式以及数据的访问方法，不同的存储引擎有不同的特性和用途，以满足不同场景下的数据存储需求。

附表1.1　MySQL存储引擎

存储引擎	描述	主要特点
InnoDB	默认存储引擎	支持事务、行级锁、外键约束；提供崩溃恢复能力；支持MVCC（多版本并发控制）
MyISAM	早期默认引擎	表级锁、不支持事务；提供高速插入和查询性能
MEMORY	将数据存储在内存中	高速读写性能；不持久化数据
ARCHIVE	用于存储压缩数据	仅支持压缩的SELECT和INSERT操作；适用于日志记录
NDBCluster	高可用性和高冗余的集群环境	支持分区和复制；适用于需要高度可靠性和高吞吐量的应用
Federated	允许从远程服务器获取数据	依赖于其他服务器上的MySQL实例
BLACKHOLE	丢弃所有传入的数据，主要用于测试和调试	用于模拟数据丢失场景
CSV	将数据存储为逗号分隔值文件	适用于简单的文本文件存储
MRG_MYISAM	组合多个MyISAM表到一个逻辑表中	支持多个MyISAM表的合并
PERFORMANCE_SCHEMA	提供服务器性能监控信息	用于监控和诊断MySQL服务器性能
Temporal	为InnoDB表提供时间旅行功能	用于实现历史数据查询

在实际应用中，可根据具体需求选择最合适的存储引擎。

通过以下SHOW ENGINES;语句查看MySQL支持的存储引擎。在MySQL的配置文件和系统变量中，使用default-storage-engine表示默认存储引擎。

附录2　MySQL数据类型

出于存储空间、处理效率的考虑，MySQL提供了多种数据类型，用于表达不同类型的数据。

1.整型数据类型（准确值）：INTEGER，INT，SMALLINT，TINYINT，MEDIUMINT，BIGINT

附表2.1　整型数据类型

数据类型	描述	定义示例	解释说明
TINYINT	小整数	TINYINT	有符号型：-128至127 无符号型：0至255
SMALLINT	中整数	SMALLINT	有符号型：-32768至32767 无符号型：0至65535
MEDIUMINT	中等整数	MEDIUMINT	有符号型：-8388608至8388607 无符号型：0至16777215
INT（INTEGER）	整数	INT	有符号型：-2147483648至2147483647 无符号型：0至4294967295
BIGINT	大整数	BIGINT	有符号型：-263至263-1 无符号型：0至264-1

2.固定精度十进制数据（准确值）：DECIMAL，NUMERIC

DECIMAL和NUMERIC数据类型在MySQL中用于存储精确数值数据，这些类型常用于需要保留精确度的场合，比如货币数据。在MySQL中，NUMERIC实际上是作为DECIMAL类型来实现的，因此关于DECIMAL的描述同样适用于NUMERIC。

在声明DECIMAL列时，可以指定精度（precision）和小数位数（scale），比如：

DECIMAL(5, 2)

DECIMAL(5, 2)表示列可以存储的最大值为999.99（总共5位数，其中小数点后面有2位数）。

附表2.2　固定精度十进制数据类型

数据类型	描述	定义示例	解释说明
DECIMAL	固定精度十进制	DECIMAL(10, 2)	DECIMAL(p, s)，p是总的数字位数（包括整数部分和小数部分），s是小数点后的位数

3. 浮点型数据(近似值):FLOAT, DOUBLE

MySQL使用FLOAT(M, D)或DOUBLE(M, D)可以定义浮点型数据,表示近似数值数据。这里的(M, D)表示数值最多可以存储M位数字,其中D位数字位于小数点之后。

假设有一个FLOAT(7, 4)类型的列,表示该列可以存储最多7位数字,其中4位是小数位数。例如,它可以存储的值为-999.9999。当插入一个值时,MySQL会根据指定的精度和小数位数进行四舍五入处理。

附表2.3　单精度和双精度浮点型数据类型

数据类型	描述	定义示例	解释说明
FLOAT	单精度浮点数	FLOAT(5, 2)	FLOAT(M, D),M是有效位数,D是小数位数
DOUBLE	双精度浮点数	DOUBLE(10, 2)	DOUBLE(M, D),M是有效位数,D是小数位数

4. 字符串 CHAR 和 VARCHAR

CHAR和VARCHAR类型都是用来存储字符串的,但它们在存储和检索方式、最大长度以及是否保留尾随空格方面有所不同。

附表2.4　CHAR 和 VARCHAR 类型的差异示例

值	CHAR(4)	存储空间	VARCHAR(4)	存储空间
''	' '	4 bytes	''	1 byte
'ab'	'ab '	4 bytes	'ab'	3 bytes
'abcd'	'abcd'	4 bytes	'abcd'	5 bytes
'abcdefgh'	'abcd'	4 bytes	'abcd'	5 bytes

附表2.5　CHAR 和 VARCHAR 的特征对比

特征	CHAR(n)	VARCHAR(m)
字符串长度	固定长度n;不足n个字符时补全空格,超过n个字符时会被截断	可变长度m;不足m个字符时仅写入实际字符,超过m个字符时会被截断
存储方式	始终存储固定长度的字符串	存储实际字符串长度 + 字符串长度信息
存储空间	占用空间固定	占用空间与实际字符串长度相关
尾随空格处理	在检索时自动去除尾随空格	在检索时不自动去除尾随空格
最大长度	最大长度为65535个字符	最大长度为65535个字符
插入处理	如果插入的字符串长度小于定义长度,则在末尾填充空格	如果插入的字符串长度小于定义长度,则不填充空格
插入处理	如果插入的字符串长度大于定义长度,则截断字符串	如果插入的字符串长度大于定义长度,则截断字符串
索引效率	由于长度固定,索引效率较高	由于长度可变,索引效率相对较低

续表

特征	CHAR(n)	VARCHAR(m)
使用场景	适用于固定长度的字符串,如电话号码、邮政编码等	适用于长度变化较大的字符串,如姓名、地址等

5.二进制数据BINARY和VARBINARY

区别于数值和文本字符,图片、音乐、视频和办公文档等都是二进制数据。MySQL使用BINARY和VARBINARY存储二进制数据。

BINARY和VARBINARY类型的情况,与CHAR和VARCHAR类型的情况相似,其差异在于检索数据时补全的数据不同,字符串补全空格,而二进制补全零字节。

6.日期和时间类型

附表2.6　CHAR和VARCHAR的特征对比

数据类型	描述	定义示例	解释说明
DATE	日期	DATE	日期,如'2014-1-2' '1000-01-01' ~ '9999-12-31'
TIME	时间	TIME	时间,如'12:25:36'
DATETIME	日期和时间	DATETIME	日期和时间,如'2014-1-2 22:06:44'。日期、时间用空格隔开 年份在1000 ~ 9999,不支持时区
TIMESTAMP	时间戳	TIMESTAMP	日期和时间,如'2014-1-2 22:06:44' 年份在1970 ~ 2037,支持时区

注意,TIMESTAMP类型比较特殊,如果定义一个字段的类型为TIMESTAMP,这个字段的时间会在其他字段修改的时候自动刷新。

7.BLOB和TEXT

在MySQL中,BLOB(Binary Large Object,二进制大对象)类型和TEXT类型都是用来存储变长字符串数据的,只不过BLOB类型用于存储图像、视频、音频文件或者其他二进制数据,而TEXT类型用于存储备注、日志、文章等较长的文本数据。这两类数据类型根据它们能够存储的最大长度分为四个不同的类型。

附表2.7　CHAR和VARCHAR的特征对比

BLOB	TEXT	数据存储说明
TINYBLOB	TINYTEXT	最多可以存储255字节的数据
BLOB	TEXT	最多可以存储65535(即64KB)字节的数据
MEDIUMBLOB	MEDIUMTEXT	最多可以存储16MB(即16777215字节)的数据
LONGBLOB	LONGTEXT	最多可以存储4GB(即4294967295字节)的数据

8.枚举类型ENUM和集合类型SET

ENUM类型和SET类型是比较特殊的字符串数据类型,它们的取值范围是一个预先定义好的列表,列表中的值必须用单引号标注,不能为表达式或者一个变量估值。

ENUM类型的值必须从创建表时在列规范中显式枚举的一组允许的值中选择;而SET类型可以拥有零个或多个值,每个值都必须从创建表时指定的一系列允许的值中选择。与ENUM类型不同,SET类型的列可以包含多个值,这些值由逗号分隔。

附表2.8　ENUM和SET类型

数据类型	描述	定义示例	解释说明
ENUM	枚举类型	ENUM('value1', value2')	使用时,从定义值中作出选择时只能并且必须选择其中一种
SET	集合类型	SET('a', 'b', 'c')	使用时,从定义值中选择其中的 0 个或不限定的多个

9.JSON

MySQL中的JSON类型是一种用于存储和操作JSON数据的数据类型。JSON(JavaScript Object Notation)是一种轻量级的数据交换格式,易于阅读和编写,也易于机器解析和生成。JSON对象由键值对组成,键是字符串,值可以是字符串、数字、布尔值、数组或其他JSON对象。JSON类型可以用于创建表的列,也可以用于存储和查询JSON数据。

MySQL 8.0引入了原生的JSON数据类型,遵循RFC 7159定义的标准,使得在关系型数据库中处理JSON文档变得更加高效和直观。JSON数据类型的引入不仅提供了存储JSON格式数据的能力,而且还带来了诸多优势,其中包括自动验证JSON文档的有效性,以及优化的存储格式,允许快速访问文档元素。

查看MySQl的数据类型的语法格式如下所示。

```
HELP DATA TYPES;
HELP 数据类型名;
```

以上语句的功能是查看MySQL支持的数据类型或指定数据类型的信息。

```
mysql> help int;
Name: 'INT'
Description:
INT[(M)] [UNSIGNED] [ZEROFILL]

A normal-size integer. The signed range is -2147483648 to 2147483647.
The unsigned range is 0 to 4294967295.

URL: https://dev.mysql.com/doc/refman/8.0/en/numeric-type-syntax.html
```

附录3　MySQL字符集和排序规则

在 MySQL 中,字符集(Character Set)是指用来存储和处理字符串数据的一组字节编码规则,而排序规则(Collation)则是定义了字符集中的字符比较和排序的方式,影响着字符串的排序、搜索等功能。字符集和排序规则对于确保数据正确地存储、检索以及处理是非常重要的。

MySQL 的字符集支持可以细化到服务器(Server)、数据库(DataBase)、数据表(Table)和连接层(Connection)四个层次。

附表3.1　MySQL字符集和排序规则（部分）

字符集名称	描述	常用排序规则示例
utf8	UTF-8 Unicode	utf8_general_ci（大小写不敏感）
utf8mb4	UTF-8 Unicode（4-byte）	utf8mb4_unicode_ci（大小写不敏感, 推荐）
latin1	西欧语言	latin1_swedish_ci（瑞典语, 大小写不敏感）
gbk	简体中文字符集	gbk_chinese_ci（按拼音排序, 不区分大小写）
big5	繁体中文	big5_chinese_ci（大小写不敏感）
gb18030	提供更全面的中文字符支持,包括但不限于生僻字、古籍用字、人名、地名等	gb18030_chinese_ci（按拼音排序, 不区分大小写）
ascii	ASCII字符集	ascii_general_ci（大小写不敏感）
utf16	UTF-16 Unicode	utf16_unicode_ci（大小写不敏感）
utf32	UTF-32 Unicode	utf32_unicode_ci（大小写不敏感）
binary	二进制数据	binary（不区分大小写, 逐字节比较）

排序规则的后缀 _ci 表示大小写不敏感(case-insensitive),而没有 _ci 后缀的排序规则通常是大小写敏感的。例如,utf8_general_ci 是大小写不敏感的,而 utf8_bin 是大小写敏感的。

排序规则的后缀是有特殊意义的,一般来说,根据后缀的名称不同可以知道排序规则是否区分大小写,是否区分重音,是否二进制等。比如,ci 为不区分大小写,cs 为区分大小写,ai 为不区分重音,as 为区分重音,bin 为二进制。

在选择字符集和排序规则时,需要考虑以下因素:

- 语言支持:选择能够支持所需语言的字符集,避免乱码问题。
- 数据一致性:确保整个数据库、表和列使用一致的字符集和排序规则。
- 性能:某些字符集和排序规则可能会影响查询性能。
- 兼容性:确保字符集和排序规则与应用程序和其他系统兼容。

- 搜索和比较:排序规则决定了字符串比较的行为,影响搜索结果和排序输出。

通常建议使用utf8mb4字符集,因为它支持所有 Unicode字符,包括 emoji,并且是MySQL 8.0及以后版本的默认字符集。排序规则的选择则取决于是否需要大小写敏感的比较。

设置字符集和排序规则的级别:

- 全局级别:在MySQL配置文件(如my.cnf或my.ini)中设置default-character-set。
- 数据库级别:使用CREATE DATABASE或ALTER DATABASE语句设置字符集和排序规则。
- 表级别:使用CREATE TABLE或ALTER TABLE语句为表或列设置字符集和排序规则。
- 会话级别:使用SET NAMES语句为当前会话设置字符集。

在MySQL中,可以使用以下命令来查看字符集和排序规则:

查看服务器支持的所有字符集:

```
show character set;
```

```
mysql> show character set;
+----------+-----------------------------+---------------------+--------+
| Charset  | Description                 | Default collation   | Maxlen |
+----------+-----------------------------+---------------------+--------+
| armscii8 | ARMSCII-8 Armenian          | armscii8_general_ci |      1 |
| ascii    | US ASCII                    | ascii_general_ci    |      1 |
| big5     | Big5 Traditional Chinese    | big5_chinese_ci     |      2 |
| binary   | Binary pseudo charset       | binary              |      1 |
| cp1250   | Windows Central European    | cp1250_general_ci   |      1 |
| cp1251   | Windows Cyrillic            | cp1251_general_ci   |      1 |
| cp1256   | Windows Arabic              | cp1256_general_ci   |      1 |
| cp1257   | Windows Baltic              | cp1257_general_ci   |      1 |
| cp850    | DOS West European           | cp850_general_ci    |      1 |
| cp852    | DOS Central European        | cp852_general_ci    |      1 |
| cp866    | DOS Russian                 | cp866_general_ci    |      1 |
| cp932    | SJIS for Windows Japanese   | cp932_japanese_ci   |      2 |
| dec8     | DEC West European           | dec8_swedish_ci     |      1 |
| eucjpms  | UJIS for Windows Japanese   | eucjpms_japanese_ci |      3 |
| euckr    | EUC-KR Korean               | euckr_korean_ci     |      2 |
| gb18030  | China National Standard GB18030 | gb18030_chinese_ci |     4 |
| gb2312   | GB2312 Simplified Chinese    | gb2312_chinese_ci  |      2 |
| gbk      | GBK Simplified Chinese       | gbk_chinese_ci     |      2 |
| geostd8  | GEOSTD8 Georgian            | geostd8_general_ci  |      1 |
| greek    | ISO 8859-7 Greek            | greek_general_ci    |      1 |
| hebrew   | ISO 8859-8 Hebrew           | hebrew_general_ci   |      1 |
| hp8      | HP West European            | hp8_english_ci      |      1 |
| keybcs2  | DOS Kamenicky Czech-Slovak   | keybcs2_general_ci |      1 |
| koi8r    | KOI8-R Relcom Russian       | koi8r_general_ci    |      1 |
| koi8u    | KOI8-U Ukrainian            | koi8u_general_ci    |      1 |
| latin1   | cp1252 West European        | latin1_swedish_ci   |      1 |
| latin2   | ISO 8859-2 Central European  | latin2_general_ci  |      1 |
| latin5   | ISO 8859-9 Turkish          | latin5_turkish_ci   |      1 |
| latin7   | ISO 8859-13 Baltic          | latin7_general_ci   |      1 |
| macce    | Mac Central European        | macce_general_ci    |      1 |
| macroman | Mac West European           | macroman_general_ci |      1 |
| sjis     | Shift-JIS Japanese          | sjis_japanese_ci    |      2 |
| swe7     | 7bit Swedish                | swe7_swedish_ci     |      1 |
| tis620   | TIS620 Thai                 | tis620_thai_ci      |      1 |
| ucs2     | UCS-2 Unicode               | ucs2_general_ci     |      2 |
| ujis     | EUC-JP Japanese             | ujis_japanese_ci    |      3 |
| utf16    | UTF-16 Unicode              | utf16_general_ci    |      4 |
| utf16le  | UTF-16LE Unicode            | utf16le_general_ci  |      4 |
| utf32    | UTF-32 Unicode              | utf32_general_ci    |      4 |
| utf8mb3  | UTF-8 Unicode               | utf8mb3_general_ci  |      3 |
| utf8mb4  | UTF-8 Unicode               | utf8mb4_0900_ai_ci  |      4 |
+----------+-----------------------------+---------------------+--------+
41 rows in set (0.00 sec)
```

附图3.1　MySQL支持的字符集和对应默认排序规则

查看服务器支持的所有排序规则：

```
show collation;
```

查看特定字符集的所有排序规则：

```
show collation where charset = gbk;
```

```
mysql> show collation where charset = 'gbk';
+----------------+---------+----+---------+----------+---------+---------------+
| Collation      | Charset | Id | Default | Compiled | Sortlen | Pad_attribute |
+----------------+---------+----+---------+----------+---------+---------------+
| gbk_bin        | gbk     | 87 |         | Yes      |       1 | PAD SPACE     |
| gbk_chinese_ci | gbk     | 28 | Yes     | Yes      |       1 | PAD SPACE     |
+----------------+---------+----+---------+----------+---------+---------------+
2 rows in set (0.00 sec)
```

附图3.2　查看字符集对应的排序规则

查看MySQL的默认字符集：

```
show global variables like '%character_set%';
```

```
mysql> show global variables like '%character_set%';
+--------------------------+----------------------------------------------------+
| Variable_name            | Value                                              |
+--------------------------+----------------------------------------------------+
| character_set_client     | utf8mb4                                            |
| character_set_connection | utf8mb4                                            |
| character_set_database   | utf8mb4                                            |
| character_set_filesystem | binary                                             |
| character_set_results    | utf8mb4                                            |
| character_set_server     | utf8mb4                                            |
| character_set_system     | utf8mb3                                            |
| character_sets_dir       | C:\Program Files\MySQL\MySQL Server 8.0\share\charsets\ |
+--------------------------+----------------------------------------------------+
8 rows in set, 1 warning (0.00 sec)
```

附图3.3　查看MySQL的默认字符集

查看当前会话使用的默认字符集：

```
show variables like'%character_set%';
```

```
mysql> show variables like'%character_set%';
+--------------------------+----------------------------------------------------+
| Variable_name            | Value                                              |
+--------------------------+----------------------------------------------------+
| character_set_client     | gbk                                                |
| character_set_connection | gbk                                                |
| character_set_database   | utf8mb4                                            |
| character_set_filesystem | binary                                             |
| character_set_results    | gbk                                                |
| character_set_server     | utf8mb4                                            |
| character_set_system     | utf8mb3                                            |
| character_sets_dir       | C:\Program Files\MySQL\MySQL Server 8.0\share\charsets\ |
+--------------------------+----------------------------------------------------+
8 rows in set, 1 warning (0.00 sec)
```

附图3.4　查看当前会话使用的默认字符集

注意，会话使用的字符集和排序规则，会根据会话环境有所不同。例如，在Windows11中文环境下，客户端、连接和结果均使用了gbk字符集。

附录4 大语言模型工具

大语言模型工具各具特色,不仅在自然语言处理、智能问答、语音识别等方面有出色的表现,还提供了本地部署和交互的便利性,在学习计算机编程和数据库相关知识技能时提供了丰富的辅助学习工具。

1.通义千问

通义千问是阿里云推出的大规模语言模型,它能够理解和生成自然语言文本,为用户提供包括但不限于信息查询、技术支持、学习辅导、娱乐互动等在内的多种服务。作为一个基于深度学习技术的人工智能系统,通义千问通过学习大量的文本数据来提升自己的理解能力和表达能力,以更好地服务于用户。

2.豆包

豆包是字节跳动推出的大型预训练语言模型,拥有强大的知识储备和语言理解能力,可以帮助用户进行自然语言处理、文本分类、情感分析等任务,涵盖多个领域,包括科学、历史、文化、技术等。

3.文心一言

文心一言是百度推出的大型预训练语言模型,文心大模型家族的新成员,具有强大的文本生成和理解能力,能够与人对话互动、回答问题、协助创作,高效便捷地帮助人们获取信息、知识和灵感。文心一言从数万亿数据和数千亿知识中融合学习,得到预训练大模型,在此基础上采用有监督精调、人类反馈强化学习、提示等技术,具备知识增强、检索增强和对话增强的技术优势。

4.讯飞星火

讯飞星火是科大讯飞推出的一款智能语音交互平台,旨在通过先进的语音识别、自然语言处理和人工智能技术,提供更加智能化、个性化的语音服务。讯飞星火的核心优势在于其强大的语音识别能力和深度学习算法,这使得它能够在各种嘈杂环境下准确识别用户的语音指令,并且能够理解和执行复杂的语音命令。

5.Kimi

Kimi是由Moonshot AI开发的人工智能助手,它主要面向普通用户,提供高效的信息查询和对话服务。